システム制御工学シリーズ 6

システム制御工学演習

工学博士 杉江 俊治
工学博士 梶原 宏之 共著

コロナ社

システム制御工学シリーズ編集委員会

編集委員長　池田　雅夫（大阪大学・工学博士）
編 集 委 員　足立　修一（慶應義塾大学・工学博士）
（五十音順）　　梶原　宏之（九州大学・工学博士）
　　　　　　　　杉江　俊治（京都大学・工学博士）
　　　　　　　　藤田　政之（東京工業大学・工学博士）

（2007年1月現在）

刊行のことば

　わが国において，制御工学が学問として形を現してから，50年近くが経過した．その間，産業界でその有用性が証明されるとともに，学界においてはつねに新たな理論の開発がなされてきた．その意味で，すでに成熟期に入っているとともに，まだ発展期でもある．

　これまで，制御工学は，すべての製造業において，製品の精度の改善や高性能化，製造プロセスにおける生産性の向上などのために大きな貢献をしてきた．また，航空機，自動車，列車，船舶などの高速化と安全性の向上および省エネルギーのためにも不可欠であった．最近は，高層ビルや巨大橋梁（きょうりょう）の建設にも大きな役割を果たしている．将来は，地球温暖化の防止や有害物質の排出規制などの環境問題の解決にも，制御工学はなくてはならないものになるであろう．今後，制御工学は工学のより多くの分野に，いっそう浸透していくと予想される．

　このような時代背景から，制御工学はその専門の技術者だけでなく，専門を問わず多くの技術者が習得すべき学問・技術へと広がりつつある．制御工学，特にその中心をなすシステム制御理論は難解であるという声をよく耳にするが，制御工学が広まるためには，非専門のひとにとっても理解しやすく書かれた教科書が必要である．この考えに基づき企画されたのが，本「システム制御工学シリーズ」である．

　本シリーズは，レベル0（第1巻），レベル1（第2～7巻），レベル2（第8巻以降）の三つのレベルで構成されている．読者対象としては，大学の場合，レベル0は1，2年生程度，レベル1は2，3年生程度，レベル2は制御工学を専門の一つとする学科では3年生から大学院生，制御工学を主要な専門としない学科では4年生から大学院生を想定している．レベル0は，特別な予備知識なしに，制御工学とはなにかが理解できることを意図している．レベル1は，少

し数学的予備知識を必要とし，システム制御理論の基礎の習熟を意図している。レベル2は少し高度な制御理論や各種の制御対象に応じた制御法を述べるもので，専門書的色彩も含んでいるが，平易な説明に努めている。

　1990年代におけるコンピュータ環境の大きな変化，すなわちハードウェアの高速化とソフトウェアの使いやすさは，制御工学の世界にも大きな影響を与えた。だれもが容易に高度な理論を実際に用いることができるようになった。そして，数学の解析的な側面が強かったシステム制御理論が，最近は数値計算を強く意識するようになり，性格を変えつつある。本シリーズは，そのような傾向も反映するように，現在，第一線で活躍されており，今後も発展が期待される方々に執筆を依頼した。その方々の新しい感性で書かれた教科書が制御工学へのニーズに応え，制御工学のよりいっそうの社会的貢献に寄与できれば，幸いである。

　1998年12月

編集委員長　池　田　雅　夫

まえがき

　本書は古典制御および現代制御の演習書として執筆されたものである。システム制御工学シリーズの古典制御の教科書『フィードバック制御入門』および現代制御の教科書『線形システム制御入門』に対応しており，これらとともに用いることが最も有効ではあるが，本書のみでも読み進められることを念頭に置いて記述している。第 I 部（1〜7 章）が古典制御（杉江担当），第 II 部（8〜15 章）が現代制御（梶原担当）の演習となっている。

　制御工学の内容をきちんと理解するためには自らの手を動かして計算することが最も重要である。このための演習問題を厳選して準備したつもりである。これと同時に，計算機を活用して数値計算で種々の結果を求めることにも重点を置いている。これは，個々のシステムの時間応答やボード線図などがどのようなものかを直感的に捉えることが大切であり，理解を深めるには欠かせないと考えているためである。古典制御の部分では，ほぼすべての演習において計算結果のグラフを描いており，現代制御の部分では，計算結果の再現に必要なプログラムを明示している†。種々のパラメータを変更すると安定性や応答がどのように変化するのかを，読者自身で体得してもらえれば幸いである。

　古典制御部分の図の作成に関して丸田一郎，山口輝也，馬場一郎の各氏に，原稿校正に関して安藤嘉健，南裕樹，泉晋作，稲垣聡，筈井祐介，田中洋輔，藤本悠介，池西紀明，白堀慎一郎，四方田真美をはじめとする多くの方にたいへんお世話になった。また，古典制御，現代制御を通して，大阪大学 池田雅夫教授には詳細なコメントをいただいた。この場を借りて厚くお礼申し上げる。

　　2014 年 7 月　　　　　　　　　　　　　　　　　杉江俊治・梶原宏之

---

† プログラムは http://cacsd2.sakura.ne.jp/?p=63 でダウンロード可能。

目　次

第 I 部　古典制御

1.　古典制御の準備事項

1.1　複　素　数 ……………………………………………………… 2
1.2　ラプラス変換 …………………………………………………… 4
　1.2.1　ラプラス変換の定義と基本的性質 ………………………… 4
　1.2.2　基本的な関数のラプラス変換 ……………………………… 7
1.3　逆ラプラス変換 ………………………………………………… 8
1.4　MATLAB による数値計算のための関数 …………………… 12

2.　伝達関数とブロック線図

2.1　ダイナミカルシステムの表現 ………………………………… 14
2.2　ブロック線図の簡単化 ………………………………………… 22

3.　時　間　応　答

3.1　伝達関数と時間応答 …………………………………………… 28
　3.1.1　1 次系の応答 ………………………………………………… 28
　3.1.2　2 次系の応答 ………………………………………………… 31
　3.1.3　高次系および零点のある場合の応答 ……………………… 34
3.2　ダイナミカルシステムの安定判別 …………………………… 37
　3.2.1　ラウスの安定判別法 ………………………………………… 38
　3.2.2　フルビッツの安定判別法 …………………………………… 42

4. フィードバック特性

- 4.1 感度および定常特性 ………………………………………… *45*
- 4.2 根 軌 跡 ………………………………………………………… *53*

5. 周波数応答

- 5.1 周波数応答と伝達関数 ………………………………………… *61*
- 5.2 ボード線図 ……………………………………………………… *64*

6. フィードバック制御系の安定性

- 6.1 内 部 安 定 性 ………………………………………………… *74*
- 6.2 ナイキストの安定判別法 ……………………………………… *77*
  - 6.2.1 基本的な考え方と判別法 ………………………………… *77*
  - 6.2.2 虚軸上に極がある場合への対処法 ……………………… *82*
  - 6.2.3 簡単化されたナイキストの安定判別法 ………………… *87*
- 6.3 ゲイン余裕と位相余裕 ………………………………………… *89*

7. フィードバック制御系の設計法

- 7.1 PID補償による制御系の設計 ………………………………… *94*
  - 7.1.1 PI 補 償 …………………………………………………… *95*
  - 7.1.2 PD 補 償 …………………………………………………… *98*
  - 7.1.3 PID 補 償 ………………………………………………… *101*
- 7.2 位相進み‐遅れ補償 …………………………………………… *104*
  - 7.2.1 位相遅れ補償 ……………………………………………… *104*
  - 7.2.2 位相進み補償 ……………………………………………… *106*

7.2.3	位相進み-遅れ補償 ···	*109*
7.3	目標値応答の改善 ···	*111*
7.3.1	二重フィードバック補償 ···	*111*
7.3.2	フィードフォワード補償の付加 ·······································	*113*

第 II 部　現代制御

8.　状態空間表現

8.1	状態空間表現の導出とブロック線図 ·····························	*116*
8.2	状態空間表現の座標変換と直列結合 ·····························	*122*

9.　安定性と時間応答

9.1	漸近安定性 ···	*128*
9.2	時間応答 ···	*133*

10.　状態フィードバックと可制御性

10.1	状態フィードバック ···	*140*
10.2	可制御性と可安定性 ···	*148*

11.　状態オブザーバと可観測性

11.1	状態オブザーバ ···	*152*
11.2	可観測性と可検出性 ···	*158*
11.3	状態オブザーバの低次元化 ···	*160*

12. LQG 制御

12.1 状態フィードバックの最適設計 ················· 164
12.2 オブザーバベースト・コントローラの最適設計 ············ 173

13. LQI 制御

13.1 定値外乱除去と定値目標追従 ················· 177
13.2 積分動作を持つ状態フィードバックの最適設計 ·········· 185

14. 非線形システムの線形化

14.1 非線形システムのモデリングの例 ················ 189
14.2 非線形システムに対する線形制御の適用 ············· 196

15. 最小実現問題

15.1 実現問題 ····························· 201
15.2 最小実現 ····························· 207

演習問題の解答 ································ 212

第Ⅰ部

古典制御

1

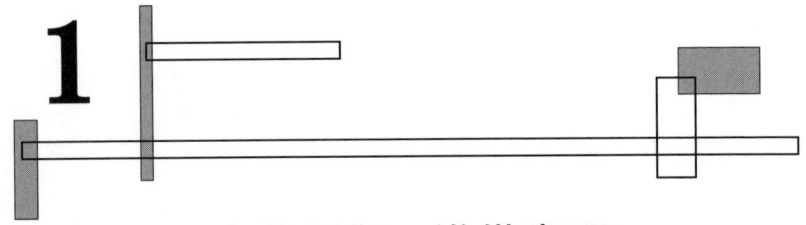

古典制御の準備事項

【本章のねらい】
- 本書に必要なラプラス変換に関する基礎事項を準備する。
- 本書に必要な MATLAB による数値計算の基礎事項を準備する。

1.1 複　素　数

1組の実数 (x, y) から定まるつぎの複素数 z を考える。

$$z = x + jy, \quad j = \sqrt{-1}$$

複素数 z は図 **1.1** に示す複素平面において座標 (x, y) の点として表せるが，絶対値 $|z|$ を r，偏角 $\angle z$ を θ とすると

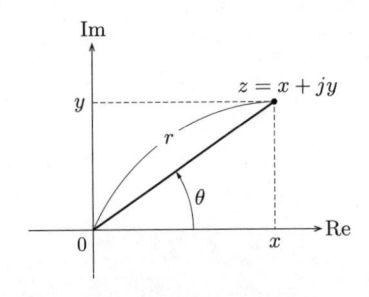

図 **1.1**　複 素 平 面

$$z = r(\cos\theta + j\sin\theta)$$

を得る。これを極形式という。オイラーの公式

$$e^{j\theta} = \cos\theta + j\sin\theta \tag{1.1}$$

を用いると、極形式はさらに簡潔に

$$z = re^{j\theta}$$

となる。この表現を用いると、複素数の積や商を見通し良く記述できる。

例題 1.1 四つの複素数

$$z_i = r_i e^{j\theta_i} \qquad (i = 1, 2, 3, 4)$$

が与えられたとき、これらの積と商で表される複素数

$$z = \frac{z_1 z_2}{z_3 z_4}$$

の絶対値と偏角を求めよ。

【解答】
$$z = \frac{r_1 e^{j\theta_1} r_2 e^{j\theta_2}}{r_3 e^{j\theta_3} r_4 e^{j\theta_4}} = \frac{r_1 r_2}{r_3 r_4} \frac{e^{j(\theta_1+\theta_2)}}{e^{j(\theta_3+\theta_4)}} = \frac{r_1 r_2}{r_3 r_4} e^{j(\theta_1+\theta_2-\theta_3-\theta_4)}$$

となり、絶対値は $(r_1 r_2)/(r_3 r_4)$、偏角は $\theta_1 + \theta_2 - \theta_3 - \theta_4$ となる。 ◇

例題 1.2 つぎの各複素数の絶対値と偏角を求めよ。

(1) $1 + \sqrt{3}j$ (2) $\dfrac{1-j}{1+j}$ (3) $\dfrac{(1+j)^2}{(1+\sqrt{3}j)^3}$

【解答】 (1) $z_1 = 1 + \sqrt{3}j$ とすると、この絶対値は $r_1 = \sqrt{1+3} = 2$。偏角は $\cos\theta_1 = 1/2$ より $\theta_1 = \pi/3$〔rad〕。

(2) $z_2 = 1 - j$, $z_3 = 1 + j$ とする。複素平面上にプロットすれば点 $(1, -1)$, $(1, 1)$ なので、それぞれの絶対値と偏角は $r_2 = r_3 = \sqrt{2}$, $\theta_2 = -\pi/4$, $\theta_3 =$

$\pi/4$ となる．よって，z_2/z_3 の絶対値は $1 \ (= r_2/r_3)$，偏角は $-\pi/2 \ (= \theta_2 - \theta_3)$．

(3) これは z_3^2/z_1^3 なので，絶対値は $r_3^2/r_1^3 = 1/4$．偏角は $2\theta_3 - 3\theta_1 = -\pi/2$．

$\diamondsuit$

1.2 ラプラス変換

1.2.1 ラプラス変換の定義と基本的性質

時間 $t \geqq 0$ で定義された実数値および複素数値関数 $f(t)$ に対して，s を複素数として

$$\int_0^\infty f(t)e^{-st}dt \tag{1.2}$$

なる積分を考える．この積分値がある s について収束するとき

$$F(s) := \int_0^\infty f(t)e^{-st}dt \tag{1.3}$$

によって定義される s の関数 $F(s)$ を $f(t)$ の**ラプラス変換**といい，$F(s) = \mathcal{L}[f(t)]$ と略記する．本節では時間関数 $x(t), y(t), \cdots$ のラプラス変換を，対応する大文字 $X(s), Y(s), \cdots$ で表す．文脈から混乱の恐れがない場合は，小文字のまま $x(s), y(s), \cdots$ などと表すことも多い．

ラプラス変換の基本的な性質を以下に列挙しておく．

(L1) 線形性

$$\mathcal{L}[af(t) + bg(t)] = aF(s) + bG(s) \qquad (a, b : 定数) \tag{1.4}$$

(L2) t 領域での微分

$$\mathcal{L}[\dot{f}(t)] = sF(s) \tag{1.5}$$

$$\mathcal{L}[f^{(n)}(t)] = s^n F(s) \tag{1.6}$$

ただし，$\dot{f}(t)$ および $f^{(n)}(t)$ はそれぞれ $f(t)$ の 1 階微分および n 階微分を表し，初期値 $(f(0), \dot{f}(0), \cdots, f^{(n-1)}(0))$ はすべて 0 とした．

(L3) t 領域での積分

$$\mathcal{L}\left[\int_0^t f(\tau)d\tau\right] = \frac{1}{s}F(s) \tag{1.7}$$

(L4) s 領域での推移

$$\mathcal{L}[e^{at}f(t)] = F(s-a) \tag{1.8}$$

(L5) 最終値定理

$$\lim_{t\to\infty} f(t) = \lim_{s\to 0} sF(s) \tag{1.9}$$

ただし，最終値定理は $sF(s)$ が安定（分母多項式を 0 とする根の実部が負）の場合にしか適用できない．

(L6) 合成積

$$\mathcal{L}\left[\int_0^t f(t-\tau)g(\tau)d\tau\right] = F(s)G(s) \tag{1.10}$$

以上の中でも，(L2)（および (L3)）より，t 領域での微分（あるいは積分）演算が，ラプラス変換した後の s 領域では s をかける（あるいは割る）ことに対応することには特に注意されたい．時間関数の微分積分操作はシステム解析に欠かせないが，ラプラス変換を用いることにより，この操作が簡単な代数演算に置き換わる．

上記の性質を定義から導くことはさほど困難ではない．ここでは，(L2) と (L5) だけを示しておく．

(L2) の証明：

$$\mathcal{L}[\dot{f}(t)] = \int_0^\infty \dot{f}(t)e^{-st}dt \tag{1.11}$$

$$= f(t)e^{-st}\big|_0^\infty + \int_0^\infty f(t)se^{-st}dt \tag{1.12}$$

$$= -f(0) + sF(s) \tag{1.13}$$

ここで，式 (1.12) では部分積分を用い，式 (1.13) においては（式 (1.3) が収束することより）$f(t)e^{-st} \to 0$（$t \to \infty$）を用いた。$f(0) = 0$ のときは (L2) となる。高階微分に関しては，これを繰り返し用いれば導ける。

(L5) の証明：
$G(s) := \int_0^\infty \dot{f}(t)e^{-st}dt$ と定義し，簡単のため $f(0) = 0$ とする。(L2) より

$$\lim_{s \to 0} G(s) = \lim_{s \to 0} sF(s) \tag{1.14}$$

となる。一方，$sF(s)$ が安定なとき，$G(s)$ が $s=0$ で収束し

$$\lim_{s \to 0} G(s) = G(0) = \int_0^\infty \dot{f}(t)dt = f(\infty) \tag{1.15}$$

を得る。式 (1.14), (1.15) より，式 (1.9) を得る。

例題 1.3 あるシステムの入力 $u(t)$ と出力 $y(t)$ が

$$\ddot{y}(t) + 4\dot{y}(t) + 3y(t) = 2\dot{u}(t) + u(t)$$

の関係を満たすとする。このとき，両辺をそれぞれラプラス変換して $Y(s)$ と $U(s)$ の間の関係を求めよ。ただし，各信号の初期値はすべて 0 とする。

【解答】 ラプラス変換において，時間微分は s をかけることに対応するので

$$s^2 Y(s) + 4sY(s) + 3Y(s) = 2sU(s) + U(s)$$

を得る。よって

$$\frac{Y(s)}{U(s)} = \frac{2s+1}{s^2+4s+3}$$

である。加える入力 $u(t)$ を変えれば，対応する出力 $y(t)$ も変わる。むろんそれらのラプラス変換 $U(s)$ や $Y(s)$ も変わる。しかし，その比 $Y(s)/U(s)$ は加える入力の種類に依存しないことがわかる。　◇

1.2.2 基本的な関数のラプラス変換

基本的な関数のラプラス変換を表 1.1 に示しておく。

表 1.1 基本的なラプラス変換

	$f(t)$	$F(s)$		$f(t)$	$F(s)$
1)	$\delta(t)$	1	6)	te^{-at}	$\dfrac{1}{(s+a)^2}$
2)	$u_s(t)\,(=1)$	$\dfrac{1}{s}$	7)	$\sin\omega t$	$\dfrac{\omega}{s^2+\omega^2}$
3)	t	$\dfrac{1}{s^2}$	8)	$\cos\omega t$	$\dfrac{s}{s^2+\omega^2}$
4)	$\dfrac{t^n}{n!}$	$\dfrac{1}{s^{n+1}}$	9)	$e^{-at}\sin\omega t$	$\dfrac{\omega}{(s+a)^2+\omega^2}$
5)	e^{-at}	$\dfrac{1}{s+a}$	10)	$e^{-at}\cos\omega t$	$\dfrac{s+a}{(s+a)^2+\omega^2}$

表中で 1) のデルタ関数 $\delta(t)$ は，$t=0$ でのみ値を持ち，$\int_{-\infty}^{\infty}\delta(t)dt=1$ かつ，任意の連続関数 $g(t)$ に対して $\int_{-\infty}^{\infty}\delta(t)g(t)dt=g(0)$ を満たすものである。よって，定義式 (1.3) より

$$\mathcal{L}[\delta(t)] = \int_{0}^{\infty}\delta(t)e^{-st}dt = e^0 = 1$$

である。

2) と 5) は特に重要である。2) の単位ステップ関数 $u_s(t)$ は，$t<0$ では $u_s(t)=0$ であるが，$t>0$ では $u_s(t)=1$ である。これに注意して，ラプラス変換を定義式 (1.3) から計算すると

$$\mathcal{L}[u_s(t)] = \int_{0}^{\infty}e^{-st}dt = \left.\frac{-1}{s}e^{-st}\right|_{0}^{\infty} = \frac{1}{s}$$

$$\mathcal{L}[e^{-at}] = \int_{0}^{\infty}e^{-at}e^{-st}dt = \left.\frac{-1}{s+a}e^{-(s+a)t}\right|_{0}^{\infty} = \frac{1}{s+a}$$

となり，2) と 5) が導ける。2) に関しては，上記のような計算をしなくても，$\delta(t)$ を時間積分したものが $u_s(t)$ なので，1) と性質 (L3) からただちに得られる。同様に，$1\,(=u_s(t))$ を 1 階時間積分して t，n 階積分して $t^n/(n!)$ となる

ので，性質 (L3) から 3) および 4) が得られる。6) は 2) と性質 (L4) から従う。
7) と 8) に関しては，5) において $a = \pm j\omega$ とおくと

$$\mathcal{L}[e^{-j\omega t}] = \frac{1}{s+j\omega}, \quad \mathcal{L}[e^{j\omega t}] = \frac{1}{s-j\omega}$$

となること，およびオイラーの公式から

$$\sin\theta = \frac{e^{j\theta} - e^{-j\theta}}{2j}, \quad \cos\theta = \frac{e^{j\theta} + e^{-j\theta}}{2}$$

が成立することに注意すると，つぎのように計算できる。

$$\mathcal{L}[\sin\omega t] = \mathcal{L}\left[\frac{e^{j\omega t} - e^{-j\omega t}}{2j}\right] = \frac{\omega}{s^2 + \omega^2}$$

$$\mathcal{L}[\cos\omega t] = \mathcal{L}\left[\frac{e^{j\omega t} + e^{-j\omega t}}{2}\right] = \frac{s}{s^2 + \omega^2}$$

9) と 10) は上式に性質 (L4) を適用すればよい。

1.3 逆ラプラス変換

ラプラス変換 $F(s)$ から元の時間関数 $f(t)$ を求めることを**逆ラプラス変換**といい，$\mathcal{L}^{-1}[F(s)] = f(t)$ と表す。逆ラプラス変換は

$$f(t) = \frac{1}{2\pi j}\int_{c-j\infty}^{c+j\infty} F(s)e^{st}ds \quad (c>0) \tag{1.16}$$

によって計算される。本書で扱うのは $F(s)$ が有理関数の場合がほとんどであるので，ここでは，上式の複素積分を計算するのではなく，有理関数の部分分数展開とラプラス変換表を用いて逆ラプラス変換を求める方法を示しておく。
いま，$F(s)$ が

$$F(s) = \frac{b_m s^m + b_{m-1}s^{m-1} + \cdots + b_1 s + b_0}{s^n + a_{n-1}s^{n-1} + \cdots + a_1 s + a_0} \quad (n \geqq m) \tag{1.17}$$

と記述されるものとし，分母を 0 とする根を $p_1, p_2, \cdots, p_n$ とする。すなわち

$$F(s) = \frac{b_m s^m + b_{m-1}s^{m-1} + \cdots + b_1 s + b_0}{(s-p_1)(s-p_2)\cdots(s-p_n)} \tag{1.18}$$

とする．このとき，逆ラプラス変換は以下のように求められる．

(A) すべての p_i $(i=1,\cdots,n)$ がたがいに異なる場合：
このときには

$$F(s) = \frac{k_1}{s-p_1} + \frac{k_2}{s-p_2} + \cdots + \frac{k_n}{s-p_n} \qquad (1.19)$$

と部分分数に展開でき，係数 k_i $(i=1,\cdots,n)$ は

$$k_i = \lim_{s \to p_i} (s-p_i)F(s) \qquad (1.20)$$

によって求めることができる．上式はつぎのように導ける．式 (1.19) の両辺に $(s-p_1)$ をかけると

$$(s-p_1)F(s) = k_1 + k_2\frac{s-p_1}{s-p_2} + \cdots + k_n\frac{s-p_1}{s-p_n} \qquad (1.21)$$

となるので，$s \to p_1$ のとき，上式の右辺は k_1 となる．よって式 (1.20) が $i=1$ のとき成り立つ．$i=2,\cdots,n$ もまったく同様である．

さて，いま式 (1.19) に関して

$$\mathcal{L}^{-1}\left[\frac{k_i}{s-p_i}\right] = k_i e^{p_i t} \qquad (1.22)$$

が成り立つことに注意すると

$$\mathcal{L}^{-1}[F(s)] = k_1 e^{p_1 t} + k_2 e^{p_2 t} + \cdots + k_n e^{p_n t} \qquad (1.23)$$

と逆ラプラス変換が計算できる．

(B) p_i $(i=1,\cdots,n)$ に重根がある場合：
簡単のために，$F(s)$ の分母は 3 根のみ持ち，$p_1 = p_2 \neq p_3$ とする．

$$F(s) = \frac{k_{12}}{(s-p_1)^2} + \frac{k_{11}}{s-p_1} + \frac{k_3}{s-p_3} \qquad (1.24)$$

と部分分数展開することができる．重根の部分の係数は

$$k_{12} = \lim_{s \to p_1} \left[(s-p_1)^2 F(s)\right] \qquad (1.25)$$

$$k_{11} = \lim_{s \to p_1} \frac{d}{ds}\left[(s-p_1)^2 F(s)\right] \tag{1.26}$$

であり，その他の係数は式 (1.20) で求められる．上式はつぎのように導ける．式 (1.24) の両辺に $(s-p_1)^2$ をかけると

$$(s-p_1)^2 F(s) = k_{12} + k_{11}(s-p_1) + R(s) \tag{1.27}$$

を得る．ただし，$R(s)$ は残りの項，すなわち

$$R(s) := (s-p_1)^2 \frac{k_3}{s-p_3} \tag{1.28}$$

である．式 (1.27) において $s \to p_1$ とすることにより，式 (1.25) を得る．さらに，式 (1.27) を s で微分すると

$$\frac{d}{ds}(s-p_1)^2 F(s) = k_{11} + \frac{d}{ds}R(s) \tag{1.29}$$

となるので，$s \to p_1$ のとき式 (1.29) 右辺の第 2 項以降が 0 となり，式 (1.26) を得る．

一方，ラプラス変換表と性質 (L4) より，任意の正整数 ℓ に対して

$$\mathcal{L}^{-1}\left[\frac{k}{(s-p)^\ell}\right] = \frac{k}{(\ell-1)!}t^{\ell-1}e^{pt} \tag{1.30}$$

が成り立つので，式 (1.24) の $F(s)$ のラプラス逆変換として

$$\mathcal{L}^{-1}[F(s)] = e^{p_1 t}(k_{12}t + k_{11}) + k_3 e^{p_3 t} \tag{1.31}$$

を得る．

なお，p_1 が $r\,(>2)$ 重根の場合も上記とまったく同様にして，$(s-p_1)^r F(s)$ を順次微分し，$s \to p_1$ の極限をとって部分分数展開の係数を求めればよい．

例題 1.4 例題 1.3 のシステムの入力として $u(t) = u_s(t)$（単位ステップ関数）および $u(t) = t$ を加えたときの出力をそれぞれ求めよ．

【解答】 $u(t) = u_s(t)$ のラプラス変換は $1/s$ である。**例題 1.3** より

$$Y(s) = \frac{2s+1}{s^2+4s+3}U(s) = \frac{2s+1}{(s+3)(s+1)s}$$

を得る。右辺を部分分数展開すると

$$Y(s) = \frac{k_1}{s} + \frac{k_2}{s+3} + \frac{k_3}{s+1}$$

となる。各係数は

$$k_1 = \lim_{s\to 0} \frac{2s+1}{(s+3)(s+1)} = \frac{1}{3}$$

$$k_2 \lim_{s\to -3} \frac{2s+1}{(s+1)s} = \frac{-5}{6}, \quad k_2 \lim_{s\to -1} \frac{2s+1}{(s+3)s} = \frac{1}{2}$$

である。よって，$Y(s)$ を逆ラプラス変換して次式を得る。

$$y(t) = \frac{1}{3} + \frac{-5}{6}e^{-3t} + \frac{1}{2}e^{-t}$$

一方，$u(t) = t$ のときは $U(s) = 1/s^2$ なので

$$Y(s) = \frac{2s+1}{s^2+4s+3}U(s) = \frac{2s+1}{(s+3)(s+1)s^2}$$

を得る。右辺を部分分数展開すると

$$Y(s) = \frac{k_{12}}{s^2} + \frac{k_{11}}{s} + \frac{k_2}{s+3} + \frac{k_3}{s+1}$$

となる。各係数は

$$k_{11} = \lim_{s\to 0} \frac{2s+1}{(s+3)(s+1)} = \frac{1}{3}$$

$$k_{12} = \lim_{s\to 0} \frac{d}{dt}\left(\frac{2s+1}{(s+3)(s+1)}\right)$$

$$= \lim_{s\to 0}\left(\frac{2}{(s+3)(s+1)} - \frac{(2s+1)(2s+4)}{(s+3)^2(s+1)^2}\right)$$

$$= \frac{2}{3} - \frac{4}{9} = \frac{2}{9}$$

$$k_2 = \lim_{s\to -3} \frac{2s+1}{(s+1)s^2} = \frac{5}{18}$$

$$k_3 = \lim_{s\to -1} \frac{2s+1}{(s+3)s^2} = \frac{-1}{2}$$

となり，これを逆ラプラス変換して次式を得る。

$$y(t) = \frac{1}{3}t + \frac{2}{9} + \frac{5}{18}e^{-3t} + \frac{-1}{2}e^{-t}$$

◇

1.4 MATLABによる数値計算のための関数

システムの時間応答や周波数応答などを実際に計算してダイナミカルシステムの特性を感覚的に把握することは重要である。数値計算を実行し，本書の結果を読者自身で検証することは必須と思われる。このためには，制御系の解析・設計によく使われるMATLABを利用するのが早道であろう。ここでは，本書の演習や例題の解の再検証に必要な最低限の関数を紹介しておく。

伝達関数$G(s)$でシステムを表現し，そのステップ応答を描くには，例えばつぎのM-fileを作成し実行すればよい。

```
s=tf('s')              % ラプラス演算子 s の定義
G=(2*s+1)/(s^2+4*s+3)  % 伝達関数でシステムを指定
step(G)                % ステップ応答を描画
```

続けて，この$G(s)$の極を確認し，ボード線図を描くには

```
pole(G)    % G(s) の極を表示
bode(G)    % ボード線図を描画
```

とすればよい。

図1.2に示す閉ループ系において，$P(s) = G(s)$, $K(s) = K$としてKを大きくするときの根軌跡は以下で描ける。

```
rlocus(P)    % 根軌跡を描画
```

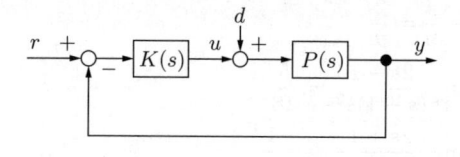

図 1.2 閉ループ系

$P(s)$, $K(s)$を新たに指定して制御系の解析を行うために開ループ伝達関数$L(s) = P(s)K(s)$のナイキスト線図，ボード線図を描くには，例えば

```
P=1/(s+1)^2              % 伝達関数でP(s)を指定
K=(4*s+2)/s              % 伝達関数でK(s)を指定
L=P*K                    % L(s)=P(s)K(s)を計算
figure(1)                % 図の番号を指定
nyquist(L)               % ナイキスト線図の描画
figure(2)                % 図の番号を指定
bode(L)                  % ボード線図を描画
```

とする。また，制御系のステップ目標値 r に対する出力 y の応答やステップ外乱 d に対する応答を求めて描画するには，上記に続いて以下を実行すればよい。

```
Gr=feedback(L,1)         % rからyへの伝達関数Grを求める
Gd=feedback(P,K)         % dからyへの伝達関数Gdを求める
figure(3)                % 図の番号を指定
step(Gr)                 % 目標値応答を描画
figure(4)                % 図の番号を指定
step(Gd)                 % 外乱応答を描画
```

ここで，feedback(P,K) は

$$\frac{P(s)}{1+P(s)K(s)}$$

を計算する。さらに，制御系の極を確認した上で，その安定余裕を数値で直接みるには，ゲイン余裕（絶対値）と位相余裕（°），およびこれらに対応する位相交差周波数 ω_{pc} とゲイン交差周波数 ω_{gc} [rad/s] を表すつぎの命令を実行すればよい。

```
pole(Gr)                      % 閉ループ系の極を表示
[gm,pm,wpc,wgc]=margin(L)     % 安定余裕の詳細情報の表示
```

MATLAB が利用可能な読者は，ぜひ試していただきたい。

2 伝達関数とブロック線図

【本章のねらい】
- 基本的なシステムの伝達関数を求める。
- 複雑なブロック線図を簡単化する。

2.1 ダイナミカルシステムの表現

制御では，システムに加えられる入力 $u(t)$ とそれに対応する出力 $y(t)$ に注目する。そこで扱うシステムの多くは次式のような微分方程式で記述される線形ダイナミカルシステムである。

$$a_n \frac{d^n y(t)}{dt^n} + a_{n-1} \frac{d^{n-1} y(t)}{dt^{n-1}} + \cdots + a_1 \frac{dy(t)}{dt} + a_0 y(t) \\ = b_m \frac{d^m u(t)}{dt^m} + b_{m-1} \frac{d^{m-1} u(t)}{dt^{m-1}} + \cdots + b_1 \frac{du(t)}{dt} + b_0 u(t) \tag{2.1}$$

制御系の解析や設計においては，複数のシステムの結合を扱う必要がしばしば生じるが，微分方程式の記述のままでは，結合システム全体における入出力関係を把握することは簡単とはいえない。

しかし，線形システムの入出力特性を，以下に定義する**伝達関数**を用いて表現すると，そのような問題点が解消され，かつ表現も簡潔なものとなる。

伝達関数は，線形ダイナミカルシステムにおいて，すべての初期値を 0 としたときの，出力のラプラス変換と入力のラプラス変換の比である．すなわち

$$伝達関数 = \frac{出力のラプラス変換}{入力のラプラス変換}$$

によって与えられる．式 (2.1) においてすべての初期値を 0 とし，出力 $y(t)$ と入力 $u(t)$ のラプラス変換を，それぞれ $Y(s)$，$U(s)$ とおく．つぎに，ラプラス変換により「微分する」ことが「s をかける」ことに置き換わるという性質を用いて，式 (2.1) の両辺をラプラス変換すれば

$$(a_n s^n + a_{n-1} s^{n-1} + \cdots + a_1 s + a_0) Y(s)$$
$$= (b_m s^m + b_{m-1} s^{m-1} + \cdots + b_1 s + b_0) U(s) \quad (2.2)$$

を得る．よって，伝達関数を $G(s)$ とすると

$$G(s) = \frac{Y(s)}{U(s)} = \frac{b_m s^m + b_{m-1} s^{m-1} + \cdots + b_1 s + b_0}{a_n s^n + a_{n-1} s^{n-1} + \cdots + a_1 s + a_0} \quad (2.3)$$

となる．

例題 2.1 氷の上でストーンの位置を制御する競技であるカーリングを考える．このストーンは，単純化すると**図 2.1** に示すような直線上を運動する物体と捉えることができる．入力は質量 M 〔kg〕の物体に加えられる力 $f(t)$ 〔N〕で，出力は物体の位置 $x(t)$ 〔m〕とする．運動時には速度 $v(t) := \dot{x}(t)$ 〔m/s〕に比例する摩擦力 $c_0 v(t)$（c_0 は正定数）が速度と反対方向に生ずるものとして，このシステムの伝達関数を求めよ．

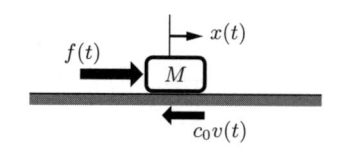

図 2.1

【解答】 運動方程式は

$$M\ddot{x}(t) = -c_0\dot{x}(t) + f(t)$$

となる。初期状態を 0 としてラプラス変換すると

$$(Ms^2 + c_0 s)X(s) = F(s)$$

を得る。入力が $f(t)$, 出力が $x(t)$ なので, この系の伝達関数は

$$\frac{X(s)}{F(s)} = \frac{1}{s(Ms + c_0)}$$

である。 ◇

演習 2.1 上記の**例題 2.1** において, 物体の速度 $v(t)$ を出力とするとき, この系の伝達関数を求めよ。

演習 2.2 カーリングでは, 最初はストーンに力を加えて一定速度 v_0 にし, この速度を保持したまま, 定められた地点 (その座標を $x = 0$ とする) でストーンから手を離して自由運動をさせ, 目標の地点 (x_r) で停止させることが基本となる。上記の例題では, この速度 v_0 をどのように定めるべきか。また, 一定の力 f_0 を加え続けてこの速度を実現するためには, f_0 をどのように定めるべきか。

例題 2.2 理想的な演算増幅器 (オペアンプ), すなわち反転入力 (−) の電位はつねに 0, 入力端子に流れる電流も 0 である演算増幅器を考える。こ

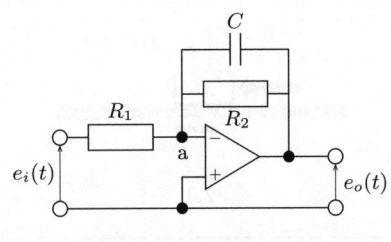

図 2.2 1 次遅れ回路

のとき，図 2.2 に示す回路は 1 次遅れ回路と呼ばれる。ここにおいて，入力を電位 e_i，出力を電位 e_o としたときの伝達関数を求めよ。

【解答】 R_1-C-R_2 の接点 a に着目する。R_1 を右向きに流れる電流を i_1，C を左向きに流れる電流を i_2，R_2 を左向きに流れる電流を i_3 とすると，キルヒホッフの法則より接点に流れ込む電流の総和は 0 なので

$$i_1(t) + i_2(t) + i_3(t) = 0$$

であり，また，各要素の電圧差と電流の関係は

$$e_i(t) = R_1 i_1(t), \quad i_2 = C\dot{e}_o(t), \quad e_o(t) = R_2 i_3(t)$$

なので，次式を得る。

$$\frac{e_i(t)}{R_1} + C\dot{e}_o(t) + \frac{e_o(t)}{R_2} = 0$$

初期値を 0 としてラプラス変換をすると

$$\frac{E_i(s)}{R_1} = -\left(Cs + \frac{1}{R_2}\right) E_o(s)$$

となるので，伝達関数は次式で与えられる。

$$\frac{E_o(s)}{E_i(s)} = \frac{-R_2}{R_1(CR_2 s + 1)}$$

◇

例題 2.3 図 2.3 に示す回路において，入力を電位 e_i，出力を電位 e_o としたときの伝達関数を求めよ。これは位相進み回路と呼ばれる。

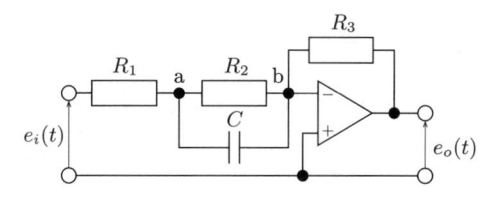

図 2.3 位相進み回路

【解答】 C-R_1-R_2 の接点 a の電位を e_C とおく。C-R_2-R_3 の接点 b に関するキルヒホッフの法則から

$$C\dot{e}_C(t) + \frac{e_C(t)}{R_2} + \frac{e_o(t)}{R_3} = 0$$

が成り立ち，R_2-C-R_1 の接点 a に関するキルヒホッフの法則から

$$\frac{e_i(t) - e_C(t)}{R_1} + C(-\dot{e}_C(t)) + \frac{-e_C(t)}{R_2} = 0$$

が成り立つ。

各変数の初期値を 0 として上の 2 式をラプラス変換すると

$$E_o(s) = -\frac{R_3(1 + R_2 C s)}{R_2} E_C(s)$$

$$E_i(s) = \frac{R_2 + R_1 + R_2 R_1 C s}{R_2} E_C(s)$$

を得る。これらを辺々割って $E_C(s)$ を消去すると，求める伝達関数

$$\frac{E_o(s)}{E_i(s)} = -\frac{R_3(1 + R_2 C s)}{R_2 + R_1 + R_2 R_1 C s}$$

が得られる。 ◇

演習 2.3 図 2.4 に示す回路において，入力を電位 e_i，出力を電位 e_o としたときの伝達関数を求めよ。これは位相遅れ回路と呼ばれる。

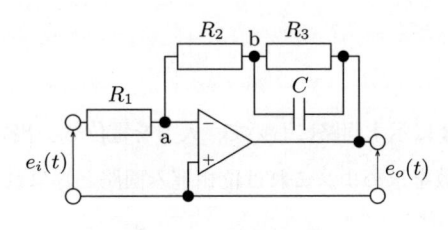

図 2.4 位相遅れ回路

演習 2.4 図 2.5 に示す回路において，入力を電位 e_i，出力を電位 e_o としたときの伝達関数を求めよ。これは特定の周波数を遮断するノッチフィルタと呼ばれる。

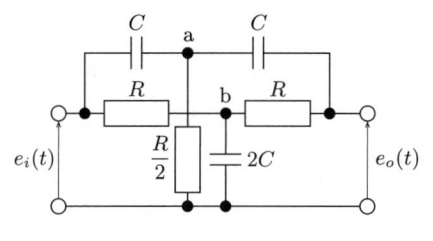

図 2.5 ノッチフィルタ

本節の最後として，制御を必要とするシステムの例として図 2.6 (a) に示すような自走式倒立振子を取り上げ，機械システムのモデル化に関する一つの典型的な方法を示しておく．振子下端に備えられた駆動輪によって運動を制御し，振子の倒立状態を保持することを目的とするものである．

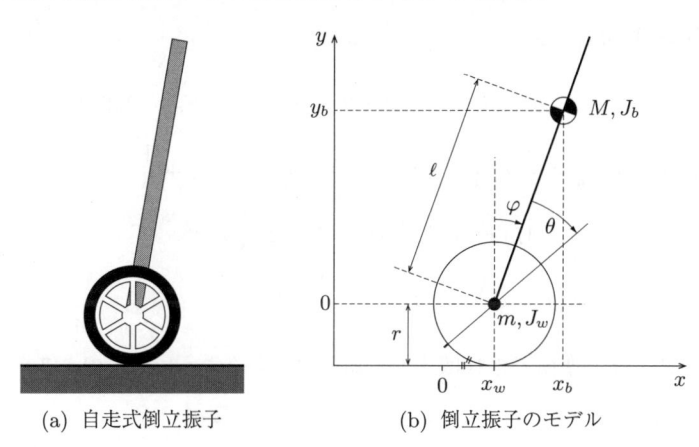

(a) 自走式倒立振子   (b) 倒立振子のモデル

図 2.6 自走式倒立振子とモデル

これを図 2.6 (b) に示すモデルで近似する．ここで φ〔rad〕は振子の鉛直方向からの傾き，θ〔rad〕は振子に対する車輪の回転角，x_w〔m〕は車輪（中心）の x 座標，x_b〔m〕は振子重心の x 座標，y_b〔m〕は振子重心の y 座標，ℓ〔m〕は車輪中心から振子重心までの距離，r〔m〕は車輪の半径，M〔kg〕は振子の重量，m〔kg〕は車輪の重量，J_b〔kgm^2〕は振子の重心まわりの慣性モーメント，J_w〔kgm^2〕は車輪の重心まわりの慣性モーメント，そして g〔m/s^2〕を

重力加速度とする。

ここで，床と車輪は滑らずに運動し，転がり摩擦はなく，また車輪と振子の間の摩擦も無視できるとする。まず，車軸の位置 x_w と振子の重心位置 (x_b, y_b) を θ と φ の関数として書くと

$$x_w = r(\theta + \varphi)$$
$$x_b = x_w + \ell \sin\varphi = r(\theta + \varphi) + \ell \sin\varphi$$
$$y_b = \ell \cos\varphi$$

となる。倒立振子全体のポテンシャルエネルギー（位置エネルギー）U は φ の関数となり，$y = 0$ の線を基準とすると

$$U = Mg\ell \cos\varphi$$

と書ける。また，倒立振子全体の運動エネルギー T を θ, φ の関数として書くと

$$\begin{aligned}
T &= \frac{1}{2}m\dot{x}_w^2 + \frac{1}{2}J_w(\dot{\varphi} + \dot{\theta})^2 + \frac{1}{2}M(\dot{x}_b^2 + \dot{y}_b^2) + \frac{1}{2}J_b\dot{\varphi}^2 \\
&= \frac{1}{2}\{(m + M)r^2 + J_w\}(\dot{\theta} + \dot{\varphi})^2 + \frac{1}{2}J_b\dot{\varphi}^2 \\
&\quad + M\ell r(\dot{\theta} + \dot{\varphi})\cdot\dot{\varphi}\cdot\cos\varphi + \frac{1}{2}M\ell^2\dot{\varphi}^2
\end{aligned}$$

となる。ここまで準備できれば，よく知られているように，このシステムの φ に関する運動方程式はラグランジアン $L = T - U$ を用いて

$$\frac{d}{dt}\left(\frac{\partial L}{\partial \dot{\varphi}}\right) - \frac{\partial L}{\partial \varphi} = 0$$

で記述される。ここで，摩擦は無視できると仮定しているので，右辺は 0 となっている。上記の T および U を代入して以下にこれを計算する。

$$\frac{d}{dt}\left(\frac{\partial T}{\partial \dot{\varphi}}\right) - \frac{\partial T}{\partial \varphi} + \frac{\partial U}{\partial \varphi} = 0$$

の各項を計算すると

$$\frac{\partial T}{\partial \dot{\varphi}} = \{(m + M)r^2 + J_w\}(\dot{\theta} + \dot{\varphi})$$

2.1 ダイナミカルシステムの表現

$$\frac{d}{dt}\left(\frac{\partial T}{\partial \dot{\varphi}}\right) = \{(m+M)r^2 + J_w\}\left(\ddot{\theta} + \ddot{\varphi}\right) + \left(J_b + M\ell^2\right)\ddot{\varphi}$$

$$+ \left(J_b + M\ell^2\right)\dot{\varphi} + M\ell r \cdot \left(\dot{\theta} + 2\dot{\varphi}\right) \cdot \cos\varphi$$

$$+ M\ell r\left(\ddot{\theta}\cdot\cos\varphi - \dot{\theta}\cdot\dot{\varphi}\cdot\sin\varphi + 2\ddot{\varphi}\cdot\cos\varphi - 2\dot{\varphi}^2\cdot\sin\varphi\right)$$

$$\frac{\partial T}{\partial \varphi} = -M\ell r\left(\dot{\theta} + \dot{\varphi}\right)\dot{\varphi}\sin\varphi$$

$$\frac{\partial U}{\partial \varphi} = -Mg\ell\sin\varphi$$

となり，これらを用いて，システムの運動方程式が次式で得られる．

$$\begin{aligned}&\{(m+M)r^2 + J_w\}\left(\ddot{\theta} + \ddot{\varphi}\right)\\ &+ M\ell r\left(\ddot{\theta}\cdot\cos\varphi + 2\ddot{\varphi}\cdot\cos\varphi - \dot{\varphi}^2\cdot\sin\varphi\right)\\ &+ \left(J_b + M\ell^2\right)\ddot{\varphi} - Mg\ell\sin\varphi = 0\end{aligned} \quad (2.4)$$

例題 2.4 式 (2.4) で記述される自走式倒立振子を，倒立静止状態

$$\varphi = 0, \quad \dot{\varphi} = 0$$

の近傍で線形化し，入力を $\theta(t)$，出力を $\varphi(t)$ として伝達関数を求めよ．

【解答】 式 (2.4) に含まれる非線形因子は

$$\sin\varphi \simeq \varphi, \quad \cos\varphi \simeq 1, \quad \dot{\varphi}^2 \simeq 0$$

のように線形近似できる．これを式 (2.4) に代入すると

$$\begin{aligned}&\{mr^2 + M(r+\ell)^2 + J_w + J_b\}\ddot{\varphi} - Mg\ell\varphi\\ &= -\{(m+M)r^2 + M\ell r + J_w\}\ddot{\theta}\end{aligned}$$

を得る．よって，初期値を 0 としてラプラス変換すると，求める伝達関数は

$$\frac{\Phi(s)}{\Theta(s)} = -\frac{s^2((m+M)r^2 + M\ell r + J_w)}{\{mr^2 + M(r+\ell)^2 + J_w + J_b\}s^2 - Mg\ell}$$

となる． ◇

2.2 ブロック線図の簡単化

本節以降では,特に混乱の恐れがない限り,$r(t)$ のラプラス変換を $r(s)$ などと同じ文字のままで表す。

例題 2.5 図 2.7 のブロック線図で表現されたシステムの r から y までの伝達関数を求めよ。

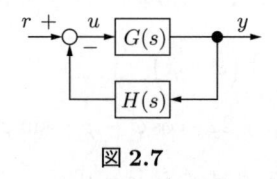

図 2.7

【解答】 図より

$$u = r - H(s)y, \quad y = G(s)u$$

なので,これから u を消去し

$$y = G(s)(r - H(s)y)$$

すなわち

$$(1 + G(s)H(s))y = G(s)r$$

を得る。よって,求める伝達関数は次式となる。

$$\frac{G(s)}{1 + G(s)H(s)}$$

◇

ブロック線図を簡単化するときに有用な等価変換の例を**表 2.1** に示す。

2.2 ブロック線図の簡単化

表 2.1 ブロック線図の等価変換

等価変換	変換前	変換後
ブロックの直列結合	$u \to \boxed{G_1} \to \boxed{G_2} \to y$	$u \to \boxed{G_2 G_1} \to y$
加え合わせ点の入れ替え	(図)	(図)
引き出し点の入れ替え	(図)	(図)
ブロックと加え合わせ点の入れ替え (1)	(図)	(図)
ブロックと加え合わせ点の入れ替え (2)	(図)	G^{-1} を用いた変換
ブロックと引き出し点の入れ替え (1)	(図)	(図)
ブロックと引き出し点の入れ替え (2)	(図)	G^{-1} を用いた変換

例題 2.6 図 2.8 のブロック線図で表現されたシステムの r から y までの伝達関数を求めよ。

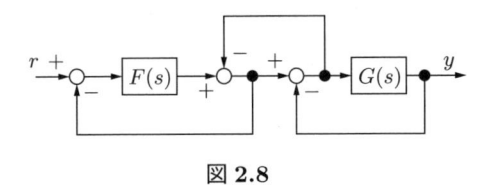

図 2.8

24　　2. 伝達関数とブロック線図

【解答】　この例題ではブロック線図の等価変換を用いることにする。注意すべきは，引き出し点（黒丸）と加え合わせ点（白丸）の入れ替えは絶対にできないということである。まず，$G(s)$ の手前にある引き出し点を $G(s)$ の後ろの引き出し点まで移動し，$F(s)$ の後ろにある加え合わせ点を $F(s)$ の前に移動する。さらに，加え合わせ点同士の入れ替え，引き出し点同士の入れ替えができることに注意すれば，図 2.9 (a) を得る。

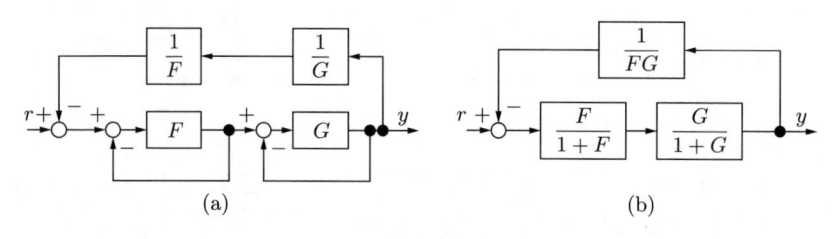

図 2.9

つぎに，$1/G(s)$ と $1/F(s)$ の直列結合は $1/(F(s)G(s))$ と一つにまとめる。また，先の**例題 2.5** の結果を用いて，$G(s)$ のまわりのフィードバック結合を計算すると，$G(s)/(1+G(s))$，$F(s)$ についても同様に $F(s)/(1+F(s))$ となるので，図 2.9 (b) を得る。

ここで，図 2.7 との対応を見ると

$$G(s) \Leftrightarrow \frac{F(s)}{1+F(s)} \cdot \frac{G(s)}{1+G(s)}$$

$$H(s) \Leftrightarrow \frac{1}{F(s)G(s)}$$

となっている。よって，**例題 2.5** の結果を再度用いて

$$\frac{\dfrac{F(s)}{1+F(s)} \cdot \dfrac{G(s)}{1+G(s)}}{1 + \dfrac{F(s)}{1+F(s)} \cdot \dfrac{G(s)}{1+G(s)} \cdot \dfrac{1}{F(s)G(s)}} = \frac{F(s)G(s)}{F(s)G(s)+F(s)+G(s)+2}$$

を得る。　　　　　　　　　　　　　　　　　　　　　　　　　　　　◇

2.2 ブロック線図の簡単化

例題 2.7 図 2.10 のブロック線図で表現されたシステムの r から y までの伝達関数を求めよ。

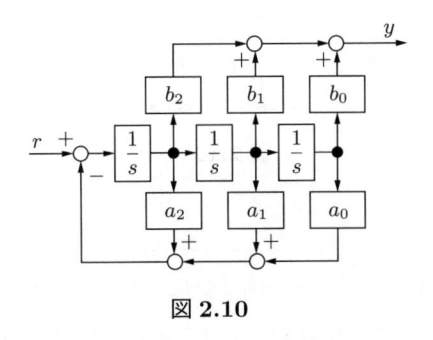

図 2.10

【解答】 これも等価変換で求める。b_1, b_2 のブロックの引き出し点を最右端まで移動すると、ブロックの中身はそれぞれ $b_1 s, b_2 s^2$ となる。同様に a_1, a_2 のブロックの引き出し点を最右端まで移動すると、それぞれ $a_1 s, a_2 s^2$ となる。したがって、これらを加え合わせて図 2.11 のように等価変換できる。よって、全体の伝達関数は次式となる。

$$\frac{b_2 s^2 + b_1 s + b_0}{s^3 + a_2 s^2 + a_1 s + a_0}$$

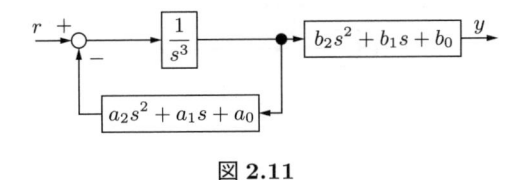

図 2.11

◇

演習 2.5 図 2.12 のブロック線図で表現されたシステムの r から y までの伝達関数を求めよ。

図 2.12

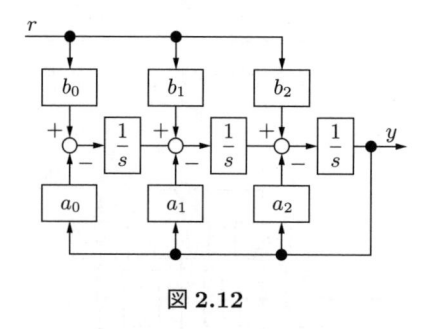

例題 2.8 図 2.13 のブロック線図で表現されたシステムの r から y までの伝達関数 $G_{yr}(s)$, および d から y までの伝達関数 $G_{yd}(s)$ を求めよ。

また, $Q(s) \to 1/P(s)$ のとき

$$G_{yd}(s) \to 0 \tag{2.5}$$

となることを確認せよ。

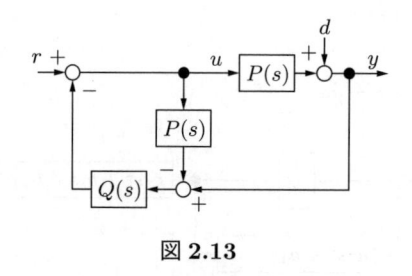

図 2.13

【解答】 変数間の関係を求めると

$$y = P(s)u + d$$
$$u = r - Q(s)(y - P(s)u)$$

となるので

$$(1 - P(s)Q(s))u = r - Q(s)y$$

を得る。最初の式の両辺に $1 - P(s)Q(s)$ を乗じて, 上式を代入すると

$$(1 - P(s)Q(s))y = P(s)r - P(s)Q(s)y + (1 - P(s)Q(s))d$$

となり，これを y について整理して

$$y = P(s)r + (1 - P(s)Q(s))d$$

を得る。すなわち

$$G_{yr}(s) = P(s), \quad G_{yd}(s) = 1 - P(s)Q(s)$$

が求める伝達関数となる。さらに，上式の $G_{yd}(s)$ より $Q(s) \to 1/P(s)$ のときは明らかに式 (2.5) が成立する。このときには，d が存在している場合でもその影響が小さくなり，$y \to P(s)r$ となることを意味する。 ◇

演習 2.6 図 2.14 のブロック線図で表現されたシステムについて，**例題 2.8** と同じ問に答えよ。ただし，後半については $Q(s) \to \infty$ の場合について解答せよ。

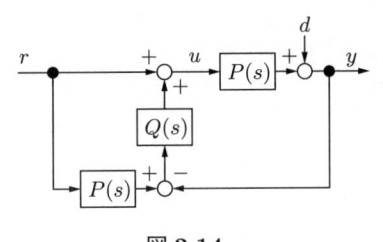

図 2.14

3

時 間 応 答

【本章のねらい】

- 伝達関数の各パラメータと時間応答の関係を深く理解する。
- 安定判別の技術を身につける。

3.1 伝達関数と時間応答

3.1.1 1次系の応答

1次系の伝達関数は正定数 T, K を用いて

$$G(s) = \frac{K}{Ts+1} \tag{3.1}$$

の形で記述され，T は時定数，K はゲインと呼ばれる。単位ステップ入力 ($u(t) = 1$) が加わったときの出力 $y(t)$ はステップ応答と呼ばれ，制御系の解析や設計の基本となる。ステップ入力のラプラス変換は $1/s$ なので，これに対応する出力のラプラス変換 $y(s)$ は

$$y(s) = \frac{K}{Ts+1} \cdot \frac{1}{s} = K\left(\frac{1}{s} - \frac{T}{Ts+1}\right)$$

となる。上式右辺で $T/(Ts+1)$ が $1/(s+(1/T))$ と等しいことに注意し，**表 1.1** のラプラス変換表を利用して逆ラプラス変換すると，ステップ応答として

$$y(t) = K\left(1 - e^{-t/T}\right) \tag{3.2}$$

を得る．この定常値と初期速度がそれぞれ

$$\lim_{t\to\infty} y(t) = K, \quad \dot{y}(0) = \frac{K}{T} \tag{3.3}$$

となることを理解していると，応答の概形を描くことが容易となる．

例題 3.1 つぎの系の時定数とゲインを求め，ステップ応答の概略を図示せよ．

$$G_1(s) = \frac{1}{s+2}, \quad G_2(s) = \frac{2}{s+1}, \quad G_3(s) = \frac{4}{s+4}$$

【解答】 式 (3.1) の標準的な形式に変形するとそれぞれ

$$G_1(s) = \frac{0.5}{0.5s+1}, \quad G_2(s) = \frac{2}{s+1}, \quad G_3(s) = \frac{1}{0.25s+1}$$

となるので，時定数 T は $G_1(s), G_2(s), G_3(s)$ がそれぞれ 0.5, 1, 0.25，ゲイン K はそれぞれ 0.5, 2, 1 となる．よって，式 (3.3) より $G_1(s), G_2(s), G_3(s)$ のそれぞれの定常値は 0.5, 2, 1 であり，それぞれの初期速度は 1, 2, 4 となり，これよりステップ応答の概形が描ける．参考までに正確なステップ応答を**図 3.1** に示しておく．

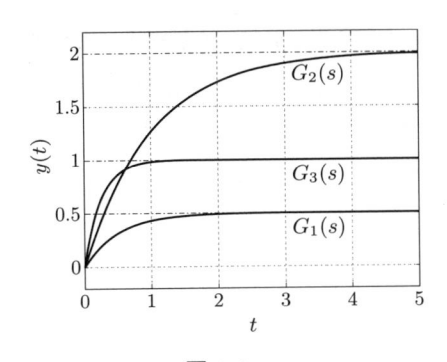

図 3.1

◇

3. 時間応答

演習 3.1 数値計算により，つぎの各場合のステップ応答を計算せよ．
 (1) 時定数が $T=1$ で，ゲイン K が 0.2 から 2 まで変化する場合
 (2) 時定数 T が 0.5 から 5 まで変化し，ゲインが $K=1$ と一定の場合

演習 3.2 式 (3.3) を導出せよ．

例題 3.2 ステップ応答の定常値と初期速度が

$$\lim_{t\to\infty} y(t) = 1, \quad \dot{y}(0) = 2$$

となる 1 次系の伝達関数を求めよ．

【解答】 式 (3.3) と比較することにより，$K=1$，$K/T=2$ となる．よって，時定数が $T=0.5$，ゲインが $K=1$ の 1 次系なので，その伝達関数は

$$G(s) = \frac{1}{0.5s+1}$$

となる． ◇

演習 3.3 $\lim_{t\to\infty} y(t) = 2$，$\dot{y}(0) = 1$ となる 1 次系の伝達関数を求めよ．

例題 3.3 図 3.2 に示すフィードバック制御系において，$K(s) = K_0$（定数），$P(s) = 1/s$ とする．この閉ループ系の時定数とゲインを求めよ．また，K_0 を 0.5 から 10 まで変化させたときのステップ応答を図示せよ．

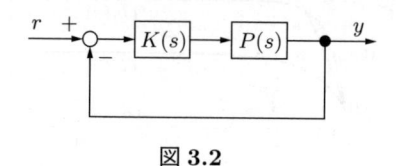

図 3.2

【解答】 r から y までの伝達関数 $G_{yr}(s)$ は

$$G_{yr}(s) = \frac{P(s)K(s)}{1+P(s)K(s)} = \frac{K_0}{s+K_0} = \frac{1}{\frac{1}{K_0}s+1}$$

となる。

よって，時定数は $T=1/K_0$, ゲインは K_0 にかかわらず $K=1$ と一定となる。応答例を図 3.3 に示す。

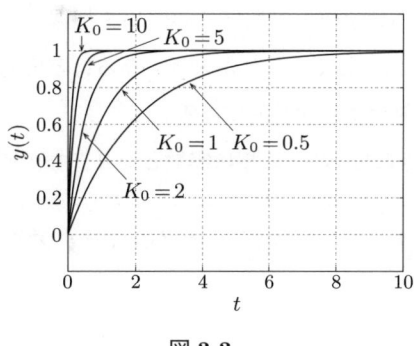

図 3.3

◇

演習 3.4 上記の例題において，$P(s) = 1/(s+2)$ のときについて解答せよ。

3.1.2 2次系の応答

伝達関数が正定数 ζ, ω_n, K を用いて

$$G(s) = \frac{K\omega_n^2}{s^2 + 2\zeta\omega_n s + \omega_n^2} \tag{3.4}$$

で与えられる**2次系**を考える。ここで，ζ は減衰係数，ω_n は自然角周波数，K はゲインと呼ばれる。ステップ応答は，$\zeta < 1$ のとき

$$y(t) = K\left\{1 - \frac{e^{-\zeta\omega_n t}}{\sqrt{1-\zeta^2}}\sin(\omega_n\sqrt{1-\zeta^2}t + \theta)\right\} \tag{3.5}$$

$$\theta = \tan^{-1}\frac{\sqrt{1-\zeta^2}}{\zeta} \tag{3.6}$$

によって求められる．これより，定常値は1次系と同様に

$$\lim_{t\to\infty} y(t) = K \tag{3.7}$$

とゲイン K に等しい．この系の極を α, β とすると

$$\alpha = -\zeta\omega_n + \omega_n\sqrt{1-\zeta^2}j, \quad \beta = -\zeta\omega_n - \omega_n\sqrt{1-\zeta^2}j \tag{3.8}$$

であるが，これらの極の位置と時間応答の関係を把握することが重要となる．ω_n は極の絶対値 $|\alpha|$ に等しく，これが大きくなるほど応答はより速くなる．ζ が 0 に近づくほど応答はより振動的になる．

また，$\zeta \geqq 1$ のときには $G(s)$ の極は実数となり，振動成分はなくなる．

例題 3.4 つぎの各場合について，2次系のステップ応答を計算し，図に示せ．

(1) $K=1$, $\omega_n=1$ とし，減衰係数 ζ が 0.1 から 1 まで変化する場合

(2) $K=1$, $\zeta=0.5$ とし，自然角周波数 ω_n が 0.5 から 10 まで変化する場合

【解答】 図 3.4 (a), (b) に (1), (2) それぞれの応答例を示す．

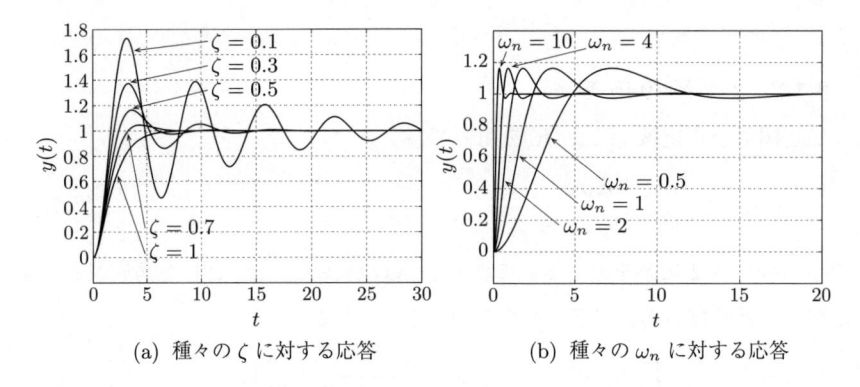

(a) 種々の ζ に対する応答　　(b) 種々の ω_n に対する応答

図 3.4

◇

演習 3.5 2次系の極の位置が以下で与えられる場合，それぞれについて減衰係数 ζ と自然角周波数 ω_n を求めた上で，$K=1$ としてステップ応答をプロットせよ．

(1) $-1 \pm j$ (2) $-1 \pm 2j$ (3) $-2 \pm j$ (4) $-2 \pm 2j$

例題 3.5 図 3.5 に示すフィードバック制御系において，つぎの問に答えよ．

(1) $K_v = 2$ とする．このときオーバーシュートを生じない（すなわち減衰係数が 1 以上の）範囲で最大のフィードバックゲイン K_p を求めよ．

(2) 上記において，K_p を 0.5 から 10 まで変化させたときのステップ応答を図示せよ．

(3) $K_p = 4$ と固定し，K_v を 2 から 8 まで変化させたときのステップ応答を図示せよ．

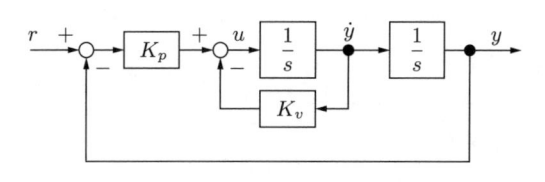

図 3.5

【解答】 (1) r から y への伝達関数 $G_{yr}(s)$ は

$$G_{yr}(s) = \frac{K_p}{s^2 + K_v s + K_p}$$

となり，$K_v = 2\zeta\omega_n$, $K_p = \omega_n^2$ を得る．これより $\omega_n = \sqrt{K_p}$, $\zeta = K_v/(2\sqrt{K_p})$ となるので，$K_v = 2$ のとき $\zeta \geqq 1$ は $K_p \leqq 1$ と等価である．よって解は $K_p = 1$ である．

(2), (3) については，計算例をそれぞれ図 3.6 (a), (b) に示す．

(a) 種々の K_p に対する応答

(b) 種々の K_v に対する応答

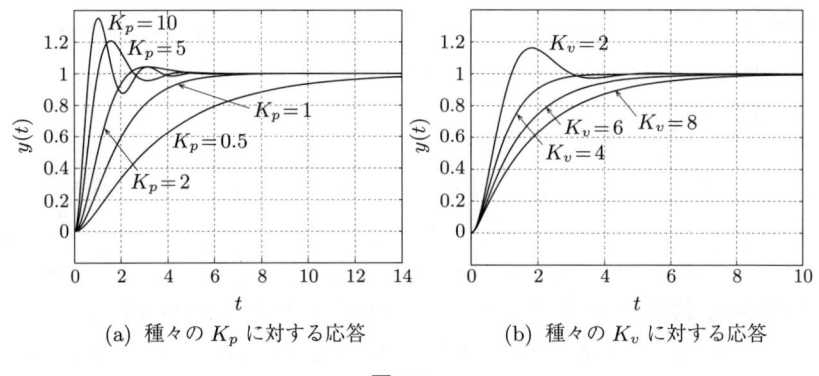

図 3.6

◇

3.1.3 高次系および零点のある場合の応答

高次系のステップ応答の計算は一般に複雑であるが，ある極が他の極に比べて著しく大きい（絶対値が小さい）実部を持つときには，この極によっておおよその応答が規定される．

例題 3.6 伝達関数が

$$G(s) = \frac{4a}{(s+a)(s+1)(s+4)} \tag{3.9}$$

で与えられる系のステップ応答を求めよ．a は正定数とする．また，計算機を用いて $a = 0.1, 10$ のときのステップ応答をプロットし，それぞれの応答が $1/(10s+1)$ および $1/(s+1)$ の応答でおおむね近似できることを確認せよ．

【解答】　ステップ目標値 ($r(s) = 1/s$) に対する応答を

$$y(t) = \mathcal{L}^{-1}[G(s)r(s)] = \mathcal{L}^{-1}\left[G(s)\frac{1}{s}\right]$$

によって求める．ここで，$\mathcal{L}^{-1}[\cdot]$ は逆ラプラス変換を表す．$G(s)r(s)$ を

$$G(s)r(s) = \frac{K_0}{s} + \frac{K_1}{s+a} + \frac{K_2}{s+1} + \frac{K_3}{s+4}$$

と部分分数展開する．ここで，各係数は式 (3.9) と次式から計算できる．

$$K_0 = \lim_{s \to 0} sG(s)r(s) = 1$$
$$K_1 = \lim_{s \to -a} (s+a)G(s)r(s) = \frac{4}{(a-1)(4-a)}$$
$$K_2 = \lim_{s \to -1} (s+1)G(s)r(s) = \frac{4a}{3(1-a)}$$
$$K_3 = \lim_{s \to -4} (s+4)G(s)r(s) = \frac{a}{3(a-4)}$$

各項を逆ラプラス変換することにより，求めるステップ応答は次式となる．

$$y(t) = K_0 + K_1 e^{-at} + K_2 e^{-t} + K_3 e^{-4t}$$

$a = 0.1$ のとき，上式右辺において第 2 項に比べて第 3 項と第 4 項は速く 0 に収束するので，e^{-at} が定常値（すなわち 1）への収束の速さを定める．$a = 10$ のときには，第 3 項が最も遅いスピードで 0 に収束するので，e^{-t} が応答を支配する．数値計算した例を図 3.7 に示す．$a = 0.1$ のときを細い実線で，$a = 10$ のときを細い破線で示している．また，太い実線および破線は，それぞれ $G(s) = 1/(10s+1)$ および $G(s) = 1/(s+1)$ のステップ応答である．

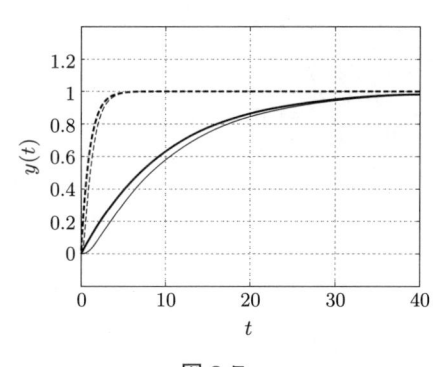

図 3.7

◇

演習 3.6 伝達関数が

$$G(s) = \frac{4a}{(s+a)(s^2+s+4)}$$

で与えられる系を対象として，$a = 0.1, 0.3, 1, 5, 10$ のときの各ステップ

応答を数値計算で求めてプロットせよ．また，伝達関数が $1/(10s+1)$ および $4/(s^2+s+4)$ の場合のステップ応答もプロットせよ．

例題 3.7 伝達関数が

$$G(s) = \frac{as+1}{(s+1)(2s+1)}$$

で与えられる系を対象として，$a = -2, -1, 0, 1, 3, 5$ のときの各ステップ応答を数値計算で求めてプロットせよ．また，不安定零点を持つとき（すなわち $a < 0$ のとき）には，初期速度 $\dot{y}(0)$ の符号が定常値 $y(\infty)$ の符号と逆になる（いわゆる逆ぶれが起こる）ことを示せ．

【解答】 応答を図 3.8 に示す．

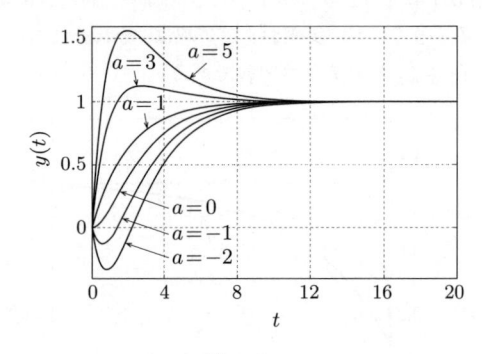

図 3.8

これより，不安定零点があるときには逆ぶれを起こすことが確認できる．ステップ応答の定常値は $y(\infty) = G(0) = 1$ であるのに対し，その初期速度は，ラプラス変換の初期値定理[†]を用いると

$$\dot{y}(0) = \lim_{s \to \infty} s(sy(s)) = \lim_{s \to \infty} s\left(sG(s)\frac{1}{s}\right) = \lim_{s \to \infty} sG(s) = \frac{a}{2}$$

となるので，初期速度の符号は a の符号と一致し，$a < 0$ のときには逆ぶれが現れることがわかる． ◇

[†] 『フィードバック制御入門』p.190 を参照．

演習 3.7 上記の例題において，$a > 2$ のときには，（実極しかないにもかかわらず）オーバーシュートが起こることを示せ．

演習 3.8 伝達関数が

$$G_1(s) = \frac{1}{s+1}, \qquad G_2(s) = \frac{1}{0.1s+1},$$

$$G_3(s) = \frac{1}{(s+1)(0.1s+1)}, \quad G_4(s) = \frac{s+0.95}{(s+1)(0.1s+1)}$$

で与えられる系のステップ応答を，それぞれ $y_1(t), \cdots, y_4(t)$ とする．このとき，どの応答とどの応答が似ているかを予想してから，各応答をプロットせよ．

3.2 ダイナミカルシステムの安定判別

ダイナミカルシステムは，そのステップ応答が無限大に発散することなくある一定値に収束するとき，安定であるという．システムの伝達関数 $G(s)$ の分母多項式を，(一般性を失うことなく) 最高次の係数を正として

$$D(s) = a_n s^n + a_{n-1} s^{n-1} + \cdots + a_1 s + a_0 \qquad (a_n > 0) \qquad (3.10)$$

とすると，$D(s) = 0$ の根（すなわちシステムの極）の実部がすべて負であることが，安定であるための必要十分条件である．例えば分母多項式が

$$D_1(s) = s + 1, \quad D_2(s) = s^2 + 2s + 3$$

の場合，それぞれ $s = -1$, $s = -1 \pm \sqrt{2}j$ が根となるので安定である．どちらの場合も，すべての係数が正（すなわち最高次の係数と同じ符号）となるが，このことはより一般的な

$$D_1(s) = a_1 s + a_0, \quad D_2(s) = a_2 s^2 + a_1 s + a_0$$

の場合にも同じで，根の実部がすべて負であるときにはすべての係数が正とな

ることが容易に確かめられる。n 次多項式の場合もけっきょくはこれらの多項式の積として表されるので，すべての係数は正となる。これより，$D(s) = 0$ の根の実部がすべて負で安定であるための一つの必要条件として

（必要条件）　すべての係数 $a_n, a_{n-1}, \cdots, a_0$ が正

が得られる。一つでも係数の符号が異なればただちに不安定と判別できるので，便利な条件である。ただし，この必要条件が満たされるからといって，安定となるとは限らない。

実際に $D(s) = 0$ の根を求めることなく安定性を判別する方法として，ラウスの判別法とフルビッツの判別法がある。

3.2.1 ラウスの安定判別法

$D(s)$ が 6 次の場合を例にとる。まず，つぎのラウス表を作成する。

s^6	R_{11}	R_{12}	R_{13}	R_{14}
s^5	R_{21}	R_{22}	R_{23}	0
s^4	R_{31}	R_{32}	R_{33}	0
s^3	R_{41}	R_{42}	0	
s^2	R_{51}	R_{52}	0	
s	R_{61}	0		
s^0	R_{71}	0		

s^6 および s^5 に対応する行は，係数をつぎのように代入する。

$$R_{11} = a_6, \quad R_{12} = a_4, \quad R_{13} = a_2, \quad R_{14} = a_0$$
$$R_{21} = a_5, \quad R_{22} = a_3, \quad R_{23} = a_1$$

それ以降の行は，以下で順次計算する。

$$R_{31} = \frac{R_{21}R_{12} - R_{11}R_{22}}{R_{21}}, \quad R_{32} = \frac{R_{21}R_{13} - R_{11}R_{23}}{R_{21}},$$
$$R_{33} = \frac{R_{21}R_{14} - R_{11} \times 0}{R_{21}} = R_{14}$$

$$R_{41} = \frac{R_{31}R_{22} - R_{21}R_{32}}{R_{31}}, \quad R_{42} = \frac{R_{31}R_{23} - R_{21}R_{33}}{R_{31}}$$

$$R_{51} = \frac{R_{41}R_{32} - R_{31}R_{42}}{R_{41}}, \quad R_{52} = \frac{R_{41}R_{33} - R_{31} \times 0}{R_{41}} = R_{33}$$

$$R_{61} = \frac{R_{51}R_{42} - R_{41}R_{52}}{R_{51}}, \quad R_{71} = \frac{R_{61}R_{52} - R_{51} \times 0}{R_{61}} = R_{52}$$

ラウス表の第1列目 $\{R_{11}, R_{21}, R_{31}, R_{41}, R_{51}, R_{61}, R_{71}\}$ をラウス数列と呼ぶ。ラウス数列の要素がすべて正であるとき，システムは安定と判定でき，そうでないときは不安定と判定できる。

例題 3.8 伝達関数の分母多項式が以下で与えられるとき，それぞれのシステムの安定性を判別せよ。

(1) $s^4 + s^3 + 5s^2 + 2s + 1$ (2) $s^5 + 2s^4 + 4s^3 + 6s^2 + 3s + 5$

【解答】 (1) ラウス表を作る。

s^4	1	5	1
s^3	1	2	0
s^2	$3 = \dfrac{1 \times 5 - 1 \times 2}{1}$	$1 = \dfrac{1 \times 1 - 1 \times 0}{1}$	0
s	$\dfrac{5}{3} = \dfrac{3 \times 2 - 1 \times 1}{3}$	0	
s^0	$1 = \dfrac{1 \times 5/3 - 3 \times 0}{5/3}$	0	

よって，ラウス数列は $\{1, 1, 3, 5/3, 1\}$ とすべて正なので，システムは安定である。なお，実際に数値計算で極を求めると $\{-0.294 \pm 2.110j, -0.206 \pm 0.422j\}$ となり，判別結果が正しいことが確認できる。

(2) 同様に，ラウス表が以下となり，ラウス数列が $\{1, 2, 1, 5, -1/2, 5\}$ なので不安定である。詳しくいえば，ラウス数列の符号反転の数が不安定極の数に等しいことが知られている。このため，この例の場合 $5 \to -1/2$ および $-1/2 \to 5$ と，2回反転するので，不安定極が二つあることもわかる。

s^5	1	4	3
s^4	2	6	5
s^3	$1 = \dfrac{2\times 4 - 1\times 6}{2}$	$\dfrac{1}{2} = \dfrac{2\times 3 - 1\times 5}{2}$	0
s^2	$5 = \dfrac{1\times 6 - 2\times 1/2}{1}$	$5 = \dfrac{1\times 5 - 2\times 0}{1}$	0
s	$-\dfrac{1}{2} = \dfrac{5\times 1/2 - 1\times 5}{5}$	0	
s^0	$5 = \dfrac{-1/2\times 5 - 5\times 0}{-1/2}$	0	

さらに，ラウス表の作成の際に，ある行に正数を乗じても判別結果は変わらない．例えば上記で s^2 の行に $1/5$ を乗じた場合

s^3	1	$\dfrac{1}{2}$	0
s^2	1	1	0
s	$-\dfrac{1}{2} = \dfrac{1\times 1/2 - 1\times 1}{1}$	0	
s^0	$1 = \dfrac{-1/2\times 1 - 1\times 0}{-1/2}$	0	

となるので，ラウス数列は $\{1,2,1,1,-1/2,1\}$ となるが，符号は不変であり，判別結果は変わらない．この例ではメリットは少ないが，場合によっては計算負荷の軽減に役立つ．極も数値計算によれば $\{-1.705, -0.276\pm 1.535j, 0.129\pm 1.09j\}$ と求められ，結果が正しいことが確認できる． ◇

演習 3.9 伝達関数の分母多項式が以下で与えられるとき，それぞれのシステムの安定性を判別せよ．

(1) $s^6 + s^5 + 2s^4 + 4s^3 + 2s^2 + 2s + 1$

(2) $s^5 + 4s^4 + 4s^3 + 12s^2 + 3s + 10$

例題 3.9 図 3.2 に示した系において

$$K(s) = K_p + \frac{1}{s}K_I, \quad P(s) = \frac{1}{s(s+2)}$$

とする．系が安定となる係数 K_p, K_I の範囲を求めよ．

【解答】 系の伝達関数は

$$G_{yr}(s) = \frac{K_P s + K_I}{s^3 + 2s^2 + K_P s + K_I}$$

となる．よって，この分母多項式を対象にラウス表を作成する．

s^3	1	K_P
s^2	2	K_I
s	$K_P - \frac{1}{2}K_I$	
s^0	K_I	

安定となるためにはラウス数列の各要素が正になることが必要十分なので，求める係数の範囲は

$$2K_P > K_I > 0$$

となる． ◇

例題 3.10 図 3.2 に示した系において

$$K(s) = \frac{1}{s}K, \quad P(s) = \frac{2s+1}{s(s+4)}$$

とする．系のすべての極の実部が -1 未満となる係数 K の範囲を求めよ．

【解答】 系の伝達関数は

$$G_{yr}(s) = \frac{2Ks + K}{s^3 + 4s^2 + 2Ks + K}$$

となる．新たな変数を $q := s+1$ と定義すると，$\mathbf{Re}[s] < -1$ と $\mathbf{Re}[q] < 0$ は等価である．よって，上式の分母多項式を q で表現し，ラウスの安定判別法を用いる．$s = q - 1$ であることに注意すると

$$\begin{aligned} s^3 + 4s^2 + 2Ks + K \\ = (q-1)^3 + 4(q-1)^2 + 2K(q-1) + K \\ = q^3 + q^2 + (2K-5)q + (3-K) \end{aligned}$$

を得る．よってラウス表は

q^3	1	$2K-5$
q^2	1	$3-K$
q	$3K-8$	
q^0	$3-K$	

となり，$3 > K > 8/3$ のとき，変数 q に対して根の実部が負となる．このとき変数 s に対して根の実部が -1 未満となり，題意を満たす．　　　　　♢

演習 3.10 上の例題においてつぎの場合について解答せよ．

$$K(s) = K \text{（定数）}, \qquad P(s) = \frac{1}{s^3 + 5s^2 + 10s}$$

3.2.2　フルビッツの安定判別法

$n = 6$ の場合を例にとると，分母多項式 (3.10) の係数からつぎの行列を作る．

$$H = \begin{pmatrix} a_5 & a_3 & a_1 & 0 & 0 & 0 \\ a_6 & a_4 & a_2 & a_0 & 0 & 0 \\ 0 & a_5 & a_3 & a_1 & 0 & 0 \\ 0 & a_6 & a_4 & a_2 & a_0 & 0 \\ 0 & 0 & a_5 & a_3 & a_1 & 0 \\ 0 & 0 & a_6 & a_4 & a_2 & a_0 \end{pmatrix} \tag{3.11}$$

ここでも，最高次の係数は正（すなわち $a_6 > 0$）であることを前提として説明する．左上から $i \times i$ の行列を切り取り，その行列式をとったものを H_i ($i = 1, 2, \cdots, n$) とする．すなわち

$$H_1 = a_5, \quad H_2 = \begin{vmatrix} a_5 & a_3 \\ a_6 & a_4 \end{vmatrix}, \quad H_3 = \begin{vmatrix} a_5 & a_3 & a_1 \\ a_6 & a_4 & a_2 \\ 0 & a_5 & a_3 \end{vmatrix}, \quad \cdots$$

とする．このとき，システムの安定性と等価な条件が以下である．

$$H_i > 0 \qquad (i = 1, \cdots, n)$$

また，計算量の少ない簡易判別法として

$n = 2k$ のとき
$$H_3 > 0, \ H_5 > 0, \ \cdots, \ H_{2k-1} > 0 \quad \text{かつ} \quad \{a_i > 0 \ \forall i\}$$

$n = 2k+1$ のとき
$$H_2 > 0, \ H_4 > 0, \ \cdots, \ H_{2k} > 0 \quad \text{かつ} \quad \{a_i > 0 \ \forall i\}$$

が知られている。これらの条件を用いて安定性を判別するのが，フルビッツの方法である。

例題 3.11 伝達関数の分母多項式が以下で与えられるとき，フルビッツの方法でシステムの安定性を判別せよ。

(1) $\quad a_3 s^3 + a_2 s^2 + a_1 s + a_0 \quad (a_3 > 0)$

(2) $\quad s^5 + 2s^4 + 4s^3 + 6s^2 + 3s + 5$

【解答】 (1) 行列 H は

$$H = \begin{pmatrix} a_2 & a_0 & 0 \\ a_3 & a_1 & 0 \\ 0 & a_2 & a_0 \end{pmatrix}$$

となるので，小行列式は

$$H_1 = a_2, \quad H_2 = a_2 a_1 - a_3 a_0, \quad H_3 = a_0 H_2$$

と計算できる。よって

$$a_2 > 0, \quad a_1 > 0, \quad a_0 > 0, \quad a_2 a_1 - a_3 a_0 > 0$$

のとき H_1 から H_3 が正となり，フルビッツの安定判別法によりシステムは安定となる。それ以外では不安定である。

なお，簡易判別法では $a_i > 0 \ (i=1,2,3)$ かつ $H_2 > 0$ なので，まったく同じ条件がただちに導けることが確認できる。

(2) 行列 H は

$$H = \begin{pmatrix} 2 & 6 & 5 & 0 & 0 \\ 1 & 4 & 3 & 0 & 0 \\ 0 & 2 & 6 & 5 & 0 \\ 0 & 1 & 4 & 3 & 0 \\ 0 & 0 & 2 & 6 & 5 \end{pmatrix}$$

であり，小行列式を計算すると

$$H_1 = 2, \quad H_2 = 2, \quad H_3 = 10, \quad H_4 = -5, \quad H_5 = -25$$

となり，システムは不安定である。簡易判別法でも，$H_4 < 0$ より同じ結論となる。なお，この例題はラウスの方法でも先に不安定と判別している。　　◇

演習 3.11　伝達関数の分母多項式が以下で与えられるとき，フルビッツの方法で，それぞれのシステムの安定性を判別せよ。

(1) $a_4 s^4 + a_3 s^3 + a_2 s^2 + a_1 s + a_0 \quad (a_4 > 0)$

(2) $s^3 + s^2 + s + 1$

4 フィードバック特性

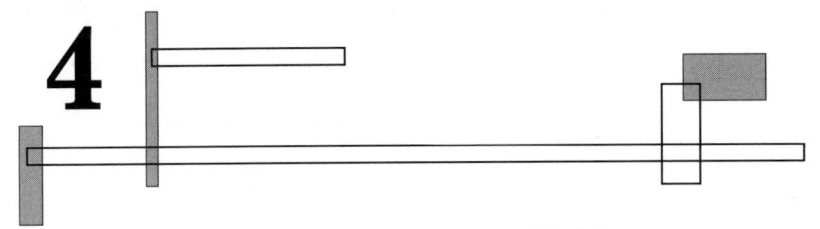

【本章のねらい】
- フィードバック制御系の利点と定常特性の評価法を理解する。
- 根軌跡を理解し，その描き方を身につける。

4.1 感度および定常特性

　フィードバック制御の大きな利点は，対象システムのモデル化誤差（あるいは特性変動）や外乱の影響を低減できることである。また，目標値信号や外乱に対する制御系の出力の定常状態での値は，位置決め精度などの現実において重要な制御仕様に直接関係するため，これを定量的に評価できることが必要となる。制御系において目標値 $r(s)$ から出力 $y(s)$ までの伝達関数を $G_{yr}(s)$ とする。例えば，ステップ目標値（$r(s) = 1/s$）が加わった場合の出力の定常値は，$G_{yr}(s)$ が安定ならば次式で計算できる。

$$\lim_{t\to\infty} y(t) = \lim_{s\to 0} sG_{yr}(s)r(s) = \lim_{s\to 0} sG_{yr}(s)\frac{1}{s} = G_{yr}(0)$$

例題 4.1 図 4.1 の系において，制御対象は共通で $P(s) = 1/(s+2)$ とし，フィードフォワード制御系では $K(s) = 2$，フィードバック制御系では $K(s) = 200$ とする。

46   4. フィードバック特性

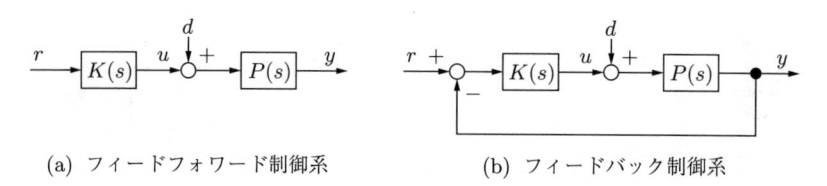

(a) フィードフォワード制御系 (b) フィードバック制御系

図 4.1

(1) $r(t) = 1$（ステップ目標値），$d(t) = 0$ のときの各系の $y(t)$ の定常値を求めよ．また，MATLAB で応答をプロットしてこれを確認せよ．さらに，制御対象が変動して $P(s) = 2/(s+2)$ となった場合の応答を求めよ．

(2) $d(t) = 1$（ステップ外乱），$r(t) = 0$ のときの各系の $y(t)$ の定常値を求めよ．また，数値計算で応答を求めて，これを確認せよ．

【解答】 (1) (a) と (b) それぞれの系で，r から y への伝達関数は次式となる．

(a) $G_{yr}(s) = \dfrac{2}{s+2}$ (b) $G_{yr}(s) = \dfrac{200}{s+202}$

両者とも安定なので，出力の定常値はそれぞれ以下で求められる．

(a) $\lim_{t\to\infty} y(t) = G_{yr}(0) = 1$ (b) $\lim_{t\to\infty} y(t) = G_{yr}(0) = \dfrac{200}{202}$

制御対象の変動後は，同様に，(a) の場合 $G_{yr}(s) = 4/(s+2)$，(b) の場合 $G_{yr}(s) = 400/(s+402)$ となり，これより出力の定常値は

(a) $\lim_{t\to\infty} y(t) = G_{yr}(0) = 2$ (b) $\lim_{t\to\infty} y(t) = G_{yr}(0) = \dfrac{200}{201}$

と求められる．それぞれの系の変動前の応答を実線で，変動後の応答を破線で図 4.2 に示す．フィードバック制御系の場合には，制御対象の特性変動の影響が低減されていることが確認できる．

(2) (a) と (b) それぞれの系で，d から y への伝達関数は次式となる．

(a) $G_{yd}(s) = \dfrac{1}{s+2}$ (b) $G_{yd}(s) = \dfrac{1}{s+202}$

よって，出力の定常値はそれぞれ以下で求められる．

(a) $\lim_{t\to\infty} y(t) = G_{yd}(0) = \dfrac{1}{2}$ (b) $\lim_{t\to\infty} y(t) = G_{yd}(0) = \dfrac{1}{202}$

フィードバックにより外乱の影響を大きく低減できることがわかる．応答の様子を図 4.3 に示す．

(a) フィードフォワード制御系

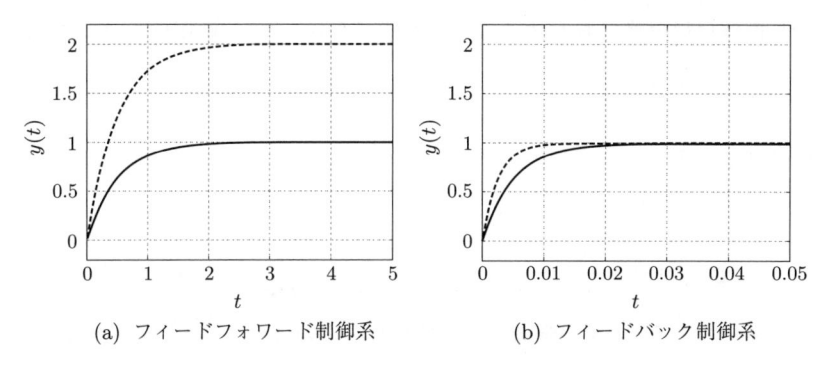

(b) フィードバック制御系

図 4.2　各制御系の目標値応答

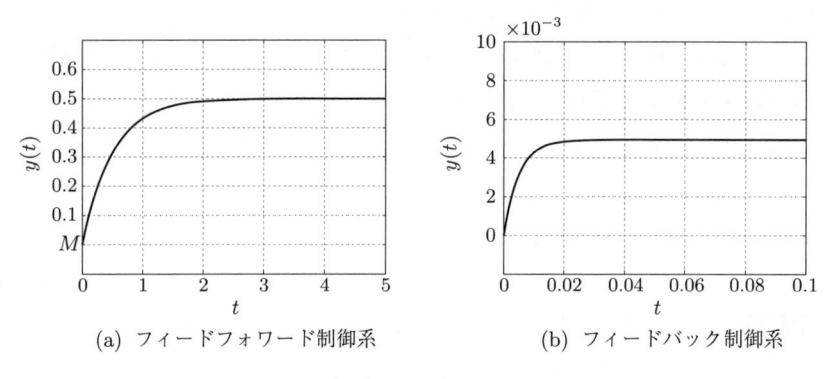

(a) フィードフォワード制御系

(b) フィードバック制御系

図 4.3　各制御系の外乱応答

◇

フィードフォワード制御系と比較すると，フィードバック制御系では外乱の影響を小さくできることがわかる。また，制御対象の特性が変動した場合でも，外乱応答も目標値応答も大きくは変化しない点で優れている。一方で，上記の例では，外乱の影響や目標値追従誤差を（小さくしてはいるが）0 にはできていない。これらを 0 にするには，制御器 $K(s)$ のゲインを無限に大きくすることが必要と思われるが，ゲインがある程度以上大きくなると，制御系が不安定になったり，ゲインに応じた制御入力を生成することが不可能であったりするため，現実的にはこれは不可能である。しかし，定常状態であれば，外乱の影

響や目標値追従誤差を 0 にすることは可能であり，現実の制御系においてはこれがしばしば望まれる．

例題 4.2 図 4.1 (b) のフィードバック制御系を考える．この系において一巡伝達関数 $P(s)K(s)$ が積分器 $(1/s)$ を ℓ 個含む，すなわち

$$P(s)K(s) = \frac{b_m s^m + b_{m-1} s^{m-1} + \cdots + b_0}{s^\ell (s^n + a_{n-1} s^{n-1} + \cdots + a_0)} \quad (a_0 \neq 0,\ b_0 \neq 0)$$

と表されるとき，ℓ 型の制御系と呼ばれる．このとき，つぎのことを示せ．

(1) $d(t) = 0$ のとき，1 型の安定な制御系であれば，$y(t)$ がステップ目標値 $r(t) = 1$ に定常偏差なく追従する．

(2) $d(t) = 0$ のとき，2 型の安定な制御系であれば，$y(t)$ がランプ目標値 $r(t) = t$ に定常偏差なく追従する．

(3) ステップ外乱 $d(t) = d_0$（d_0 は定数）が存在するとき，$y(t)$ がステップ目標値 $r(t) = r_0$（r_0 は定数）に定常偏差なく追従するためには，制御系が安定で，かつ $K(s)$ が積分器を一つ含めばよい．

【解答】 (1) 目標値との追従誤差を $e(t) = r(t) - y(t)$ とすると，このラプラス変換は

$$e(s) = r(s) - y(s) = \left(1 - \frac{P(s)K(s)}{1 + P(s)K(s)}\right) r(s) = \frac{1}{1 + P(s)K(s)} r(s)$$

となる．$r(s) = 1/s$（ステップ目標値）を代入し，制御系が安定なのでラプラス変換の最終値定理を用いると

$$\lim_{t \to \infty} e(t) = \lim_{s \to 0} se(s) = \lim_{s \to 0} \frac{1}{1 + P(s)K(s)}$$

を得る．1 型の制御系なので，$\lim_{s \to 0} P(s)K(s) = \infty$ が成り立ち，上式は 0 となる．

(2) ランプ目標値 $r(s) = 1/s^2$ を代入し，上記と同様に追従誤差 $e(t)$ の定常値を求めると

$$\lim_{t \to \infty} e(t) = \lim_{s \to 0} \frac{1}{1 + P(s)K(s)} \frac{1}{s} = \lim_{s \to 0} \frac{1}{sP(s)K(s)}$$

を得る．2 型の制御系なので，$\lim_{s \to 0} sP(s)K(s) = \infty$ が成り立ち，上式は 0 となる．

(3) 制御系の出力のラプラス変換は

$$y(s) = \frac{P(s)K(s)}{1+P(s)K(s)}r(s) + \frac{P(s)}{1+P(s)K(s)}d(s)$$

なので,外乱の存在下での目標値追従誤差は

$$e(s) = \frac{1}{1+P(s)K(s)}r(s) - \frac{P(s)}{1+P(s)K(s)}d(s)$$

となる。右辺第 1 項を $e_1(s)$, 第 2 項を $e_2(s)$ とすると

$$\lim_{t\to\infty} e_1(t) = \lim_{s\to 0} se_1(s) = \lim_{s\to 0} \frac{1}{1+P(s)K(s)}r_0 = 0$$

$$\lim_{t\to\infty} e_2(t) = \lim_{s\to 0} se_2(s) = \lim_{s\to 0} \frac{P(s)}{1+P(s)K(s)}d_0 = 0$$

を得る。制御系が安定であるときには $1/(1+P(s)K(s))$ も $P(s)/(1+P(s)K(s))$ も,ともに安定となるので,最終値定理が適用でき,$K(s)$ が積分器を一つ含む場合には,どちらの伝達関数も分子多項式が s で割り切れることから,上式は確認できる。よって, $\lim_{t\to\infty} e(t) = \lim_{t\to\infty}(e_1(t)+e_2(t)) = 0$ が示された。 ◇

上記の例題は,図 4.1 (b) のような直結フィードバック制御系において,一巡伝達関数 ($P(s)K(s)$) が積分器を含む場合には(ゲインを無限に大きくすることなく)目標値に定常偏差なく追従すること,特に,制御器 $K(s)$ が積分器を含むときには,定常状態では外乱の影響をなくすことができることを示している。

演習 4.1 図 4.1 (b) の系において,$P(s) = 2/(s^2+4s)$ とする。$K(s) = 1, 2, 4, 8$ の各場合について,つぎの問に答えよ。

(1) $r(t) = 0$, $d(t) = 1$ のときの $y(t)$ の定常値を求めてから,数値計算を用いて応答を図示せよ。

(2) $r(t) = 1$, $d(t) = 0$ のときの応答を数値計算を用いて図示せよ。また,制御対象が $P(s) = 1/(s^2+3s)$ と変動した場合の応答と比較せよ。

演習 4.2 図 4.1 (b) の系において,$P(s) = 1/(s+2)$, $K(s) = 1/s$ とする。

(1) $r(t) = 1$, $d(t) = 0$ のときの $y(t)$ の定常値を求めよ。また,数値計算を用いて,制御対象が $P(s) = 2/(s+2)$ と変動したときと応答を比較

(2) $r(t) = 1$, $d(t) = 1$ と同時に加わったときの $y(t)$ の定常値を求めよ。

例題 4.3 図 4.4 のフィードバック制御系を考える。出力 y がステップ目標値に定常偏差なく追従するために，定数ゲイン $K_1 > 0$, $K_2 > 0$ が満たすべき条件を求めよ。

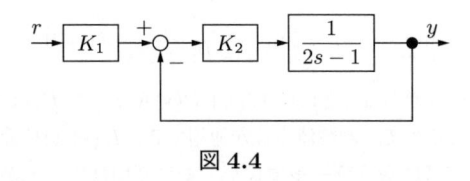

図 4.4

【解答】 r から y への伝達関数は $G_{yr}(s) = K_1 K_2 / (2s + K_2 - 1)$ と計算できるので，r から追従誤差 $e := r - y$ までの伝達関数 $G_{er}(s)$ は

$$G_{er}(s) = 1 - G_{yr}(s) = \frac{2s + K_2 - 1 - K_1 K_2}{2s + K_2 - 1}$$

となる。よって，定常状態で追従誤差が 0 となるためには，$G_{er}(s)$ が安定かつ

$$\lim_{t \to \infty} e(t) = \lim_{s \to 0} s G_{er}(s) r(s) = G_{er}(0) = \frac{K_2 - 1 - K_1 K_2}{K_2 - 1} = 0$$

すなわち，次式が求める条件となる。

$$K_2 > 1, \quad K_2 - 1 = K_1 K_2$$

例えば，$\{K_1, K_2\}$ の組として $\{1/2, 2\}$, $\{9/10, 10\}$ などがこの条件を満たす。この例題は，ステップ目標値に定常偏差なく追従するだけであれば，積分器は不要であることを示している。 ◇

演習 4.3 上記の例題において，K_2 が積分型 K_2/s に置き換わった場合について答えよ。

演習 4.4 上記の例題の系において，$K_1 = 2/3$, $K_2 = 3$ とする。このとき，ランプ目標値 $r(t) = t$ に対する定常偏差 $\lim_{t \to \infty} e(t)$ を求めよ。

4.1 感度および定常特性

例題 4.4 図 4.1 (b) の系において，$K(s) = 2$, $P(s) = 1/(s^2 + s)$ とする。このとき，つぎの問に答えよ。

(1) $d(t) = 0$ のとき，ステップ目標値 $r(t) = 1$ およびランプ目標値 $r(t) = t$ に対する定常偏差 $\lim_{t \to \infty} e(t)$ を求めよ。

(2) $d(t) = 2$ のとき，ステップ目標値 $r(t) = 1$ およびランプ目標値 $r(t) = t$ に対する定常偏差 $\lim_{t \to \infty} e(t)$ を求めよ。

【解答】 (1) r から y への伝達関数は $G_{yr}(s) = 2/(s^2 + s + 2)$ と計算できるので，r から追従誤差 $e := r - y$ までの伝達関数 $G_{er}(s)$ は

$$G_{er}(s) = 1 - G_{yr}(s) = \frac{s^2 + s}{s^2 + s + 2}$$

と安定となる。したがって，定常状態での追従誤差 $\lim_{t \to \infty} e(t)$ は，ステップ目標値 ($r(s) = 1/s$) に対しては

$$\lim_{t \to \infty} e(t) = \lim_{s \to 0} s G_{er}(s) \frac{1}{s} = G_{er}(0) = 0$$

ランプ目標値 ($r(s) = 1/s^2$) に対しては

$$\lim_{t \to \infty} e(t) = \lim_{s \to 0} s G_{er}(s) \frac{1}{s^2} = \lim_{s \to 0} \frac{s + 1}{s^2 + s + 2} = \frac{1}{2}$$

と求められる。

(2) d から y への伝達関数を $G_{yd}(s)$ とすると

$$G_{yd}(s) = \frac{1}{s^2 + s + 2}$$

となる。よって，ステップ外乱 ($d(s) = 2/s$) に対応する出力は

$$\lim_{t \to \infty} y(t) = \lim_{s \to 0} s G_{yd}(s) \frac{2}{s} = 2 G_{yd}(0) = 1$$

となる。$e(s) := r(s) - y(s) = (1 - G_{yr}(s))r(s) - G_{yd}(s)d(s)$ が成り立つことに注意すると，定常偏差は

$$\lim_{t \to \infty} e(t) = \lim_{s \to 0} \{s(1 - G_{yr})(s)r(s) - s G_{yd}(s)d(s)\}$$

によって求められる。第 1 項は問 (1) で求め，第 2 項も先に計算したので，これらを加え合わせることにより，ステップ目標値に対しては -1，ランプ目標値に対しては $-1/2$ が求める定常偏差となる。 ◇

演習 4.5 上記の例題の問 (2) において，外乱 d が $P(s)$ の入力側ではなく出力側に加わる場合について考察せよ．

例題 4.5 図 4.5 のフィードバック制御系を考える．定数ゲイン $K_1 > 0$, $K_2 > 0$ を適当に選ぶことにより，出力 $y(t)$ がステップ目標値 $r(t) = 1$ およびランプ目標値 $r(t) = t$ に定常偏差なく追従することを示せ．

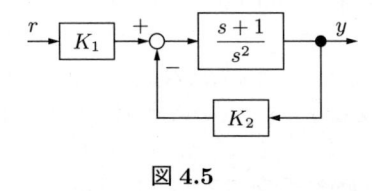

```
       r       +        s+1      y
    ──→[K₁]──→○──────→[───]─┬──→
               -│       s²    │
                │             │
                └──[K₂]←──────┘
```

図 4.5

【解答】 r から y への伝達関数は $G_{yr}(s) = (s+1)K_1/(s^2 + sK_2 + K_2)$ と計算できるので，r から追従誤差 $e := r - y$ までの伝達関数 $G_{er}(s)$ は

$$G_{er}(s) = 1 - G_{yr}(s) = \frac{s^2 + (s+1)(K_2 - K_1)}{s^2 + sK_2 + K_2}$$

となる．よって，定常偏差が 0 となるためには，$G_{er}(s)$ が安定で，かつ

$$\lim_{t \to \infty} e(t) = \lim_{s \to 0} sG_{er}(s)r(s) = 0$$

が成り立てばよい．例えば $K_1 = K_2 = 1$ と選ぶと，$G_{er}(s) = s^2/(s^2 + s + 1)$ となり，ステップ目標値 ($r(s) = 1/s$) に対してもランプ目標値 ($r(s) = 1/s^2$) に対してもこれらの条件を満たす． ◇

演習 4.6 上記の例題のフィードバック制御系において，K_2 を $K_2/(s+2)$ と置き換えた場合，ステップ目標値に対して定常偏差が 0 となる定数ゲイン $K_1 > 0$, $K_2 > 0$ を一つ示せ．また，これらのゲインをどのように選んでもランプ目標値には追従できないことを示せ．

4.2 根 軌 跡

ここでは図 4.6 の制御系を考える。

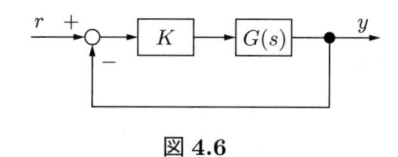

図 4.6

$G(s)$ は制御対象と制御器を合わせた開ループ伝達関数であり，その分子 $N(s)$，分母 $D(s)$ はそれぞれ m 次，n $(\geqq m)$ 次で，ともに最高次の係数が 1 であるように規格化されている。すなわち p_i $(i=1,\cdots,n)$ を極，z_i $(i=1,\cdots,m)$ を零点として

$$G(s) = \frac{N(s)}{D(s)} = \frac{(s-z_1)(s-z_2)\cdots(s-z_m)}{(s-p_1)(s-p_2)\cdots(s-p_n)}$$

と表され，K は正の定数ゲインとする。閉ループ系の伝達関数は

$$\frac{KG(s)}{1+KG(s)} = \frac{KN(s)}{D(s)+KN(s)}$$

なので，その極は特性多項式

$$D(s) + KN(s) = 0$$

の根である。これを特に特性根と呼ぶ。ここで，K を $0 \to \infty$ と変化させたときに，特性根の位置を複素平面上に順次プロットしたものが**根軌跡**である。このとき，$G(s)$ の極を×印で，零点を○印で表し，K の増大する方向に矢印をつけるのが通常である。

以下の性質を利用すれば，比較的容易に根軌跡の概形を描くことができる。

性質 (1) 根軌跡は開ループ伝達関数 $G(s)$ の極 p_i $(i=1,\cdots,n)$ から出発し，その中で m 本の軌跡の終点は $G(s)$ の零点 z_i $(i=1,\cdots,m)$ であり，

残りの $n-m$ 本の軌跡は無限遠点に発散していく。

性質 (2) 無限遠点に至る根軌跡の漸近線の角度は，次式で与えられる。

$$\frac{180° + 360°\ell}{n-m} \tag{4.1}$$

ただし，ℓ は $n-m$ より小さい非負の整数である。また，$n-m \geqq 2$ のとき，漸近線と実軸は交点を一つ持ち，その座標は次式で与えられる。

$$\frac{(p_1 + p_2 + \cdots + p_n) - (z_1 + z_2 + \cdots + z_m)}{n-m} \tag{4.2}$$

性質 (3) 実軸上の点で，その右側に $G(s)$ の実極と実零点が（重複度を含め）合計奇数個あれば，その点は根軌跡上の点である。

性質 (4) 根軌跡が実軸から分岐（または合流）する点は

$$\frac{d}{ds}\frac{1}{G(s)} = 0$$

を満たす必要がある。

性質 (5) 複素極 p_j から根軌跡が出発する角度は

$$180° - \sum_{i \neq j} \angle(p_j - p_i) + \sum_{i=1}^{m} \angle(p_j - z_i) \tag{4.3}$$

であり，複素零点 z_j へ根軌跡が終端する角度は

$$180° + \sum_{i=1}^{n} \angle(z_j - p_i) - \sum_{i \neq j} \angle(z_j - z_i) \tag{4.4}$$

で与えられる。

例題 4.6 $G(s)$ が以下で与えられたときの根軌跡を描け。

$$G(s) = \frac{1}{s(s^2 + 2s + 2)}$$

【解答】 性質 (1) より出発点は極 $p_1 = 0$，$p_2 = -1+j$，$p_3 = -1-j$ であり，零点はないのですべて発散する。性質 (2) より漸近線は $n-m=3$ 本であり，そ

の角度は式 (4.1) より $60°, 180°, 300°$ となり，その実軸との交点は式 (4.2) より $(0-1-j-1+j)/3 = -2/3$ となる．性質 (3) より，根軌跡は実軸上では $(-\infty, 0)$ の区間に存在する．性質 (5) より，複素極 $p_2 = -1+j$ から根軌跡が出発する角度は

$$\angle(p_2 - p_3) = 90°, \quad \angle(p_2 - p_1) = 135°$$

なので，式 (4.3) より $180° - (90° + 135°) = -45°$ となる．根軌跡は実軸に対称なので，複素極 $p_3 = -1-j$ から出発する角度は $+45°$ である．根軌跡の概略を図 4.7 に示す．

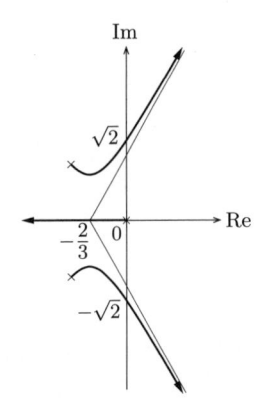

図 4.7 $G(s) = \dfrac{1}{s(s^2 + 2s + 2)}$ のときの根軌跡

さらに，ここでラウス゠フルビッツの安定判別法を用いれば，根軌跡が虚軸を横切るときの K の正確な値がわかる．実際，閉ループ系の極は

$$D(s) + N(s)K = s^3 + 2s^2 + 2s + K = 0$$

なので，ラウス゠フルビッツの安定判別法より $2 \times 2 - K = 0$ のときが安定限界とわかる．実際，$K = 4$ のときに特性多項式は $(s^2 + 2)(s + 2)$ と因数分解でき，虚軸上に極 $\pm\sqrt{2}j$ があることが確認できる． ◇

例題 4.7 $G(s)$ が以下で与えられたときの根軌跡を描け．

$$G(s) = \frac{1}{s(s+1)(s+2)}$$

【解答】 性質 (1) より出発点は実極 $0, -1, -2$ であり，零点はないのですべて無限大に発散する．性質 (2) より漸近線は $n - m = 3$ 本であり，その角度は $60°$, $180°$, $300°$ となり，その実軸との交点は $(0 - 1 - 2)/3 = -1$ となる．性質 (3) より，根軌跡は実軸上では $(-\infty, -2)$ と $(-1, 0)$ の区間に存在する．性質 (4) より，実軸との分岐点は

$$\frac{d}{ds}\frac{1}{G(s)} = 3s^2 + 6s + 2 = 0$$

の 2 根のうち，性質 (3) を満たす $(-3 + \sqrt{3})/3$ とわかる．よって，根軌跡の概略は図 **4.8** のようになる．

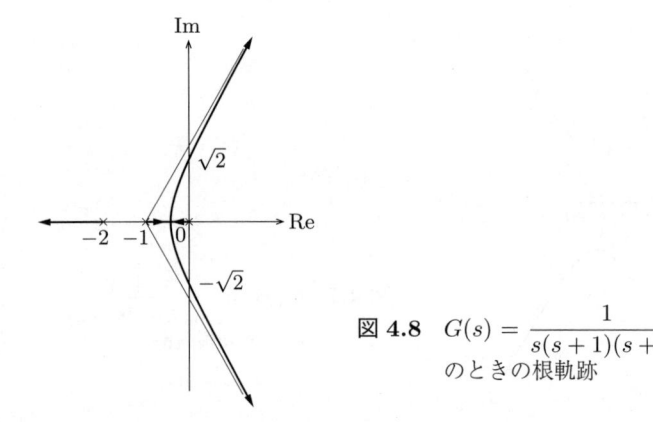

図 **4.8** $G(s) = \dfrac{1}{s(s+1)(s+2)}$ のときの根軌跡

根軌跡が虚軸を横切るのは安定限界のときなので，先と同様ラウス＝フルビッツの安定判別法を $D(s) + N(s)K = s^3 + 3s^2 + 2s + K$ に用いることにより，$K = 3 \times 2$ のときとわかる．これに対応する特性根は $D(s) + N(s)K = (s^2 + 2)(s + 3)$ なので $\pm\sqrt{2}j$ である． ◇

例題 4.8 $G(s)$ が以下で与えられたときの根軌跡を描け．

$$G(s) = \frac{s+1}{s(s+2)(s^2 + 2s + 2)}$$

【解答】 性質 (1) より出発点は極 $p_1 = 0$, $p_2 = -2$, $p_3 = -1+j$, $p_4 = -1-j$ であり，一つの終点は零点 $z_1 = -1$ となり，他の三つは無限大に発散する．性質 (2) より漸近線は $n - m = 3$ 本であり，その角度は $60°, 180°, 300°$ となり，その実軸との交点は $(0 - 2 - 1 + j - 1 - j + 1)/3 = -1$ となる．

性質 (3) より，根軌跡は実軸上では $(-\infty, -2)$ と $(-1, 0)$ の区間に存在する．性質 (5) より，複素極 $p_3 = -1 + j$ から根軌跡が出発する角度は

$$\angle(p_3 - p_1) = 135°, \quad \angle(p_3 - p_2) = 45°,$$
$$\angle(p_3 - p_4) = 90°, \quad \angle(p_3 - z_1) = 90°$$

なので，式 (4.3) より $180° - (135° + 45° + 90°) + 90° = 0°$ となる．根軌跡は実軸に対称なので，複素極 $p_3 = -1 - j$ から根軌跡が出発する角度も $0°$ である．根軌跡の概略を図 4.9 に示す．

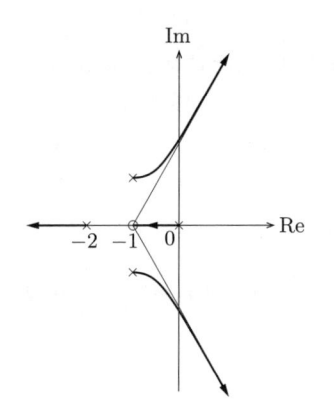

図 4.9 $G(s) = \dfrac{s+1}{s(s+2)(s^2+2s+2)}$ のときの根軌跡

◇

演習 4.7 $G(s)$ が以下で与えられたときの根軌跡を描け．

$$G(s) = \frac{1}{(s+1)(s+2)(s+3)(s+4)}$$

例題 4.9 図 4.10 の系において，速度フィードバックゲイン K を 0 から ∞ まで変化させたときの根軌跡を求めよ．

4. フィードバック特性

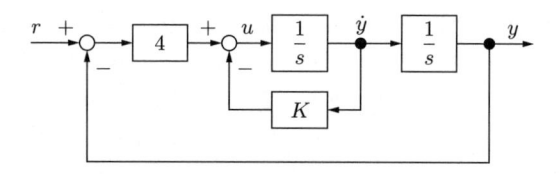

図 4.10

【解答】 r から y までの伝達関数 $G_{yr}(s)$ を求めると

$$G_{yr}(s) = \frac{4}{s^2 + Ks + 4}$$

となるので，極は $s^2 + Ks + 4 = 0$ の根である。よって

$$D(s) = s^2 + 4, \quad N(s) = s$$

とおけば，$D(s) + KN(s) = 0$ の根軌跡を描けばよいことになる。性質 (1) より出発点は複素極 $p_1 = 2j$, $p_2 = -2j$ であり，一つの終点は零点 $z_1 = 0$ となり，他の一つは無限大に発散する。性質 (3) より，根軌跡は実軸上では $(-\infty, 0)$ の区間に存在する。性質 (5) より，複素極 $p_1 = 2j$ から根軌跡が出発する角度は

$$\angle(p_1 - p_2) = 90°, \quad \angle(p_1 - z_1) = 90°$$

なので，式 (4.3) より $180° - 90° + 90° = 180°$ となる。根軌跡の概略を図 **4.11** に示す。

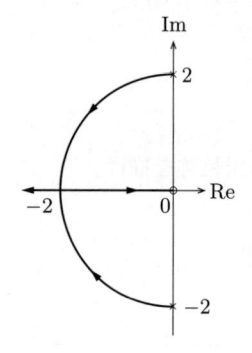

図 **4.11** $\dfrac{s}{s^2 + 4}$ に対応する根軌跡

◇

例題 4.10 図 4.12 の系において，パラメータ K を 0 から ∞ まで変化させたときの根軌跡を求めよ．

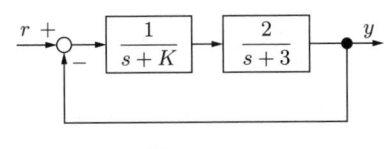

図 4.12

【解答】 r から y までの伝達関数 $G_{yr}(s)$ を求めると

$$G_{yr}(s) = \frac{2}{s^2 + (3+K)s + 3K + 2}$$

となるので，極は $s^2 + (3+K)s + 3K + 2 = 0$ の根である．よって

$$D(s) = s^2 + 3s + 2 = (s+1)(s+2), \quad N(s) = s + 3$$

とおけば，$D(s) + KN(s) = 0$ の根軌跡を描くことに帰着される．性質 (1) より出発点は極 $-1, -2$ であり，一つの終点は零点 -3 となり，他の一つは無限大に発散する．

性質 (3) より，根軌跡は実軸上では $(-\infty, -3)$ および $(-2, -1)$ の区間に存在する．性質 (4) より，実軸との分岐点・合流点は

$$\frac{d}{ds}\frac{s^2 + 3s + 2}{s+3} = \frac{s^2 + 6s + 7}{(s+3)^2} = 0$$

の二つの解 $-3 \pm \sqrt{2}$ の中で $(-2, -1)$ の区間に存在する $-3 + \sqrt{2}$ が出発点であ

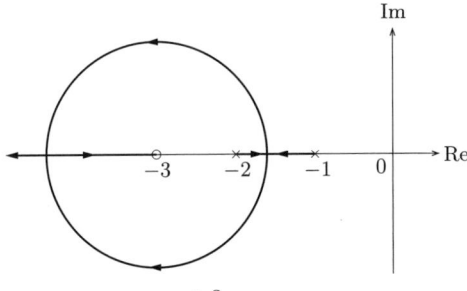

図 4.13 $\dfrac{s+3}{(s+1)(s+2)}$ に対応する根軌跡

り，$(-\infty, -3)$ の区間に存在する $-3-\sqrt{2}$ が合流点である。複素根は $-3+0j$ を中心とする半径 $\sqrt{2}$ の円を描く。根軌跡の概略を図 **4.13** に示す。　　　　　　◇

演習 4.8 上記の例題で，根軌跡の一部が $-3+0j$ を中心とする半径 $\sqrt{2}$ の円を描くことがわかるのはなぜか。

演習 4.9 図 **4.14** の系において，パラメータ K を 0 から ∞ まで変化させたときの根軌跡を求めよ。

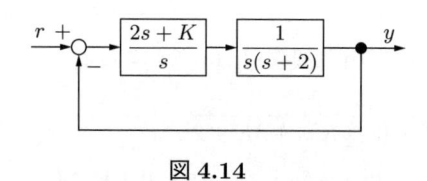

図 **4.14**

5 周波数応答

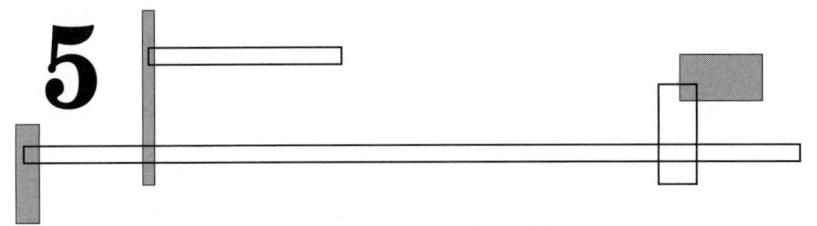

【本章のねらい】
- 周波数応答と伝達関数の関係を理解する。
- ボード線図の読み方・描き方を身につける。

5.1 周波数応答と伝達関数

図 **5.1** の線形システムを考える。$G(s)$ が安定であるとき，一定周波数の正弦波 $u(t) = \sin \omega t$ を入力として加えると，定常状態で出力は $y(t) = A_\omega \sin(\omega t + \phi_\omega)$ となる。すなわち，同じ周波数 ω であるが振幅と位相が異なる正弦波となる。そして，これらは伝達関数 $G(s)$ を用いて

$$A_\omega = |G(j\omega)|, \quad \phi_\omega = \angle G(j\omega) \tag{5.1}$$

と記述されることが知られている。

図 **5.1** 線形システム

例題 5.1 $G(s) = 1/(s^2 + 0.2s + 1)$ のとき，$\omega = 0.2, 1, 2$ として $u(t) = \sin \omega t$ を加えたときの $y(t)$ の時間応答を数値計算で求めてプロットし，定常状態において式 (5.1) が成り立っていることを確認せよ。

【解答】 振幅 $|G(j\omega)|$ および位相 $\angle G(j\omega)$ を $\omega = 0.2, 1, 2$ について求めると，それぞれ

$$1.04, 5, 0.33, \quad -2.38°, -90°, -172°$$

となった．出力応答例を図 **5.2** に示す．破線が入力 $u(t)$，実線が出力 $y(t)$ である．各 $\sin\omega t$ に対して振幅，位相の遅れはともに上記の値に一致することが確認できる．

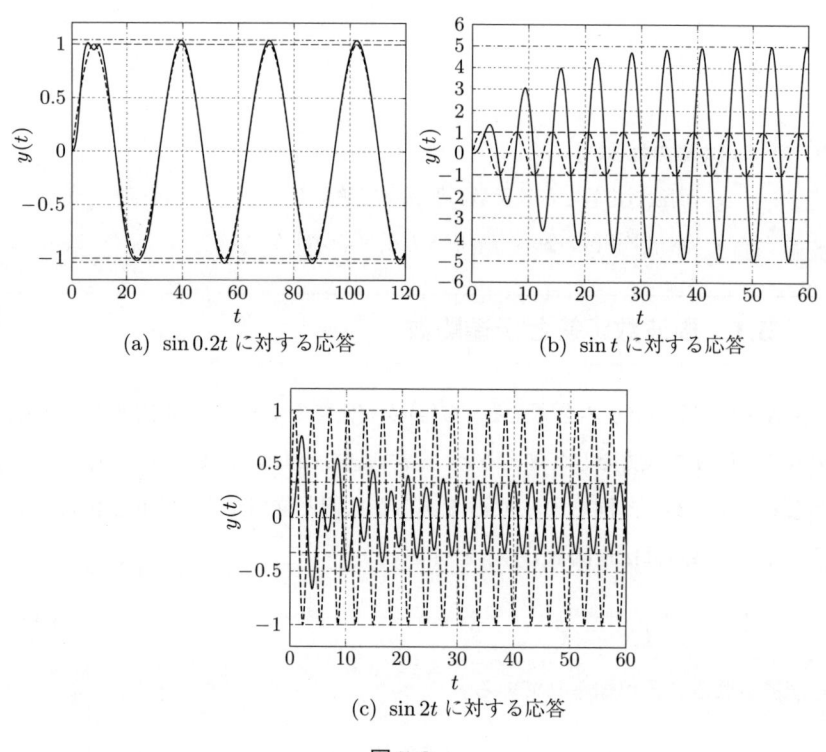

(a) $\sin 0.2t$ に対する応答

(b) $\sin t$ に対する応答

(c) $\sin 2t$ に対する応答

図 **5.2**

◇

演習 **5.1** $G(s) = 1/(0.2s+1)$ のとき，$\omega = 1, 5, 10$ として $u(t) = \sin\omega t$ を加えたときの $y(t)$ の時間応答をプロットし，定常状態において式 (5.1) が成り立っていることを確認せよ．

例題 5.2 図 5.3 の系において $P(s) = 1/s$, $K(s) = 1/(s+1)$ とする。このとき，以下の各場合について定常状態における $y(t)$ の応答を求めよ。

(1) $d(t) = \sin t$ のみが加わった場合

(2) $r(t) = \sin t$ のみが加わった場合

(3) $r(t) = 1$ および $d(t) = \sin t$ が加わった場合

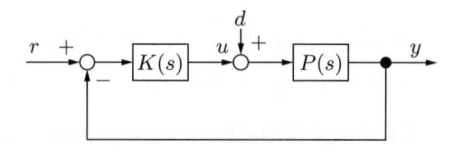

図 5.3

【解答】 (1) d から y への伝達関数 $G_{yd}(s)$ は，次式となる。

$$G_{yd}(s) = \frac{s+1}{s^2 + s + 1}$$

よって，$G_{yd}(j) = 1 - j$ となるので，$|G_{yd}(j)| = \sqrt{2}$ かつ $\angle G_{yd}(j) = -\pi/4$。よって式 (5.1) より，定常状態で次式となる。

$$y(t) = \sqrt{2} \sin\left(t - \frac{\pi}{4}\right)$$

(2) 同様に，r から y への伝達関数 $G_{yr}(s)$ は

$$G_{yr}(s) = \frac{1}{s^2 + s + 1}$$

なので $G_{yr}(j) = -j$ を得，式 (5.1) より，定常状態で次式となる。

$$y(t) = \sin\left(t - \frac{\pi}{2}\right)$$

(3) $r(t) = 1$ に対する y の定常状態での応答は $y(t) = G_{yr}(0) = 1$ となる。線形システムなので，これに問 (1) の解を加え合わせればよく

$$y(t) = 1 + \sqrt{2} \sin\left(t - \frac{\pi}{4}\right)$$

を得る。　　　　　　　　　　　　　　　　　　　　　　　　　　　　◇

演習 5.2　図 5.3 の系において $P(s) = (3s+1)/(s+1)$, $K(s) = 1/(s^2+1)$ とする。$r(t) = 1$ および $d(t) = \sin t$ が加わったとき，定常状態における $y(t)$ の応答を求めよ。

5.2　ボード線図

ボード線図は，実際の制御系設計において広く利用されているきわめて重要な図であり，角周波数 ω〔rad/s〕に対するゲイン $|G(j\omega)|$ の変化を表す**ゲイン曲線**と，位相差 $\angle G(j\omega)$ の変化を表す**位相曲線**からなる。横軸に角周波数 $\omega > 0$ を対数目盛りで表し，縦軸にはゲインをデシベル値〔dB〕(すなわち $20 \log |G(j\omega)|$) で，位相差を度〔°〕で表す。

最も基本的な要素として，定数ゲイン ($G(s) = K$)，積分系 ($G(s) = 1/s$)，1 次系 ($G(s) = 1/(Ts+1)$) および 2 次系 ($G(s) = \omega_n^2/(s^2 + 2\zeta\omega_n s + \omega_n^2)$) があり，これらのボード線図を描くことが基礎となる。

例題 5.3　以下の各伝達関数に対応するボード線図を描け。

(1) $G_1(s) = 10$　　(2) $G_2(s) = \dfrac{1}{s}$　　(3) $G_3(s) = \dfrac{36}{s^2}$

(4) $G_4(s) = \dfrac{1}{5s+1}$

【解答】　(1) $G_1(j\omega) = 10$ なので，周波数に関わりなく，ゲインは $20 \log 10 = 20$ dB，位相は $0°$ となる。

(2) $G_2(j\omega) = 1/(j\omega)$ なので，ゲインは $20 \log |1/j\omega| = -20 \log \omega$〔dB〕である。すなわち，$-20$ dB/dec の傾き (ω が 10 倍されるごとにゲインが 20 dB 減少) の直線となる。位相は $\angle(1/j\omega) = \angle(1/j) = \angle(-j) = -90°$ と，周波数に関わりなく一定である。

(3) $G_3(j\omega) = 36/(-\omega^2)$ なので，ゲインは $20 \log |36/\omega^2| = -40 \log |\omega/6|$〔dB〕である。すなわち，$-40$ dB/dec の傾きの直線となる。0 dB となるのは $\omega = 6$ rad/sec のときである。位相は $\angle(1/(-\omega^2)) = \angle(-1) = -180°$ と，周波

数に関わりなく一定である。

(4) $G_4(j\omega) = 1/(1+5\omega j)$ なので，$\omega \ll 1/5$ のとき $G_4(j\omega) \approx 1$ と近似できる。よって，この周波数帯域では，ゲインは $20\log 1 = 0\,\mathrm{dB}$，位相は $0°$ と一定となる。また，$\omega \gg 1/5$ のとき $G_4(j\omega) \approx 1/(5\omega j)$ と近似できる。この周波数帯域では，ゲインは $-20\log 5\omega\,[\mathrm{dB}]$ となるので，$-20\,\mathrm{dB/dec}$ の傾きの直線であり，$\omega = 1/5$ のときに $0\,\mathrm{dB}$ となる。位相は $-90°$ と一定である。両者のゲイン直線は $\omega = 1/5$ で交差する。$\omega = 1/5$ のときには，ゲインは $20\log|1/(1+j)| = 20\log(1/\sqrt{2}) \approx -3\,\mathrm{dB}$，位相は $\angle(1/(1+j)) = -\angle(1+j) = -45°$ である。これらを滑らかにつなぎ合わせれば，ボード線図の概形が描ける。

各システムのボード線図を実際に計算してプロットしたものを図 5.4 に示す。$G_4(s)$ のゲインに関しては $\omega = 1/5$ で折れる直線でよく近似できていることが読み取れる。

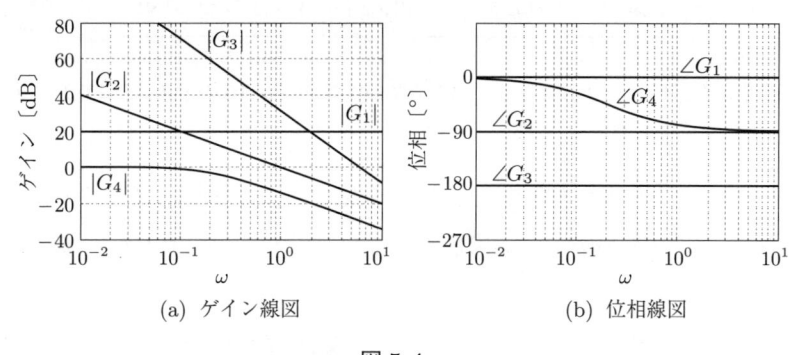

(a) ゲイン線図　　(b) 位相線図

図 5.4

◇

演習 5.3　以下の各場合について，$G(s) = K/(Ts+1)$ のボード線図を数値計算で求めて描け。

(1) $K = 0.1$ とし，$T = 0.1,\ 0.5,\ 1,\ 5,\ 10$ の場合
(2) $T = 10$ とし，$K = 0.1,\ 0.5,\ 1,\ 10,\ 100$ の場合

例題 5.4　以下の伝達関数のボード線図を描け。ただし，ζ は 0.1 から 1 まで変化するものとする。

$$G(s) = \frac{100}{s^2 + 20\zeta s + 100}$$

【解答】 $\omega \ll 10$ のとき $G(j\omega) \approx 1$ と近似でき,一方,$\omega \gg 10$ のとき $G(j\omega) \approx 100/(j\omega)^2$ と二重積分系で近似できることを考慮すると,ゲインと位相は**表 5.1** のようになる。

表 5.1

ω	ゲイン〔dB〕	位相〔°〕
$\omega \ll 10$	$20\log|G| \approx 0$	$\angle G \approx 0$
$\omega = 10$	$20\log|G| = 20\log\left|\dfrac{1}{2\zeta}\right|$	$\angle G = -90$
$\omega \gg 10$	$20\log|G| \approx -40\log\left(\dfrac{\omega}{10}\right)$	$\angle G \approx -180$

ゲインを近似した 2 直線は $\omega = 10$ で交差する。$\omega = 10$ のとき,$\zeta = 0.1, 0.2,$ $\cdots, 1$ に対応するゲイン〔dB〕の値は

14.0, 7.9, 4.4, 1.9, 0, -1.6, -2.9, -4.1, -5.1, -6.0

である。各システムのボード線図を実際に計算してプロットしたものを,**図 5.5** に示す。

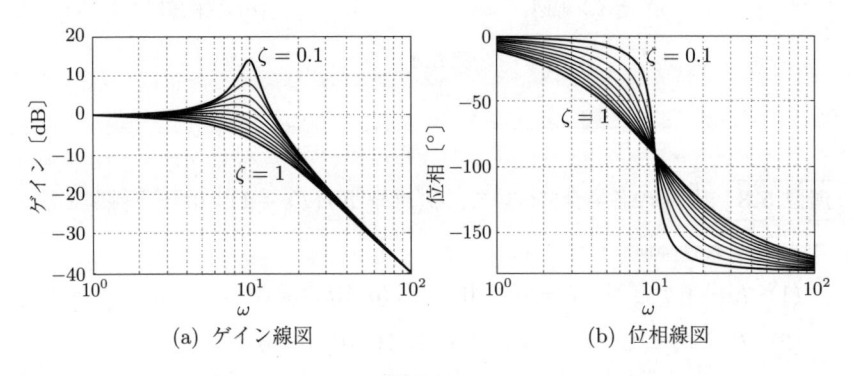

(a) ゲイン線図 (b) 位相線図

図 5.5

◇

演習 5.4 以下の各場合について，$G(s) = K/(s^2 + 0.2\omega_n s + \omega_n^2)$ のボード線図を数値計算により求めて描け．

(1) $K = 10$ とし，$\omega_n = 0.1, 0.5, 1, 5, 10$ の場合
(2) $\omega_n = 0.1$ とし，$K = 0.1, 0.5, 1, 10, 100$ の場合

演習 5.3 (2)，**演習 5.4** (2) では定数ゲイン K だけが変化しているが，この場合，ゲイン線図は上下に移動するものの，形状は変化しない．また，位相線図にもまったく変化はないことに注意されたい（これは解答例からも確認できる）．

不安定な系では，正弦波入力を加えたときに出力は発散するので 5.1 節の議論がそのまま成立するわけではないが，$G(j\omega)$ は形式的に定義でき，ボード線図は描ける．

例題 5.5 つぎの伝達関数のボード線図を描け．

$$G(s) = \frac{1}{Ts - 1} \qquad (T > 0)$$

【解答】 $G(j\omega) = 1/(j\omega T - 1)$ のゲインは

$$\left|\frac{1}{j\omega T - 1}\right| = \left|\frac{1}{j\omega T + 1}\right|$$

なので，$G(s) = 1/(Ts + 1)$ とまったく同じである．位相は，$\omega \ll 1/T$ のとき $G(j\omega) \approx -1$ なので $\angle G(j\omega) = -180°$ であり，$\omega = 1/T$ のとき $G(j\omega) =$

(a) ゲイン線図　　(b) 位相線図

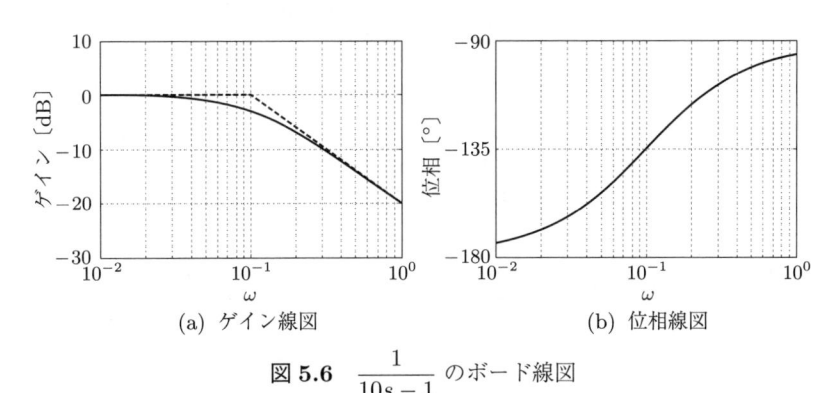

図 5.6 $\dfrac{1}{10s - 1}$ のボード線図

$1/(j-1)$ なので $\angle G(j\omega) = -\angle(j-1) = -135°$，また，$\omega \gg 1/T$ のとき $G(j\omega) \approx 1/(j\omega T)$ なので $\angle G(j\omega) \approx -\angle(j) = -90°$ である。

一例として，$T=10$ の場合のボード線図を実際に計算した結果を図 5.6 に示す。 ◇

演習 5.5　つぎの伝達関数のボード線図の概形を描け。

$$G(s) = \frac{1}{s^2 - s + 1}$$

演習 5.6　つぎの伝達関数のボード線図の概形を描け。

(1) $G_1(s) = \dfrac{1}{s^2 - 1}$　　(2) $G_2(s) = \dfrac{5-s}{s+5}$

ある要素 $G_i(s)$ のボード線図がわかっているときには，その逆システム $G_i^{-1}(s)$ のボード線図は簡単に描ける。なぜなら

$$20 \log \left| \frac{1}{G_i(j\omega)} \right| = -20 \log |G_i(j\omega)|, \quad \angle \frac{1}{G_i(j\omega)} = -\angle G_i(j\omega)$$

なので，ゲイン，位相とも符号を反転させてプロットするだけでよいからである。

例題 5.6　つぎの伝達関数のボード線図の概形を描け。ゲイン線図は折れ線近似でよい。ただし，$\omega_1 = 10$，$\omega_2 = 1$ とする。

(1) $G_1(s) = \dfrac{s}{s+\omega_1}$　　(2) $G_2(s) = \dfrac{s+\omega_2}{s}$

【解答】　(1) $\omega \ll \omega_1$ で $G_1(j\omega) \approx j\omega/\omega_1$ となる。よってゲインは $20\log|G_1| \approx 20\log|\omega/\omega_1|$ と近似でき，$20\,\mathrm{dB/dec}$ の傾きの直線で $\omega = \omega_1$ で $0\,\mathrm{dB}$ となる。位相はこの帯域で $\angle j = 90°$ である。$\omega \gg \omega_1$ では $G_1(j\omega) \approx 1$ なので，この周波数帯域でゲインは $0\,\mathrm{dB}$ で一定，位相は $0°$ である。ボード線図の概形を図 5.7 に実線で示す。なお，折れ線近似しない場合の実際のゲイン線図を破線で示している。

(a) ゲイン線図   (b) 位相線図

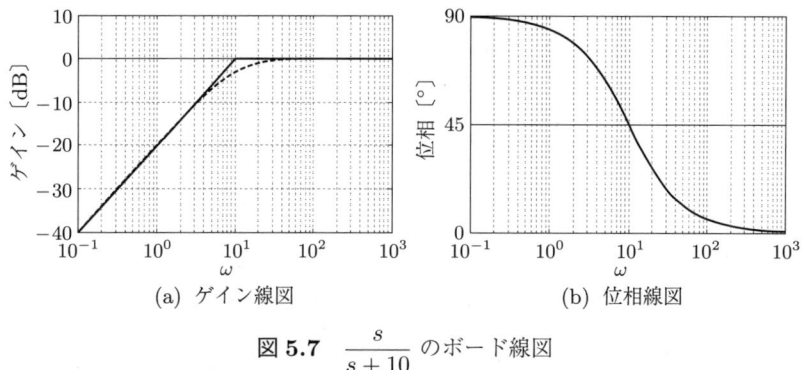

図 5.7 $\dfrac{s}{s+10}$ のボード線図

(2) $G_2(s)$ は $\omega_1 \to \omega_2$ として $G_1(s)$ の逆システムとなっているので，$G_1(s)$ のゲイン線図を 0 dB のラインに関して反転させ，折れ線の交点を $\omega = \omega_2$ としたものである．位相はこの帯域で $-\angle G_1(j\omega) = -90°$ である．ボード線図の概形を図 5.8 に実線で示す．折れ線で良く近似できていることが確認できよう．

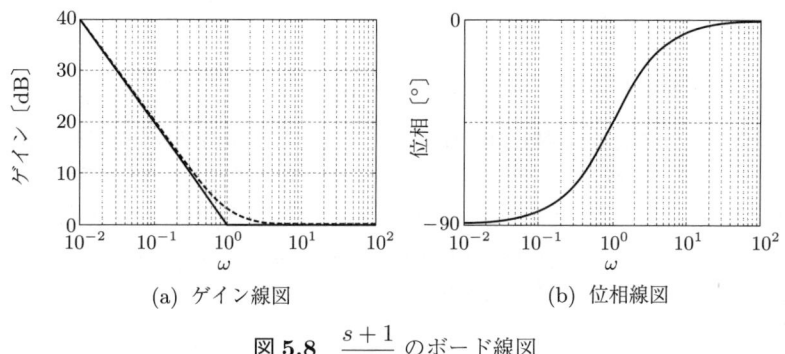

(a) ゲイン線図   (b) 位相線図

図 5.8 $\dfrac{s+1}{s}$ のボード線図

$\diamondsuit$

ボード線図の重要な点は，ゲインを対数スケールで，位相を線形スケールでプロットしていることにある．このため，例えば

$$G(s) = G_1(s)G_2(s)G_3(s)$$

によって表されるシステムでは

$$20\log|G(j\omega)| = \sum_{i=1}^{3} 20\log|G_i(j\omega)|$$

$$\angle G(j\omega) = \sum_{i=1}^{3} \angle G_i(j\omega)$$

となり，ボード線図上では各要素 $G_i(s)$ のゲインと位相をそれぞれ単純に加え合わせればよいことになる．この性質を利用すれば，基本的な要素のボード線図を合成することにより高次系のボード線図を描くことも，容易にできる．

例題 5.7 つぎの伝達関数のボード線図の概形を描け．折れ線近似のゲイン線図のみでよい．

(1) $G_a(s) = \dfrac{10(s+1)}{s(s+10)}$ (2) $G_b(s) = \dfrac{(10s+1)}{s^2(s+10)}$

【解答】 (1) $G_a(s)$ を

$$G_a(s) = G_1(s)G_2(s) = \frac{s+1}{s} \cdot \frac{10}{s+10}$$

と分解すると，$G_1(s)$ は**例題 5.6** (2) より，$\omega < 1$ では $-20\,\mathrm{dB/dec}$ の直線，$\omega > 1$ では $0\,\mathrm{dB}$ の一定値により近似できる．$G_2(s)$ は時定数 $T = 0.1$ の 1 次系であり，$\omega < 10\ (= 1/T)$ では $0\,\mathrm{dB}$ の一定値，$\omega > 10$ では $-20\,\mathrm{dB/dec}$ の直線により近似できる．よって，これらの重ね合わせにより，求めるゲイン線図が描ける．$G_a(s)$ のゲイン線図の概形を**図 5.9** (a) に実線で示す．

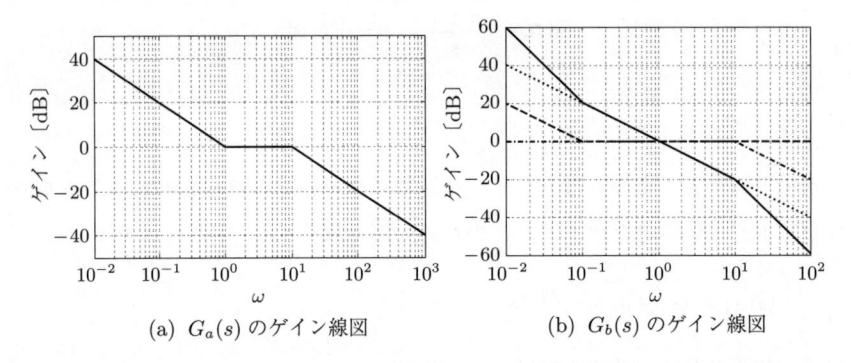

(a) $G_a(s)$ のゲイン線図

(b) $G_b(s)$ のゲイン線図

図 5.9

(2) $G_b(s)$ を

$$G_b(s) = G_1(s)G_2(s)G_3(s) = \frac{s+0.1}{s} \cdot \frac{10}{s+10} \cdot \frac{1}{s}$$

と分解する。$G_1(s)$ は $\omega < 0.1$ では $-20\,\mathrm{dB/dec}$ の直線，$\omega > 0.1$ では $0\,\mathrm{dB}$ の一定値により近似できる。$G_2(s)$ は時定数 $T = 0.1$ の 1 次系であり，$\omega < 10$ では $0\,\mathrm{dB}$ の一定値，$\omega > 10$ では $-20\,\mathrm{dB/dec}$ の直線により近似できる。$G_3(s)$ は積分系で傾きが $-20\,\mathrm{dB/dec}$ の直線で，$0\,\mathrm{dB}$ となるのは $\omega = 1$ のときである。よって，これらの重ね合わせにより，求めるゲイン線図が描ける。$G_1(s)$, $G_2(s)$, $G_3(s)$, $G_b(s)$ のゲイン線図の概形を図 5.9 (b) に，それぞれ破線，一点鎖線，点線，実線で示す。 ◇

演習 5.7 つぎの伝達関数のボード線図の概形を描け。ゲイン線図は折れ線近似でよい。

(1) $\dfrac{5s}{(s+1)(s+5)}$ (2) $\dfrac{s+2}{s(s+10)}$ (3) $\dfrac{10000(s+1)}{s(10s+1)(s+100)}$

例題 5.8 ゲイン線図の折れ線近似が図 5.10 (a), (b) のようになる伝達関数をそれぞれ一つ求めよ。

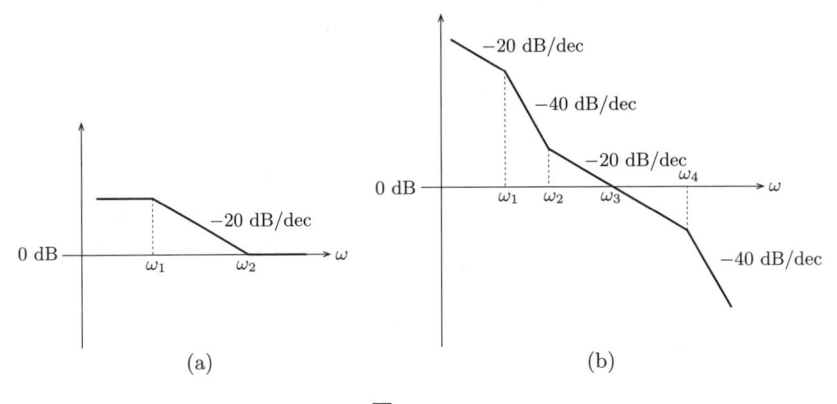

図 5.10

【解答】 (a) 角周波数 ω_1 の左側（より低周波数側）は $0\,\mathrm{dB/dec}$ の直線，右側（高周波数側）は $-20\,\mathrm{dB/dec}$ の直線で近似できる．一方，角周波数 ω_2 では，その左側で $-20\,\mathrm{dB/dec}$ の直線，右側で $0\,\mathrm{dB/dec}$ と近似される．よって，ゲイン K を未知数として

$$K\frac{s+\omega_2}{s+\omega_1}$$

の形である．図よりゲインは $s \to \infty$ で 1 なので，$K=1$ と定まる．

(b) まず ω_3 で $0\,\mathrm{dB}$ ラインと交差する点に着目すると，この部分は $-20\,\mathrm{dB/dec}$ の傾きの積分特性を示すので ω_3/s となっている．全体のゲインからボード線図上で差し引くと，低周波数域では図 (a) とまったく同じゲイン特性となり，この部分は $(s+\omega_2)/(s+\omega_1)$ と表すことができる．一方，高周波数域は ω_4 より左側で $0\,\mathrm{dB}$ の直線，右側で $-20\,\mathrm{dB/dec}$ の直線となっているので，これは 1 次遅れ系の特性にほかならず，$\omega_4/(s+\omega_4)$ と表される．全体の動特性はこれらの積となるので

$$\frac{s+\omega_2}{s+\omega_1} \cdot \frac{\omega_3}{s} \cdot \frac{\omega_4}{s+\omega_4}, \quad \omega_1 < \omega_2 < \omega_3 < \omega_4$$

を得る． ◇

演習 5.8 ゲイン線図の折れ線近似が**図 5.11** (a), (b) のようになる伝達関数をそれぞれ一つ求めよ．

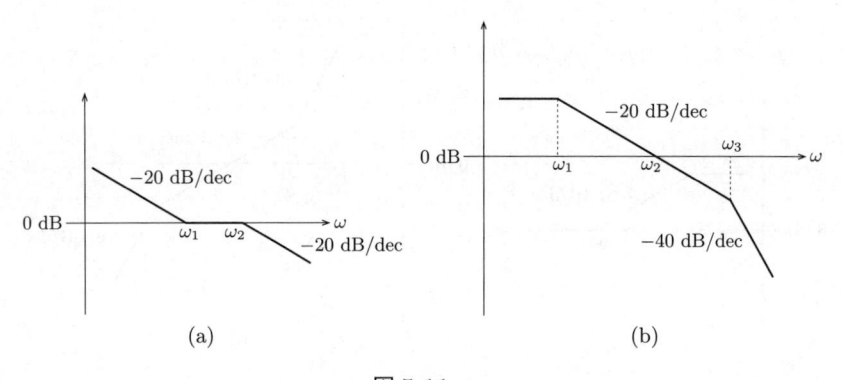

図 5.11

5.2 ボード線図

演習 5.9 開ループ伝達関数 $L(s)$ のゲイン線図が**例題** 5.8 (b) のように折れ線近似されたとする。このとき，図 5.12 の閉ループ系のゲイン線図の概形を描け。

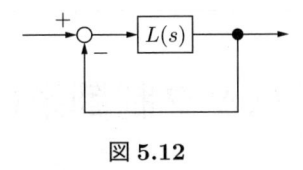

図 5.12

演習 5.10 上の演習問題において

$$\omega_1 = 0.1, \quad \omega_2 = 2, \quad \omega_3 = 10, \quad \omega_4 = 50$$

のときに，開ループおよび閉ループゲインを数値計算で求めてプロットし，その結果を確認せよ。

6

フィードバック制御系の安定性

【本章のねらい】
- フィードバック制御系の内部安定性を理解する。
- ナイキストの安定判別法を理解し，この手法に習熟する。
- 位相余裕，ゲイン余裕について理解する。

6.1 内部安定性

図 6.1 のフィードバック制御系において，外部から加わる信号 $\{r, d\}$ から各要素の出力 $\{u, y\}$ への四つの伝達関数 $\{G_{ur}(s),\ G_{yr}(s),\ G_{ud}(s),\ G_{yd}(s)\}$ がすべて安定であるとき，**内部安定**と呼ばれる。ここで，$G_{ur}(s)$ は r から u への伝達関数を表し，他も同様に定義されるものとする。$P(s)$, $K(s)$ の分子・分母多項式を

$$P(s) = \frac{N_P(s)}{D_P(s)}, \quad K(s) = \frac{N_K(s)}{D_K(s)} \tag{6.1}$$

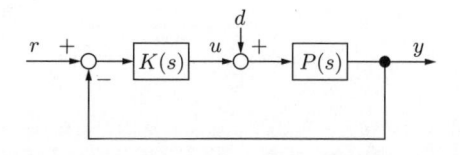

図 6.1 フィードバック制御系

と表し，分子と分母は既約，すなわち共通因子を持たないとする。このとき

$$\phi(s) := D_P(s)D_K(s) + N_P(s)N_K(s) \tag{6.2}$$

によって定義される多項式は**特性多項式**と呼ばれ

$\phi(s) = 0$ のすべての根の実部が負

となることが内部安定性の必要十分条件であることが知られている。

演習 6.1 上記が内部安定性の必要十分条件であることを示せ。

例題 6.1 図 6.1 のフィードバック制御の系において

$$P(s) = \frac{s-2}{s(s+3)}, \quad K(s) = \frac{3s+1}{s(s-2)}$$

のとき，特性多項式 $\phi(s)$ を求め，内部安定か否かを判別せよ。また，$G_{ur}(s)$, $G_{yr}(s)$, $G_{ud}(s)$, $G_{yd}(s)$ を計算し，内部安定か否かを判別し，両者の判別結果が一致することを確認せよ。

【解答】 特性多項式は

$$\phi(s) = (s-2)(3s+1) + s(s+3)s(s-2) = (s-2)(s+1)^3$$

となるので，$\phi(s) = 0$ の根の一つが $s = 2$ であり，内部安定ではない。一方

$$G_{ur}(s) = \frac{K(s)}{1+P(s)K(s)} = \frac{s(s+3)(3s+1)}{(s-2)(s+1)^3}$$

$$G_{yr}(s) = \frac{P(s)K(s)}{1+P(s)K(s)} = \frac{(3s+1)}{(s+1)^3}$$

$$G_{ud}(s) = \frac{-P(s)K(s)}{1+P(s)K(s)} = \frac{-(3s+1)}{(s+1)^3}$$

$$G_{yd}(s) = \frac{P(s)}{1+P(s)K(s)} = \frac{s(s-2)}{(s+1)^3}$$

となり，確かに $G_{ur}(s)$ が $s = 2$ に極を有して不安定であり，内部安定ではない。よって，両者の判別結果は一致することが確認される。　　　　◇

上記の例では，$P(s)$ の不安定零点 $s=2$ と $K(s)$ の不安定極 $s=2$ が相殺している．すなわち**不安定な極零相殺**が存在する．一般の場合でも，不安定な極零相殺が存在すると，制御系は内部安定でないことがただちに結論できる．安定な極と零点が相殺される場合は，この限りではない．例えば

$$P(s) = \frac{s+2}{s(s+3)}, \quad K(s) = \frac{3s+1}{s(s+2)}$$

であれば，$s=-2$ において極零相殺が存在するが，$\phi(s)=(s+2)(s+1)^3$ となり，内部安定性は保たれる．

不安定な極零相殺が存在しないときには $\{G_{ur}(s), G_{yr}(s), G_{ud}(s), G_{yd}(s)\}$ のいずれか一つが安定であれば内部安定となることも知られている．

演習 6.2 図 6.1 のフィードバック制御の系において

$$P(s) = \frac{3s+4}{s^2(s-3)}, \quad K(s) = \frac{16(s-3)}{(s+12)}$$

の場合，不安定な極零相殺があるので内部安定でない．このことを $\phi(s)$ を用いて確認せよ．このとき $\{G_{ur}(s), G_{yr}(s), G_{ud}(s), G_{yd}(s)\}$ のどの伝達関数が不安定となるか．

例題 6.2 図 6.1 のフィードバック制御の系において

$$P(s) = \frac{s+1}{s^2}, \quad K(s) = \frac{K_0(s+4)}{s}$$

のとき，制御系が内部安定か否かを判別せよ．ただし，K_0 は定数とする．

【解答】 特性多項式は

$$\phi(s) = (s+1)K_0(s+4) + s^3 = s^3 + K_0 s^2 + 5K_0 s + 4K_0$$

となる．3.2.1 項のラウスの安定判別法ですでに見たように，一般に 3 次多項式 $s^3 + a_2 s^2 + a_1 s + a_0 = 0$ の根のすべての実部が負であるための必要十分条件は

$$a_0 > 0, \ a_1 > 0, \ a_2 > 0 \quad \text{かつ} \quad a_2 a_1 - a_0 > 0$$

である．よって，内部安定であるための必要十分条件は

$$K_0 > 0 \quad かつ \quad 5K_0^2 - 4K_0 = K_0(5K_0 - 4) > 0$$

となる．よって，$K_0 > 0.8$ のとき制御系は内部安定であり，$K_0 \leqq 0.8$ のとき内部安定ではない． ◇

演習 6.3 上記の例題において

$$P(s) = \frac{s-1}{(s+1)^2}, \quad K(s) = K_0$$

のとき，制御系の安定判別をせよ．

6.2 ナイキストの安定判別法

6.2.1 基本的な考え方と判別法

特性多項式の根を実際に計算することなく，図に基づいて制御系の安定性を判別するナイキストの安定判別法がある．以下にその概要を述べる．簡単のために，図 6.1 の制御系において，$P(s)$ と $K(s)$ の間に極零相殺はなく，また，ともに虚軸上に極を持たないとする．

いま，$\{p_1, p_2, \cdots, p_n\}$ を開ループ系 $P(s)K(s)$ の極とし，$\{r_1, r_2, \cdots, r_n\}$ を制御系（閉ループ系）の極とする．このとき，式 (6.1) より

$$\begin{aligned} 1 + P(s)K(s) &= \frac{D_P(s)D_K(s) + N_P(s)N_K(s)}{D_P(s)D_K(s)} \\ &= \frac{(s-r_1)(s-r_2)\cdots(s-r_n)}{(s-p_1)(s-p_2)\cdots(s-p_n)} \end{aligned} \quad (6.3)$$

を得る．すなわち，$1 + P(s)K(s)$ の分子・分母に開ループおよび閉ループの極がすべて現れる．

目的は，開ループ伝達関数 $P(s)K(s)$ の不安定極の数が既知であるときに，周波数応答データ $P(j\omega)K(j\omega)$（$\omega = 0 \sim \infty$）に基づいて，閉ループ系の安定性を判別することである．

この目的を達成するため，まず，**図 6.2** (a) に示すような，複素平面（s 平面）の右半平面全体を虚軸と無限遠方の円周で囲む閉曲線 C を考える．そして，複素数 s がこの閉曲線 C に沿って O → a → b → c → O と時計回りに 1 回転したときに

$$w = 1 + P(s)K(s) \tag{6.4}$$

と計算される複素数 w が複素平面（w 平面）に描く軌跡を Γ_1 とする（**図 6.2** (b) 参照）．このとき

$Z = $ 閉ループ伝達関数の経路 C 内の極の数
$\Pi = $ 開ループ伝達関数の経路 C 内の極の数
$N = \Gamma_1$ が原点を時計回りにまわる回転数

と記号を定めると，じつは

$$Z = N + \Pi \tag{6.5}$$

となる．開ループ系の経路 C 内の極（すなわち不安定極）の数 Π は既知であり，N は Γ_1 の図からわかる．よって，閉ループ系の不安定な極の数は上式から求めることができ，$Z = 0$ なら閉ループ系は安定，そうでなければ不安定と判定できる．これが基本的な安定判別の考え方である．

(a) 閉曲線 C (b) $1 + P(s)K(s)$ による像 Γ_1

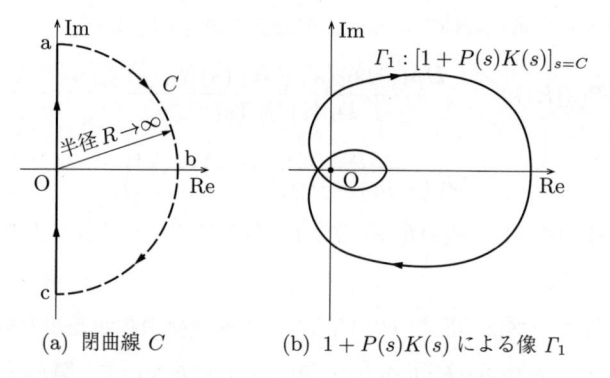

図 6.2 閉曲線 C とその $1 + P(s)K(s)$ による像 Γ_1

6.2 ナイキストの安定判別法

以下に式 (6.5) が成立することの概略を示す†。式 (6.3) の偏角に着目すれば

$$\angle w = \sum_{i=1}^{n} \angle(s - r_i) - \sum_{i=1}^{n} \angle(s - p_i) \tag{6.6}$$

が成り立つ。複素数 s が曲線 C を 1 周する間，各項の偏角はつぎのようになる。曲線 C の内部（すなわち複素右半面）に閉ループ極 (r_i) が一つ存在すれば $\angle(s - r_i)$ は反時計回りに 1 回転分だけ変化し，Z 個存在するときには，その Z 倍となる。すなわち

$$\sum_{i=1}^{n} \angle(s - r_i) \text{ の総変化量} = -360° \times Z \tag{6.7}$$

が成立する。同様に，複素右半面内の開ループ極 (p_i) の数が Π 個なので

$$\sum_{i=1}^{n} \angle(s - p_i) \text{ の総変化量} = -360° \times \Pi \tag{6.8}$$

を得て，式 (6.6), (6.7), (6.8) より

$$\angle w \text{ の総変化量} = -360° \times (Z - \Pi) \tag{6.9}$$

となる。上式は曲線 Γ_1 上を動く点 w が原点 $(0,0)$ を時計回りにまわる回数が $Z - \Pi$ であることを示している。すなわち，$N = Z - \Pi$ を得る。これで式 (6.5) が示された。

さらに，w はその定義から $P(s)K(s)$ を複素平面上で右方向に 1 だけ平行移動したものである。よって，s が曲線 C を 1 周する間の複素数 $P(s)K(s)$ の軌跡（ナイキスト軌跡と呼ぶ）が点 $(-1, 0)$ を時計回りにまわる回数は，N にほかならない。なお，s が図 **6.2** (a) において a $\to$ b $\to$ c と移動している間は $P(s)K(s)$ が 1 点 ($\lim_{|s|\to\infty} P(s)K(s)$) に留まるため，ナイキスト軌跡とは，$\omega$ を $-\infty$ から ∞ まで変化させたときの $P(j\omega)K(j\omega)$ の軌跡にほかならない。

---

† 詳細は『フィードバック制御入門』6.2 節を参照。

以上をまとめると，つぎの手順が得られる．

ナイキストの安定判別法

ステップ 1. ナイキスト軌跡 $P(j\omega)K(j\omega)$ $(\omega = -\infty \sim \infty)$ を描く．

ステップ 2. ナイキスト軌跡が点 $(-1,0)$ のまわりを時計回りにまわる回数を N とする．

ステップ 3. 開ループ伝達関数 $P(s)K(s)$ の極の中で実部が正であるものの個数を Π とする．

ステップ 4. 閉ループ系の不安定な極の数は $Z = N + \Pi$ となる．したがって，$Z = 0$ ならばフィードバック制御系は安定，$Z \neq 0$ ならば不安定である．

例題 6.3 ナイキストの判別法を用いて，つぎの開ループ伝達関数 $L(s) := P(s)K(s)$ を持つ，フィードバック制御系の安定性を判別せよ．

$$L(s) = \frac{1}{(s+1)^4}$$

【解答】 まず，ω を 0 から ∞ まで変化させてベクトル軌跡 $L(j\omega)$ を描くと，図 6.3 の実線となる．破線はこれを実軸に関して上下対称に描いたもので，これらを合わせてナイキスト軌跡が得られる．

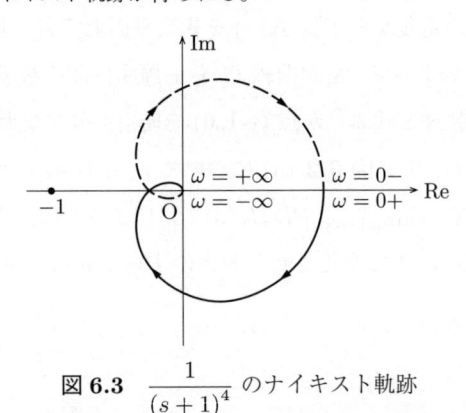

図 6.3 $\dfrac{1}{(s+1)^4}$ のナイキスト軌跡

図より，ナイキスト軌跡は点 $(-1,0)$ をまわらず $N=0$ となる．一方，開ループ伝達関数 $L(s)$ は，すべての極が $s=-1$ で安定なので $\Pi=0$ となる．よって，閉ループ系の不安定極の数は $Z=N+\Pi=0$ となり，制御系は安定と判定される．

ちなみに，上記の例題では，特性多項式は

$$\phi(s) = (s+1)^4 + 1 = s^4 + 4s^3 + 6s^2 + 4s + 2$$

となり，$\phi(s)=0$ の根は $(-1.707\pm 0.707j,\ -0.293\pm 0.707j)$ であるので，確かに制御系は安定となっている． ◇

例題 6.4 開ループ伝達関数 $L(s):=P(s)K(s)$ が

$$L(s) = \frac{4(s+1)}{(s-1)^2}$$

のとき，フィードバック制御系の安定性を判別せよ．

【解答】 先の例題と同様に，$L(j\omega)$ のナイキスト軌跡が図 **6.4** に示すように得られる．ナイキスト軌跡は点 $(-1,0)$ を反時計回りに 2 回まわるので，$N=-2$ となる．一方，開ループ伝達関数 $L(s)$ の不安定極は $s=1$ に 2 個あるので，$\Pi=2$ となる．よって，閉ループ系の不安定極の数は $Z=N+\Pi=0$ となり，制御系は安定と判別できる．

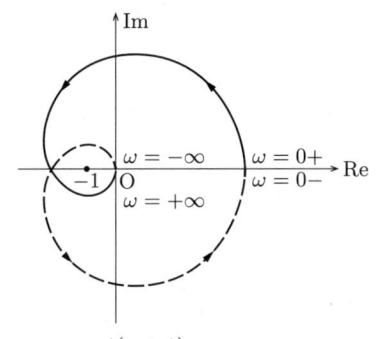

図 **6.4** $\dfrac{4(s+1)}{(s-1)^2}$ のナイキスト軌跡

なお，特性多項式 $\phi(s)$ を計算すると

$$\phi(s) = (s-1)^2 + 4(s+1) = s^2 + 2s + 5$$

であり，制御系の極は $-1 \pm 2j$ となり，確かに安定となっている。　　◇

演習 6.4 上記の例題において

$$L(s) = \frac{4(s-1)}{(s+1)^2}$$

の場合について判別せよ。

例題 6.5 開ループ伝達関数 $L(s) := P(s)K(s)$ が安定であり，角周波数 ω が無限大のときも含め

$$|L(j\omega)| < 1 \quad \forall \omega$$

が成り立つことだけがわかっているとする。このとき，閉ループ系の安定性を判別せよ。

【解答】 ナイキスト軌跡 $L(j\omega)$ は，その形状は不明であるが，複素平面内でつねに単位円（半径 1 の円）の内部にある。このため，点 $(-1, 0)$ をまわることはなく $N = 0$ となる。$L(s)$ は安定なので $\Pi = 0$ である。よって，閉ループ系の不安定極の数は $Z = N + \Pi = 0$ となり，制御系は安定と判定される。　　◇

上記の例は，開ループ伝達関数に関して詳細な情報がなくても，ナイキストの安定判別法が有効な場合があることを示している。この例題の結果は**小ゲイン定理**としてよく知られている。

6.2.2 虚軸上に極がある場合への対処法

実際の制御系では，$P(s)K(s)$ が虚軸上，特に原点 $s = 0$ に極を持つ場合がしばしばある。このときには，図 6.2 (a) の経路の代わりに，図 6.5 に示すように，虚軸上の極を避ける経路 C に沿って s を移動させ，ナイキスト軌跡を描

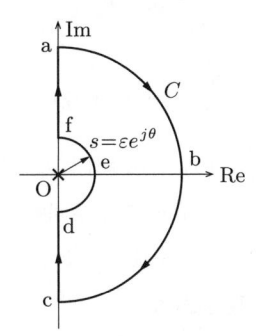

図 6.5 虚軸上の極を回避する閉曲線 C

く。虚軸上の極が経路 C 内に存在しないため，$s=0$ を不安定極として数えないこと以外は，前述とまったく同じ方法で安定判別ができる。なお，ここでは $P(s)$ と $K(s)$ の間で $s=0$ における極零相殺がないことを前提としている（この極零相殺がある場合には，ただちに制御系は不安定と判別される）。この場合，$D_P(0)D_K(0)=0$ ならば $N_P(0)N_K(0)\neq 0$ となるので，閉ループ系の極は $s=0$ を含まない（すなわち，$\phi(0)=D_P(0)D_K(0)+N_P(0)N_K(0)\neq 0$）。よって，閉ループ系の極が経路 C 内に存在しないときには，原点極を含め，不安定な極は存在しない。

ただし，経路 C は s が原点近傍で微小半径（ε）を反時計回りに移動するので，原点 $s=0$ に極を有する $L(s)=P(s)K(s)$ の像は非常に大きい半径（$1/\varepsilon$）を時計回りに回転することに注意する必要がある。概念図を**図 6.6** に示す。

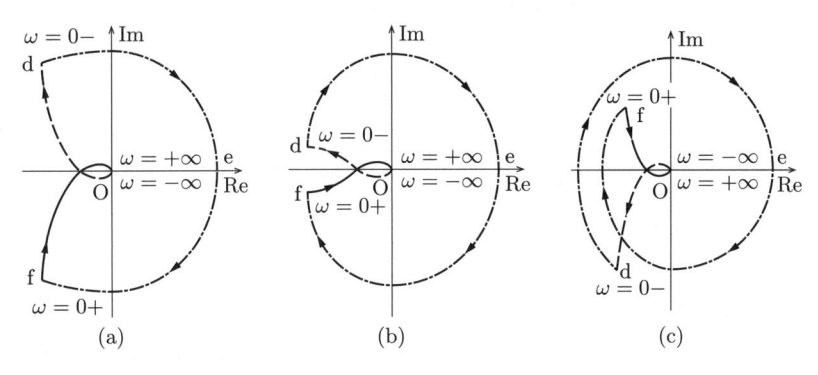

図 6.6 原点極がある場合のナイキスト軌跡の例

s が原点近傍の場合に開ループ伝達関数 $L(s)$ が

$$L_1(s) \approx \frac{K}{s}, \quad L_2(s) \approx \frac{K}{s^2}, \quad L_3(s) \approx \frac{K}{s^3} \quad (K \text{ は正数})$$

と近似できるときのそれぞれの軌跡の例を，図 (a), (b), (c) に示している。いずれもナイキスト軌跡は時計回りに回転するが，$L_1(s)$ では半回転，$L_2(s)$ では 1 回転，$L_3(s)$ では 1 回転半となる。これを考慮に入れて，ナイキスト軌跡が $(-1, 0)$ をまわる回数 N を注意深く数える必要がある。

例題 6.6 開ループ伝達関数 $L(s) := P(s)K(s)$ が

$$L(s) = \frac{K_0}{s(s+1)^2}, \quad K_0 = 1$$

のとき，閉ループ系の安定性を判別せよ。

【解答】 ナイキスト軌跡は図 **6.7** に示すようになる。

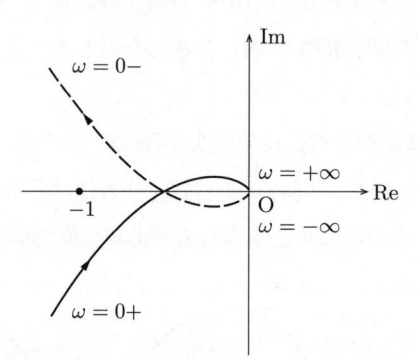

図 **6.7** $\dfrac{1}{s(s+1)^2}$ のナイキスト軌跡

$L(s)$ の周波数特性は

$$L(j\omega) = \frac{1}{j\omega(j\omega+1)^2} = \frac{1}{-2\omega^2 + j\omega(1-\omega^2)}$$

なので，$\omega = \pm 1$ のとき実軸上の点 $(-0.5, 0)$ と交差する。$\omega = 0-$ から $\omega = 0+$ まで変化する間は，図 **6.6** (a) に示すように $L(j\omega)$ は大きな半径で時計回りに半回転するので，ナイキスト軌跡は点 $(-1, 0)$ をまわらず $N = 0$ である。$L(s)$ の

極は $\{0, -1, -1\}$ で実部が正の極はなく，$\varPi = 0$ となる．よって，閉ループ系の不安定極の数は $Z = N + \varPi = 0$ となり，制御系は安定と判別できる． ◇

演習 6.5 上記の例題で $K_0 = 3$ の場合の制御系の安定判別をせよ．

例題 6.7 開ループ伝達関数 $L(s) := P(s)K(s)$ が

$$L(s) = K_0 \frac{2s+1}{s(s-4)}, \quad K_0 = 4$$

のとき，フィードバック制御系の安定性を判別せよ．

【解答】 ナイキスト軌跡は図 **6.8** に示すようになり，実軸上の点 $(-2, 0)$ と交差する．$\omega = 0-$ から $\omega = 0+$ まで変化する間に，$L(j\omega)$ は大きな半径で時計回りに半回転となるので，ナイキスト軌跡は点 $(-1, 0)$ を反時計回りに 1 回まわり，$N = -1$ となる．$L(s)$ の極は $\{0, 4\}$ で，実部が正の極は一つであり，$\varPi = 1$ となる．よって，閉ループ系の不安定極の数は $Z = N + \varPi = 0$ となり，制御系は安定と判別できる．ちなみに，特性多項式を求めると

$$\phi(s) = s^2 + 4s + 4 = (s+2)^2$$

となり，判別結果が正しいことが確認できる．

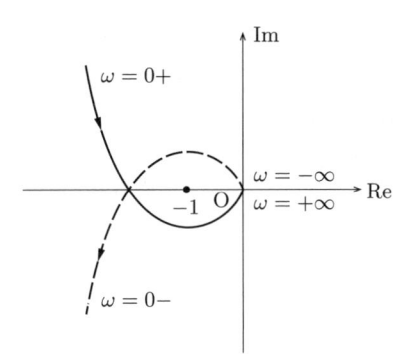

図 **6.8** $\dfrac{4(2s+1)}{s(s-4)}$ のナイキスト軌跡

◇

演習 6.6 上記の例題で $K_0 = 1, 2$ の場合の制御系の安定判別をせよ。

例題 6.8 開ループ伝達関数 $L(s) := P(s)K(s)$ が

$$L(s) = K_0 \frac{2s+1}{s^2(s+1)(s+3)}, \quad K_0 = 4$$

のとき，フィードバック制御系の安定性を判別せよ。

【解答】 ナイキスト軌跡は図 6.9 に示すようになり，実軸上の点 $(-2, 0)$ と交差する。$\omega = 0-$ から $\omega = 0+$ まで変化する間は，$L(j\omega)$ は大きな半径で時計回りに 1 回転となるので，ナイキスト軌跡は点 $(-1, 0)$ を時計回りに 2 回まわり，$N = 2$ となる。$L(s)$ の極は $\{0, 0, -1, -3\}$ で，実部が正の極はなく，$\Pi = 0$ となる。よって，閉ループ系の不安定極の数は $Z = N + \Pi = 2$ となり，制御系は不安定と判別できる。ちなみに，特性多項式は

$$\phi(s) = s^2(s+1)(s+3) + 4(2s+1) = s^4 + 4s^3 + 3s^2 + 8s + 4$$

であり，制御系の極を実際に計算すると $\{-3.69, -0.541, 0.118 \pm 1.41j\}$ となっている。不安定極が二つあることが確認できる。

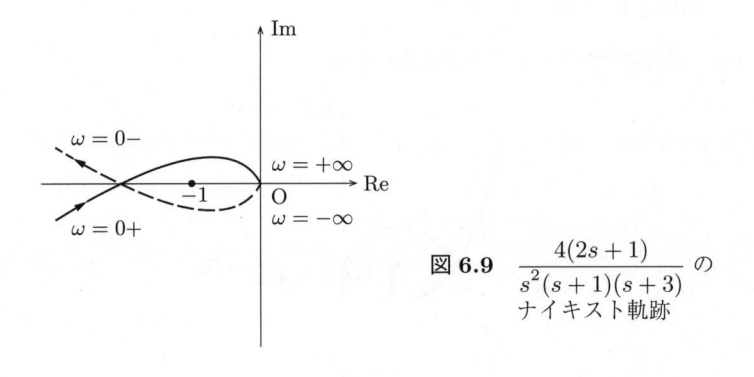

図 6.9 $\dfrac{4(2s+1)}{s^2(s+1)(s+3)}$ のナイキスト軌跡

◇

演習 6.7 上記の例題で $K_0 = 1, 2$ の場合の制御系の安定判別をせよ。

例題 6.9 ある開ループ伝達関数 $L(s) := P(s)K(s)$ のナイキスト軌跡が図 6.10 で与えられ，$L(s)$ は原点 $s = 0$ に 2 位の極を持つが，それ以外の極はすべて安定であるとする．このとき，閉ループ系の安定性を判別せよ．

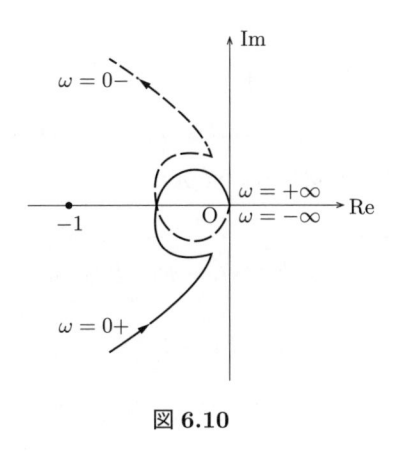

図 6.10

【解答】 $\omega = 0-$ から $\omega = 0+$ まで変化する間に，$L(j\omega)$ は大きな半径で時計回りに 1 回転となるが，ナイキスト軌跡は点 $(-1, 0)$ をまわらず，$N = 0$ である．$L(s)$ は原点極以外は安定なので，$\Pi = 0$ となる．よって，閉ループ系の不安定極の数は $Z = N + \Pi = 0$ となり，制御系は安定と判別できる． ◇

上記の例も $L(s)$ の部分的な情報しか利用できないため，ラウスの判別法などは使えない．

6.2.3 簡単化されたナイキストの安定判別法

開ループ伝達関数の極の中にその実部が正となるものがないとき，安定判別は以下の簡易判別法により簡単に行える．特に，虚軸上の極を有するときなど，ナイキスト軌跡の回転数 N を正確に数えることが容易でない場合に便利である．ただし，不安定と判別された場合，その不安定極の数まではわからない．

ナイキストの安定判別の簡易法

ステップ 1. $P(s)K(s)$ のすべての極の実部が負または零であることを確認する。

ステップ 2. ベクトル軌跡 $P(j\omega)K(j\omega)$ を，角周波数 ω を 0 から ∞ まで変化させて描く。

ステップ 3. ω を 0 から ∞ へ変化させたとき，この開ループ伝達関数のベクトル軌跡が点 $(-1,0)$ をつねに左に見るように動くならば，系は安定である。一方，右に見れば系は不安定となる。

例題 6.10 開ループ伝達関数 $L(s) := P(s)K(s)$ が

$$L(s) = K_0 \frac{s^2 + 4s + 2}{s^3}, \quad K_0 = 1$$

のとき，フィードバック制御系の安定性を判別せよ。

【解答】 $L(s)$ は原点極しか持たないので，ナイキストの安定判別の簡易法が適用できる。角周波数 ω を $0+$ から ∞ へ変化させたときのベクトル軌跡 $P(j\omega)K(j\omega)$ は図 6.11 (a) に示すようになり，実軸上の点 $(-2,0)$ と交差し，点 $(-1,0)$ をつねに左に見て動き，$\omega = \infty$ で原点に到達している。よって，閉ループ系は安定と判別される。

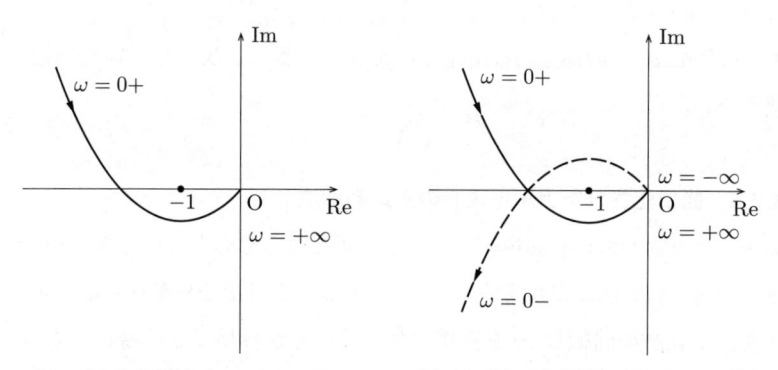

(a) ベクトル軌跡 ($\omega = 0 \sim \infty$)　　(b) ナイキスト軌跡 ($\omega = -\infty \sim \infty$)

図 6.11 $\dfrac{s^2 + 4s + 2}{s^3}$ のベクトル軌跡とナイキスト軌跡

参考までに，ω を $-\infty$ から ∞ へ変化させたときのナイキスト軌跡 $L(j\omega)$ を図 6.11 (b) に描く．$\omega = 0-$ から $\omega = 0+$ まで変化する間は，$L(j\omega)$ は大きな半径で時計回りに 1 回転半する．冷静に数えると，ナイキスト軌跡は実質的に点 $(-1, 0)$ をまわらず，$N = 0$ となる．$L(s)$ に実部が正の極はないので，$\Pi = 0$ である．よって，閉ループ系の不安定極の数は $Z = N + \Pi = 0$ となり，前述の結果と一致する．実際にこのときの閉ループ系の極を計算すると $\{-0.233 \pm 1.922j, -0.533\}$ となっている．　　　　　　　　　　　　　　　　　　　　　　　　　　　　　　　　　　　　◇

演習 6.8　上記の例題で $K_0 = 0.5, 0.2$ の場合の制御系の安定判別をせよ．

例題 6.11　例題 6.6，例題 6.8 について，ナイキストの簡易法を用いて閉ループ系の安定判別をせよ．

【解答】　どちらの例題も，開ループ伝達関数 $L(s)$ のすべての極の実部が負または零なので，簡易法が適用できる．

例題 6.6 の場合，図 6.7 に示したベクトル軌跡（実線で示される $\omega = 0+ \sim +\infty$ の部分）に注目すると，点 $(-1, 0)$ をつねに左に見るので閉ループ系は安定と判別できる．

例題 6.8 の場合も同様に，図 6.9 に示したベクトル軌跡に注目すると，点 $(-1, 0)$ をつねに右に見るので閉ループ系は不安定と判別できる．　　　　　　◇

6.3　ゲイン余裕と位相余裕

ナイキストの安定判別の簡易法に見られるように，閉ループ系が安定となる典型的なベクトル軌跡 $P(j\omega)K(j\omega)$ $(\omega = 0 \sim \infty)$ は，図 6.12 (a) のように点 $(-1, 0)$ を左に見ながら原点 O に到達する．図 6.12 (b) に示すように，ベクトル軌跡が点 $(-1, 0)$ 上を通過するとき安定限界となり，図 6.12 (c) に示すように，点 $(-1, 0)$ を右に見ながら原点 O に到達するとき不安定となる．

一般に，制御対象とその数学モデルの間には誤差が存在する．また，制御対象

6. フィードバック制御系の安定性

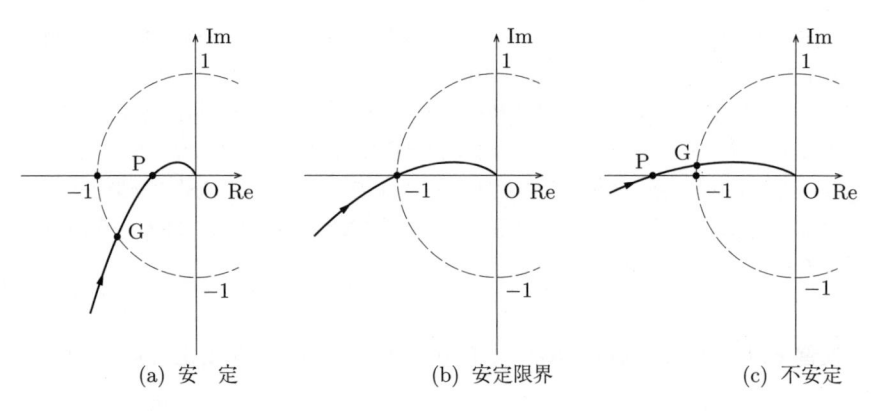

図 6.12 開ループ系のベクトル軌跡と閉ループ系の安定性

(a) 安定　　(b) 安定限界　　(c) 不安定

の特性が経年変化することもある．ゲインや位相が変化して，当初はそのベクトル軌跡が図 6.12 (a) であったのに，その後図 6.12 (b) に変化すると，閉ループ系の安定性は失われる．このことから，開ループ伝達関数のゲインをあとどれだけ増やしても安定性を失わないかというゲイン余裕（GM）や，開ループ系の位相があとどれだけ遅れても安定性が保持できるかを示す位相余裕（PM）という考え方が，現実には重要となる．ゲイン余裕および位相余裕は，図 6.13 においてベクトル軌跡が単位円と交差する点を G，実軸と交差する点を P としたとき

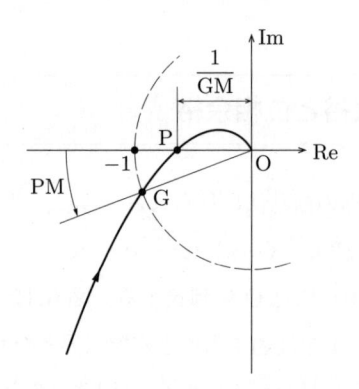

図 6.13 ゲイン余裕と位相余裕

$$\mathrm{GM} = \frac{1}{\mathrm{OP}}, \quad \mathrm{PM} = \angle \mathrm{GOP}$$

となる．

実際，図 6.13 の軌跡をそのまま GM 倍すると点 $(-1,0)$ を通過するし，また，この軌跡の位相を角度 PM だけ遅らせても（すなわち時計回りに回転させても），やはり点 $(-1,0)$ を通過して安定限界となる．点 P（位相 $-180°$）に対応する角周波数を位相交差周波数，点 G（ゲイン 1）に対応する角周波数をゲイン交差周波数と呼び，それぞれ ω_{pc}, ω_{gc} と表記する．すなわち ω_{pc}, ω_{gc} はそれぞれ次式を満たす角周波数である．

$$\angle P(j\omega_{\mathrm{pc}})K(j\omega_{\mathrm{pc}}) = -180°, \quad |P(j\omega_{\mathrm{gc}})K(j\omega_{\mathrm{gc}})| = 1$$

なお，制御系設計の観点からは，ゲイン余裕や位相余裕をボード線図上で読み取ることが重要となる．

例題 6.12 開ループ伝達関数 $L(s) = P(s)K(s)$ が

$$L(s) = \frac{2}{(s+1)^4}$$

のとき，角周波数 ω を 0 から ∞ まで変化させてベクトル軌跡 $L(j\omega)$ を描き，ゲイン余裕 GM および位相余裕 PM を求めよ．また，開ループ伝達関数 $L(s)$ のボード線図を描き，図中に GM と PM を図示せよ．

【解答】 図 6.14 に太い実線でベクトル軌跡を示す．また，破線で単位円を示す．ベクトル軌跡が単位円と交差する点を G，実軸と交差する点を P としたとき，点 P の座標は $(-0.5, 0)$ であり，これよりゲイン余裕は 2 である．また，位相余裕は $\angle \mathrm{GOP} \approx 50°$ と読み取れる．

一方，$L(s)$ のボード線図を図 6.15 に示す．$|L(j\omega_{\mathrm{gc}})| = 1$ $(= 0\,\mathrm{dB})$ となるゲイン交差周波数は $\omega_{\mathrm{gc}} = 0.64$ であり，この周波数での位相 $-130°$ から $-180°$ までの差が位相余裕となる．$\angle L(j\omega_{\mathrm{pc}}) = -180°$ となる位相交差周波数はおよそ $\omega_{\mathrm{pc}} = 1$ であり，この周波数でのゲイン $-6\,\mathrm{dB}$ から $0\,\mathrm{dB}$ までの差がゲイン余裕となる．これらを図中に明示しておく．

図 **6.14** $\dfrac{2}{(s+1)^4}$ のベクトル軌跡

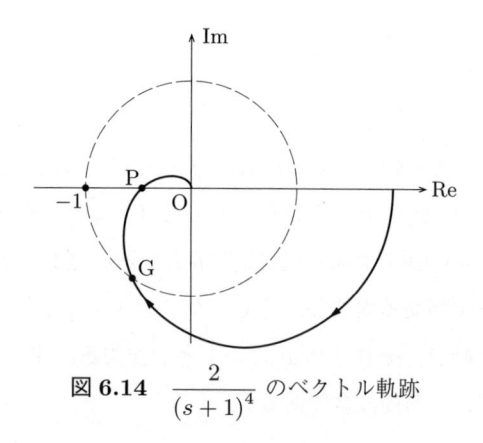

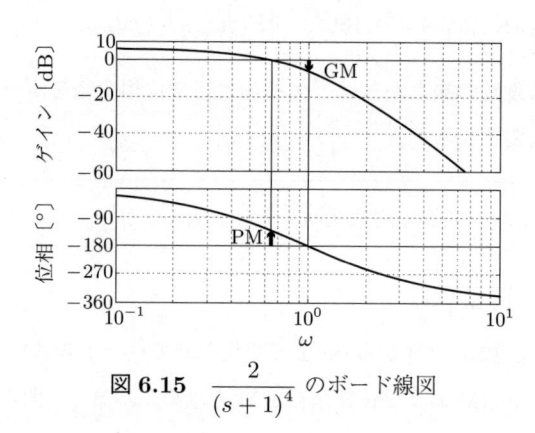

図 **6.15** $\dfrac{2}{(s+1)^4}$ のボード線図

$\diamondsuit$

　なお，位相だけが遅れる状況というのは，例えばむだ時間 T_d が存在する場合に現れる．この伝達関数は $e^{-T_d s}$ なので，角周波数 ω での位相は

$$\angle e^{-jT_d\omega} = \angle(\cos(T_d\omega) - j\sin(T_d\omega)) = -T_d\omega \ \ [\mathrm{rad}]$$

となる．これより，むだ時間 T_d があるときには位相は

$$\frac{T_d\omega 180°}{\pi}$$

だけ遅れることになる．

例題 6.13 開ループ伝達関数 $L(s) = P(s)K(s)$ が，**例題 6.6** と同様に

$$L(s) = \frac{1}{s(s+1)^2}$$

のとき，開ループ伝達関数 $L(s)$ のボード線図を描き，図中に GM と PM を図示して，ゲイン余裕，位相余裕のおよその値を読み取れ．

【解答】 ボード線図を $\omega = 0.2 \sim 5\,\mathrm{rad/s}$ の範囲で描くと，**図 6.16** を得る．これより，ゲイン交差周波数はおよそ $\omega_{\mathrm{gc}} = 0.7\,\mathrm{rad/s}$ で，そのときの位相余裕 PM はおよそ $21°$ である．また，位相交差周波数は $\omega_{\mathrm{pc}} = 1\,\mathrm{rad/s}$ で，ゲイン余裕 GM は $6\,\mathrm{dB}\,(= 2)$ と読み取れる．

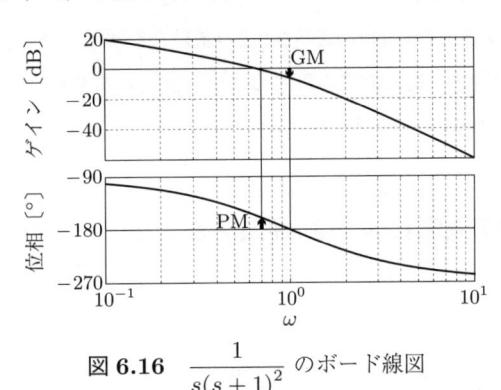

図 6.16 $\dfrac{1}{s(s+1)^2}$ のボード線図

ちなみに，むだ時間 $T_d = (21 * \pi)/(180 * \omega_{\mathrm{gc}}) \approx 0.55\,\mathrm{s}$ が存在すると，この位相余裕は失われ，不安定となる． ◇

演習 6.9 開ループ伝達関数 $L(s) = P(s)K(s)$ が

$$L(s) = \frac{85(s+1)(s^2+2s+90)}{s^2(s^2+2s+80)(s^2+2s+100)}$$

のとき，開ループ伝達関数 $L(s)$ のボード線図を描き，図中に GM と PM を図示して，ゲイン余裕，位相余裕のおよその値を読み取れ．

7 フィードバック制御系の設計法

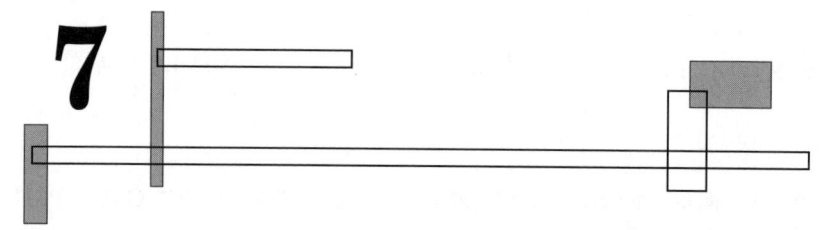

【本章のねらい】
- PID 補償の目的および設計法の基礎を理解する。
- 位相進み-遅れ補償の目的および設計法の基礎を理解する。
- 目標値応答を整形する設計法の基礎を理解する。

7.1 PID 補償による制御系の設計

図 **7.1** のフィードバック制御系において補償器 $K(s)$ を比例 (proportional) 要素, 積分 (integral) 要素, 微分 (derivative) 要素の和から構成するもの, すなわち

$$K(s) = K_{\mathrm{PID}}(s) = K_P + \frac{K_I}{s} + K_D s$$

を PID 補償 (あるいは PID 制御) と呼ぶ。これは実際に最も多く用いられている制御法である。

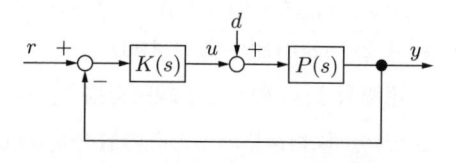

図 **7.1** フィードバック制御系

7.1.1 PI 補償

PI 補償は

$$K_{\mathrm{PI}}(s) = K_P + \frac{K_I}{s} = K_P\left(1 + \frac{1}{T_I s}\right)$$

と表されるものであり，$T_I := K_P/K_I$ を積分時間と呼ぶ．

例題 7.1 つぎの PI 補償器 $K(s)$ のボード線図を，ゲイン線図の折れ線近似とともに描け．また，ゲイン K_P および積分時間 T_I を明示した上で，折れ点角周波数が $\omega = 1/T_I$ であり，それより低周波数域では積分特性を示し，それより高周波数域においてはゲインが $20\log K_P$〔dB〕で一定となることを確認せよ．

$$K(s) = \frac{10s + 1}{s}$$

【解答】 ボード線図を折れ線近似とともに図 7.2 に示す．

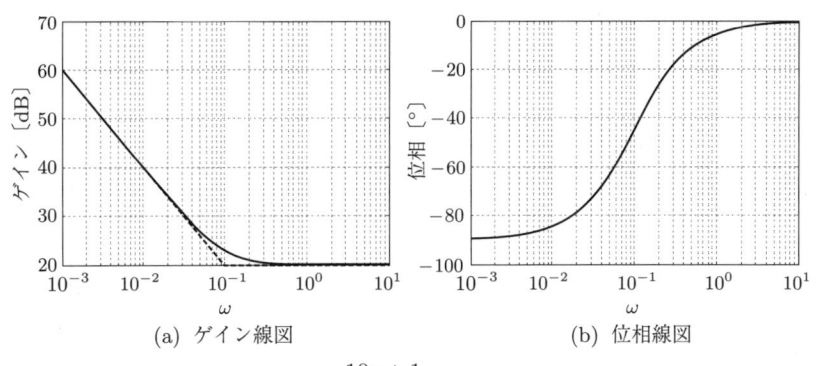

図 7.2 $\dfrac{10s+1}{s}$ のボード線図

(a) ゲイン線図　　(b) 位相線図

$K(s)$ を比例項と積分項に分けて表すと

$$K(s) = 10\left(1 + \frac{1}{10s}\right)$$

となるので，ゲイン K_P および積分時間は

$$K_P = 10, \quad T_I = 10$$

となる．折れ点角周波数は $\omega = 0.1\,\mathrm{rad/s}$ であり，それより低周波数域では積分特性を示し，それより高周波数域においてはゲインが $20\,\mathrm{dB}$ で一定となっている．
◇

PI 補償は，その低域での積分特性により，定常特性を改善するために役立つ．

例題 7.2 図 7.1 の制御系において

$$P(s) = \frac{1}{(s+1)^2}, \quad K(s) = \frac{4s+2}{s}$$

のとき，ステップ目標値 r およびステップ外乱 d に対する制御系出力 y の応答を図示せよ．また，P 補償 $K_P(s) = 4$ の場合の応答も同じ図に破線で示し，これらから PI 補償 $K(s)$ の利点を確認せよ．

【解答】 図 7.3 (a) に目標値応答を，(b) に外乱応答を示す．実線が PI 補償，破線が P 補償である．

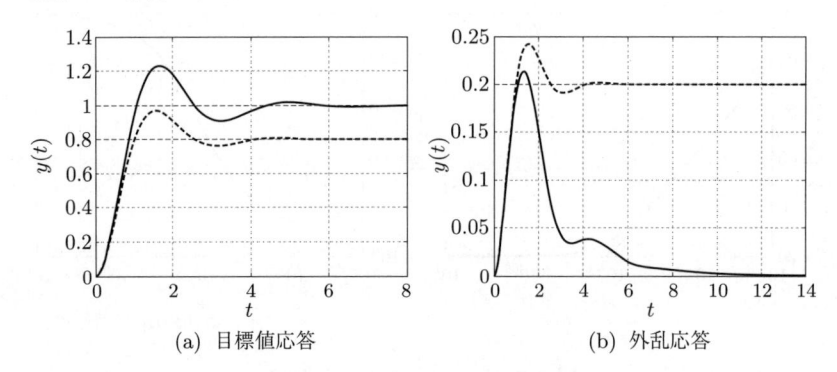

(a) 目標値応答

(b) 外乱応答

図 7.3 PI 補償した制御系の目標値応答と外乱応答

目標値応答に関しては，P 補償では出力 y の定常値が 0.8 で，偏差が 20 % 残るが，PI 補償では定常偏差がない．外乱応答に関しては P 補償では定常値が 0.2 となるが，PI 補償では 0 となり外乱の影響が定常状態ではなくなっている．これらより，PI 補償では定常特性が改善されていることが確認できる．
◇

演習 7.1 上記の例題で，PI 補償および P 補償のそれぞれの場合のゲイン余裕と位相余裕を求めよ。

演習 7.2 上記の例題の PI 補償を用いて，制御対象 $P(s)$ が

$$P_1(s) = \frac{2}{(s+2)^2}, \quad P_2(s) = \frac{3}{(s+3)^2}$$

と変化したとき，それぞれの目標値応答（ステップ応答）を求めて図示せよ。また，いずれの場合も定常偏差なく目標値に追従することを図から確認せよ。

例題 7.3 図 7.1 の制御系において

$$P(s) = \frac{1}{s(s+2)}, \quad K_1(s) = \frac{4(s+0.5)}{s}, \quad K_2(s) = \frac{4(s+0.05)}{s}$$

とする。$K(s) = K_1(s)$ および $K(s) = K_2(s)$ のそれぞれの場合について，**例題 7.2** と同様に目標値応答と外乱応答を求めて比較せよ。

【解答】 図 7.4 (a) に目標値応答を，(b) に外乱応答を示す。実線が $K_1(s)$ を用いた場合，破線が $K_2(s)$ を用いた場合の応答である。積分ゲインが小さい（すなわち積分時間が大きい）$K_2(s)$ を用いると，目標値応答のオーバーシュートは小さいが，外乱応答の収束が遅いことがわかる。

$K_2(s)$ の場合のほうが積分補償の影響が小さく，位相余裕がより大きく確保さ

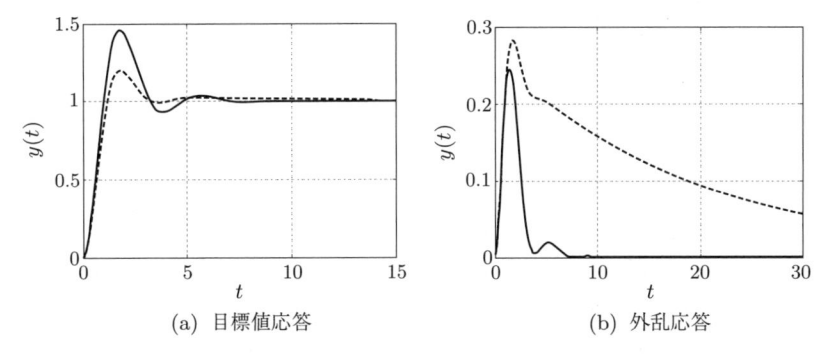

図 7.4 積分ゲインが異なる PI 補償に対する目標値応答と外乱応答

れている。これがオーバーシュートの小ささに反映されている。

一方で，$K_2(s)$ の積分時間は $T_I = 20$ であるが，この時定数に対応する遅い極（$-1/T_I = -0.05$）の影響が外乱応答に顕著に表れている。　　　◇

演習 **7.3**　上記の例題で，それぞれの PI 補償について，ゲイン余裕，位相余裕，制御系の極を求めよ。

7.1.2　PD　補　償

PD 補償は

$$K_{\mathrm{PD}}(s) = K_P + K_D s = K_P(1 + T_D s)$$

と表されるものであり，$T_D := K_D/K_P$ を微分時間と呼ぶ。

例題 7.4　つぎの PD 補償器 $K(s)$ のボード線図を，ゲイン線図の折れ線近似とともに描け。また，ゲイン K_P および微分時間 T_D を明示した上で，折れ点角周波数が $\omega = 1/T_D$ であり，それより低周波数域ではゲインが $20 \log K_P$〔dB〕で一定，それより高周波数域においては 20 dB/dec でゲインが大きくなる微分特性を有することを確認せよ。

$$K(s) = s + 10$$

【解答】　ボード線図を折れ線近似とともに図 **7.5** に示す。

$$K(s) = s + 10 = 10(1 + 0.1s)$$

なので，ゲイン K_P および微分時間は

$$K_P = 10, \quad T_D = 0.1$$

となる。折れ点角周波数は $\omega = 1/T_D = 10\,\mathrm{rad/s}$ であり，それより低周波数域ではゲインが 20 dB で一定となり，高周波数域では微分特性を示している。

7.1 PID補償による制御系の設計

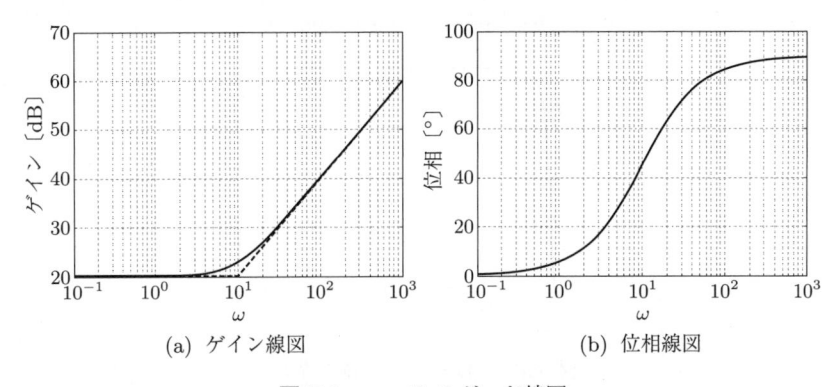

(a) ゲイン線図   (b) 位相線図

図 7.5 $s + 10$ のボード線図

◇

PD補償は位相を進めることが特徴であり，安定余裕を大きくし，結果として過渡特性を改善するのに役立つ．

例題 7.5 図 7.1 の制御系において

$$P(s) = \frac{1}{s(s+2)}, \quad K(s) = 10s + 20$$

のとき，ステップ目標値に対する応答を計算して図示せよ．また，この制御系の安定余裕を求めよ．

【解答】 図 7.6 に目標値応答を示す．**例題 7.3** と制御対象はまったく同じであるにもかかわらず，PD補償を用いると，オーバーシュートもなく速い応答が達成できている．

このとき，開ループ伝達関数は

$$P(s)K(s) = \frac{10}{s}$$

となるため，ゲイン交差周波数は $\omega_{gc} = 10\,\mathrm{rad/s}$ で，そのときの位相は $-90°$ なので，位相余裕は $90°$ となる．ゲイン余裕は ∞ である．

なお，この例では極零相殺をしているが，例えば $K(s) = 11s + 20$ などでもほぼ同様の応答が得られる．また，この例の場合，PD補償のゲインを大きくすることで，位相余裕を保ったままいくらでも速い応答が得られる．例えば，$K(s) = 100(s+2)$ とすれば，10倍速い応答となる．

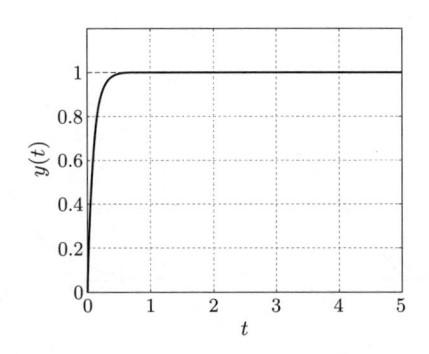

図 7.6 PD 補償した制御系の目標値応答

◇

演習 7.4　上記の例題で PD 補償を

$$K_1(s) = 5s + 20, \quad K_2(s) = 20s + 20$$

とした場合の，それぞれの制御系のステップ目標値応答および位相余裕を求めよ．

例題 7.6　図 7.1 の制御系において

$$P(s) = \frac{1}{s^2}, \quad K_1(s) = 10s + 20$$

のとき，ステップ目標値応答を計算して図示せよ．補償器を

$$K_2(s) = \frac{4(s + 0.05)}{s}$$

とした場合はどうか．

【解答】　図 7.7 に示す．PD 補償の場合を実線で，PI 補償の場合を破線で示す．前者では，例題 7.5 のときに比べて若干オーバーシュートが見られるが，おおむね同様の応答をしている．一方，PI 補償では，例題 7.3 のときには安定であったものが $P(s) = 1/(s(s+2)) \to 1/s^2$ の変化で不安定になっている．

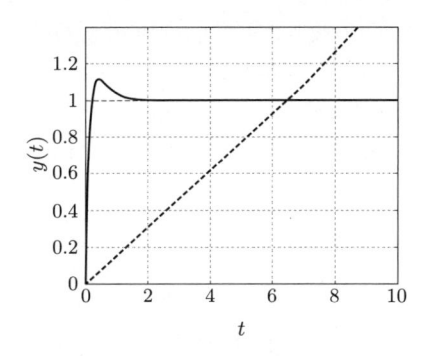

図 7.7 PI および PD 制御系の目標値応答

◇

演習 7.5 制御対象が

$$P(s) = \frac{1}{s(s-p_0)} \quad (p_0 \geqq 0)$$

であるとき，PD 補償では安定化可能であるが，PI 補償では安定化することは不可能であることを示せ。

7.1.3 PID 補償

PI 補償と PD 補償を併合したものが PID 補償であり

$$K(s) = K_{\text{PID}}(s) = K_P + \frac{K_I}{s} + K_D s = K_P \left(1 + \frac{1}{T_I s} + T_D s\right)$$

によって与えられる。これにより定常特性と過渡特性の両方を改善することが可能となる。

例題 7.7 つぎの PID 補償器 $K(s)$ のボード線図を，ゲイン線図の折れ線近似とともに描け。また，折れ点角周波数を明示した上で，低周波数域では積分特性，高周波数域では微分特性を有することを確認せよ。

$$K(s) = 10 + \frac{1}{s} + 10s$$

【解答】 図 7.8 にボード線図を示す。折れ点角周波数は，$\omega = 0.1, 1$ 〔rad/s〕であり，積分時間 $T_I = 10$ および微分時間 $T_D = 1$ の逆数となっていることが確認できる。低周波数域ではゲインが $-20\,\mathrm{dB/dec}$ で小さくなり，位相が $-90°$ の積分特性を，また，高周波数域ではゲインが $20\,\mathrm{dB/dec}$ で大きくなり，位相が $90°$ の微分特性をおおよそ示している。

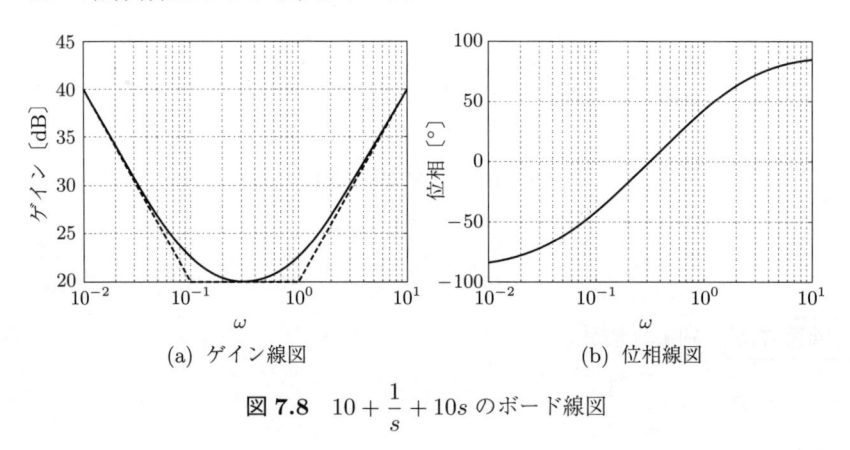

図 7.8 $10 + \dfrac{1}{s} + 10s$ のボード線図

(a) ゲイン線図　(b) 位相線図

◇

例題 7.8 図 7.1 の制御系において

$$P(s) = \frac{1}{s(s+1)^2}$$

のとき，位相余裕が同程度になるように，P 補償 $K_1(s)$, PI 補償 $K_2(s)$, PID 補償 $K_3(s)$ をそれぞれ

$$K_1(s) = 0.5, \quad K_2(s) = \frac{0.4s + 0.02}{s}, \quad K_3(s) = \frac{3s^2 + 2s + 0.2}{s}$$

と設計した。各補償を用いたときの位相余裕を，開ループ系のボード線図 $(P(s)K_i(s)\ (i=1,2,3))$ を描いて求めよ。また，各制御系のステップ目標値 r およびステップ外乱 d に対する制御系の出力の応答を図示せよ。

【解答】 P補償，PI補償，PID補償に対応する $P(s)K_i(s)$ $(i=1,2,3)$ のボード線図を，図 **7.9** にそれぞれ点線，一点鎖線，実線で示す。それぞれゲイン交差周波数が $\omega_{\mathrm{gc}} = 0.42,\ 0.36,\ 1.76\ [\mathrm{rad/s}]$ で位相余裕が PM $= 44,\ 42,\ 43\ [°]$ となっている。

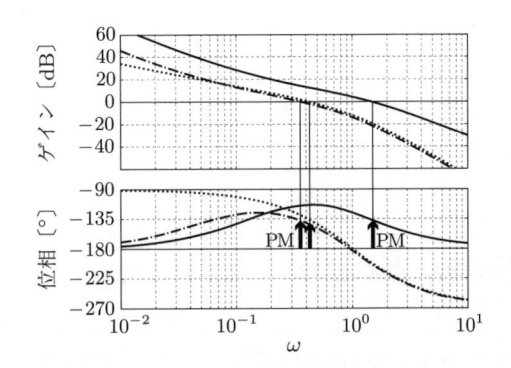

図 **7.9** $PK_1(s), PK_2(s), PK_3(s)$ のボード線図

また，目標値応答と外乱応答を図 **7.10** (a), (b) にそれぞれ点線，一点鎖線，実線で示す。これらの図より，過渡特性，定常特性ともに PID 補償で改善されていることがわかる。

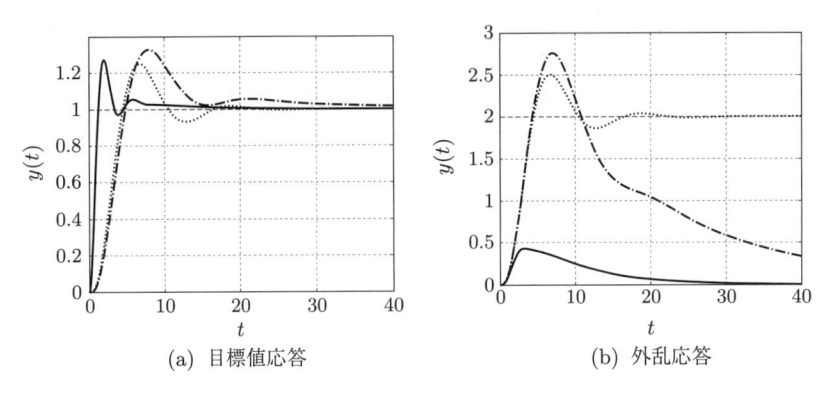

(a) 目標値応答

(b) 外乱応答

図 **7.10** P補償，PI補償，PID補償の目標値応答と外乱応答

◇

演習 7.6 図 **7.1** の制御系において

$$P(s) = \frac{1}{(s-2)(s+1)}, \quad K(s) = \frac{14s^2 + 28s + 16}{s}$$

のとき，この制御系のステップ目標値 r に対する出力 y の応答を図示せよ．

演習 7.7 演習 7.6 の制御対象の場合，P 補償，PI 補償では安定化すらできないことを示せ．

7.2 位相進み-遅れ補償

PID 補償と同様に典型的な補償要素として，位相進み-遅れ補償がある．位相遅れ補償から説明する．

7.2.1 位相遅れ補償

補償器の伝達関数が

$$K(s) = K_P \frac{\beta(Ts+1)}{\beta Ts + 1} \qquad (\beta > 1)$$

と表されるものを位相遅れ補償と呼ぶ．高周波数域と比較してその β 倍だけ低周波数域でのゲインを大きくするものである．

例題 7.9 つぎの補償器 $K(s)$ のボード線図を，ゲイン線図の折れ線近似とともに描け．

$$K(s) = \frac{\beta(s+1)}{\beta s + 1}, \quad \beta = 10$$

【解答】 ボード線図を折れ線近似とともに図 **7.11** に示す．折れ点角周波数は極 $s = -0.1$ と零点 $s = -1$ に対応し，$K(0) = 10$ かつ $K(\infty) = 1$ となる．低周波数域は高周波数域の 10 倍（β 倍）のゲインとなっている．

(a) ゲイン線図   (b) 位相線図

図 7.11 $\dfrac{10(s+1)}{10s+1}$ のボード線図

◇

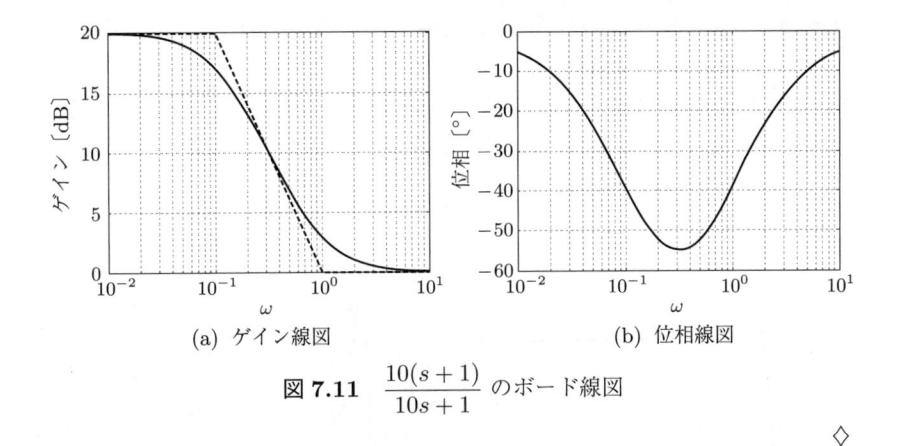

　位相遅れ補償は，低周波数域でのゲインを大きくすることにより定常特性を改善するのに役立つ．位相が遅れること自体は望ましいものではなく，低周波数域でのゲインを大きくする代償と考えるべきであろう．

演習 7.8 PI 補償

$$K_2(s) = \frac{s+1}{s}$$

のボード線図を描き，上記の例題の位相遅れ補償との関係について考察せよ．

演習 7.9 上記の例題において，$\beta = 2, 5, 20, 50$ としたときの $K(s)$ のボード線図を描け．

例題 7.10 図 7.1 の制御系において

$$P(s) = \frac{1}{s(s+1)}, \quad K_1(s) = \frac{\beta(10s+1)}{10\beta s + 1} \quad (\beta = 10)$$

のとき，ステップ目標値 r およびステップ外乱 d に対する制御系出力 y の応答を図示せよ．そして，$K(s) = 1$ の場合と比較して位相遅れ補償の効果について述べよ．

【解答】 目標値応答および外乱応答を図 7.12 (a), (b) にそれぞれ示す。破線は $K(s) = 1$ の場合に，実線は位相遅れ補償の場合に対応している。目標値応答に関しては両方とも定常偏差が 0 であるが，位相遅れ補償を用いることにより，外乱応答の定常値が 1/10 まで低減している。ただし，位相余裕を計算すると，位相遅れ補償を用いた場合は位相余裕が 52° から 45° に減少し，若干オーバーシュートが大きくなっている。

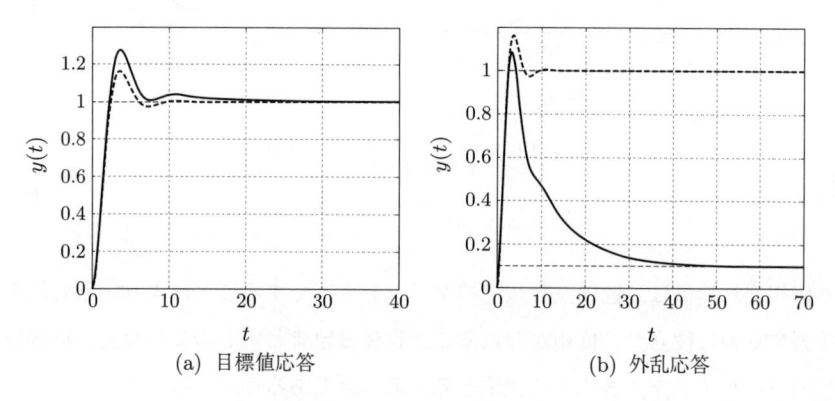

(a) 目標値応答

(b) 外乱応答

図 7.12 位相遅れ補償した制御系の目標値応答と外乱応答

◇

演習 7.10 　上記の例題において，補償器として $\beta = 2$ および $\beta \to \infty$ に対応する

$$K_2(s) = \frac{20s + 2}{20s + 1}, \quad K_3(s) = \frac{10s + 1}{10s}$$

で表される位相遅れ補償を用いたとき，それぞれの場合について位相余裕を調べよ。また，ステップ目標値 r およびステップ外乱 d に対する制御系の出力 y の応答を図示し，比較考察せよ。

7.2.2 位相進み補償

補償器の伝達関数が

$$K(s) = K_P \frac{(Ts + 1)}{\alpha Ts + 1} \qquad (\alpha < 1)$$

と表されるものを位相進み補償と呼ぶ．$\omega = 1/(\sqrt{\alpha}T)$ の角周波数において，位相が次式を満たす $\phi_{\max}$ だけ進むことが知られている．

$$\sin\phi_{\max} = \frac{1-\alpha}{1+\alpha}$$

例題 7.11 つぎの補償器 $K(s)$ のボード線図をゲイン線図の折れ線近似とともに描け．

$$K(s) = \frac{s+2}{\alpha\, s+2} \qquad (\alpha = 0.1)$$

【解答】 ボード線図を折れ線近似とともに図 **7.13** に示す．

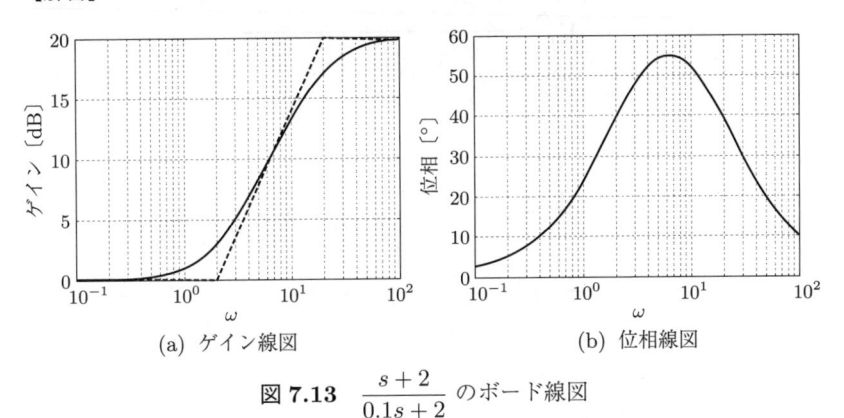

(a) ゲイン線図

(b) 位相線図

図 **7.13** $\dfrac{s+2}{0.1s+2}$ のボード線図

折れ点角周波数は極 $s = -20$ と零点 $s = -2$ に対応し，$K(0) = 1$ かつ $K(\infty) = 10$ となる．すなわち，高周波数域でのゲインは低周波数域の 10 倍（$1/\alpha$ 倍）となっている． ◇

演習 7.11 上記の例題において，$\alpha = 0,\ 0.05,\ 0.2,\ 0.5$ としたときの $K(s)$ のボード線図を描け．なお，$\alpha = 0$ のときは PD 補償となっている．

例題 7.12 図 7.1 の制御系において

$$P(s) = \frac{1}{s(s+1)}, \quad K(s) = \frac{100s + 200}{s + 20}$$

のとき，ステップ目標値 r に対する制御系出力 y の応答を図示せよ．そして単純な P 補償 $K(s) = 1$ の場合と比較して位相進み補償の効果について述べよ．

【解答】 図 7.14 に目標値応答を，図 7.15 に開ループ系のボード線図を示す．

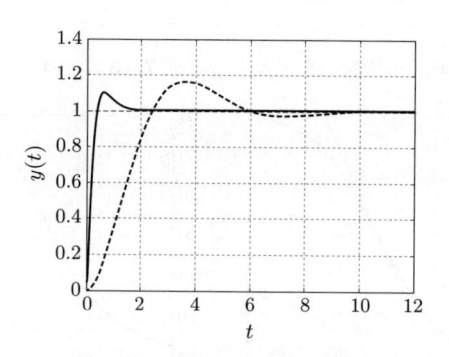

図 7.14 位相進み補償した制御系の目標値応答

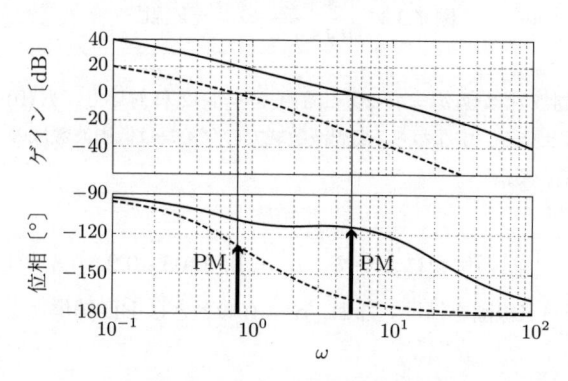

図 7.15 $P(s)K(s)$ のボード線図

破線が $K(s) = 1$ に，実線が位相進み補償 $(100s + 200)/(s + 20)$ にそれぞれ対応する．$K(s) = 1$ の場合と比較して，位相進み補償ではゲインは 10 倍以上大きくとれ，位相余裕も（ゲイン交差周波数 $\omega_{\mathrm{gc}} = 0.79\,\mathrm{rad/s}$ で）$52°$ から（$\omega_{\mathrm{gc}} = 5.1\,\mathrm{rad/s}$ で）$65°$ に増加している．このため，目標値応答のオーバーシュートも小さくかつ速い応答が得られる． ◇

位相進み補償は，この例に見られるように，安定化や過渡応答の改善に役立つ．

7.2.3 位相進み-遅れ補償

過渡応答と定常特性をともに改善するには，これらを組み合わせた

$$K(s) = K_P \frac{\beta(T_1 s + 1)}{\beta T_1 s + 1} \frac{(T_2 s + 1)}{\alpha T_2 s + 1} \quad (\beta > 1,\ \alpha < 1)$$

によって表される位相進み-遅れ補償が役立つ．$\beta \to \infty$ かつ $\alpha = 0$ と選べば PID 補償となる．

例題 7.13 つぎの補償器 $K(s)$ のボード線図を，ゲイン線図の折れ線近似とともに描け．

$$K(s) = \frac{20(10s + 1)}{200s + 1} \frac{10(s + 1)}{s + 10}$$

【解答】 図 7.16 にボード線図を示す．

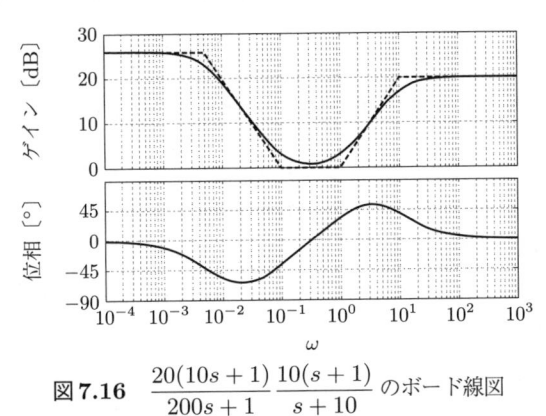

図 7.16 $\dfrac{20(10s + 1)}{200s + 1} \dfrac{10(s + 1)}{s + 10}$ のボード線図

ゲインの折れ線近似の折れ点角周波数は $K(s)$ の極，零点に対応して $\omega = 0.005$, 0.1, 1, 10 [rad/s] である．$K(0) = 20$ および $K(\infty) = 10$ であり，低周波数域でのゲインは 26 dB，高周波数域でのゲインは 20 dB となっている． ◇

例題 7.14 図 7.1 の制御系において

$$P(s) = \frac{1}{s(s+1)}, \quad K(s) = \frac{100s + 200}{s + 20} \frac{40s + 20}{40s + 1}$$

のとき，ステップ目標値 r およびステップ外乱 d に対する制御系出力 y の応答を図示せよ．そして，**例題 7.12** の位相進み補償の場合と比較して，位相進み-遅れ補償の効果について述べよ．

【解答】 図 7.17 (a), (b) に，位相進み補償および位相進み-遅れ補償を用いた場合の目標値応答と外乱応答を，それぞれ一点鎖線，実線で示す．

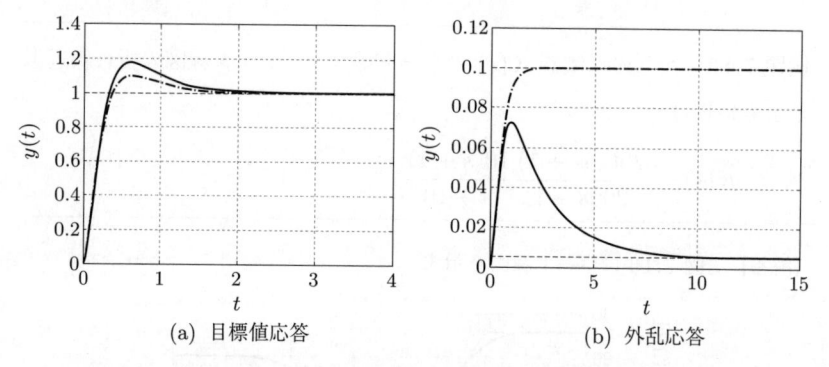

図 7.17 位相進み-遅れ補償を用いた制御系の目標値応答と外乱応答

目標値応答に関してはオーバーシュートが若干大きくなっているが，ほぼ同程度の応答の速さを達成している．外乱応答を見ると，位相遅れ補償の効果で外乱の影響が定常状態で大きく低減されていることが確認できる．これらより，位相進み-遅れ補償が過渡特性と定常特性の双方を改善していることが確認できる．◇

7.3 目標値応答の改善

目標値応答が重要な場合には，制御系の構造を図 7.1 に示した直結フィードバック制御系に限定することは得策ではない．以下では，図 7.1 の系において，(所期の安定余裕や制御帯域などの仕様を満たす) 望ましい補償器 $K(s)$ が得られたときに，(これらの仕様を満たしたまま) 目標値応答を改善する手法について例題で示す．

7.3.1 二重フィードバック補償

一つは図 7.18 に示すような構造であり，$K(s) = K_a(s) + K_b(s)$ と分割し，まず出力 y のみを補償器 $K_a(s)$ を用いてフィードバックした後，誤差 $r - y$ を補償器 $K_b(s)$ でフィードバックするものである．この手法のメリットは，元の補償器 $K(s)$ と比較して次数を上げることなく，目標値応答を改善できることである．例えば，化学プラントなどでは PID 補償とともに I-PD 補償がよく用いられるが，これは PID 補償器を二つに分け，PD 補償を $K_a(s)$，I 補償を $K_b(s)$ として制御系を構成するもので，二重フィードバック補償の一つの例となっている．

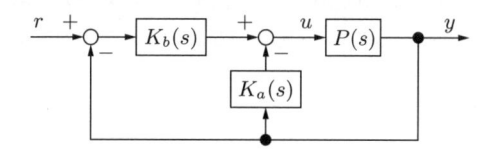

図 7.18 二重フィードバック制御系

例題 7.15 図 7.1 に示した制御系で

$$P(s) = \frac{1}{(s+2)(s-1)}, \quad K(s) = 14 + \frac{8}{s} + 5s$$

のときのステップ目標値 r に対する出力 y の応答を示せ．また，この PID

補償 $K(s)$ を

$$K_a(s) = 8 + 5s, \quad K_b(s) = 6 + \frac{8}{s}$$

のように PD 補償部分と PI 補償部分に分割して，図 **7.18** の制御系としたときの応答を求め，両者を比較せよ．

【解答】 図 **7.19** に PID 補償した場合の目標値応答を破線で示す．同時に実線で PI-PD 補償した場合の応答を示す．後者はオーバーシュートもほとんどなく，すみやかに目標値に収束していることが確認できる．

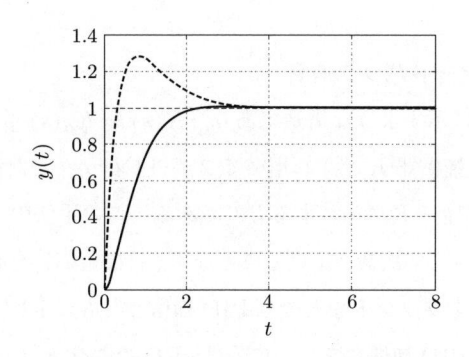

図 **7.19** PID 補償と PI-PD 補償の目標値応答

ちなみに $K(s) = K_a(s) + K_b(s)$ であり，開ループ伝達関数 $P(s)[K_a(s) + K_b(s)]$ は元の $P(s)K(s)$ と同じなので，安定余裕などのフィードバック特性は両者ともまったく同じである． ◇

演習 **7.12** 上記の例題で I-PD 補償を用いた場合，すなわち

$$K_a(s) = 14 + 5s, \quad K_b(s) = \frac{8}{s}$$

とした場合の目標値応答を求めて比較せよ．

7.3.2 フィードフォワード補償の付加

補償器の次数は上がるが,より直接的に目標値応答を改善するためには,図 7.20 に示すように二つのフィードフォワード補償器 $F(s)/P(s)$ および $F(s)$ を付け加える方法がある。

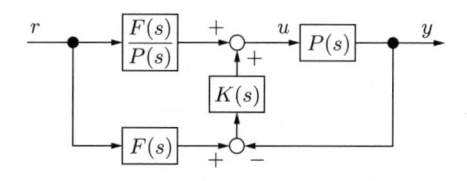

図 7.20 フィードフォワード補償の付加

この場合,$K(s)$ の選び方とは無関係に制御系の r から y までの伝達関数 $G_{yr}(s)$ が

$$G_{yr}(s) = F(s)$$

となるため,$F(s)$ の選択によって目標値応答が定められる。制御系を安定にするためには,フィードフォワード補償は安定である必要がある。このため,$F(s)$ はつぎの条件を満たす範囲内で選ぶことが必要となる。

$\dfrac{F(s)}{P(s)}$ および $F(s)$ が,ともに安定

なお,制御対象の特性変動や外乱などが存在して $y \neq F(s)r$ となるとき,$K(s)$ はフィードバック効果を発揮し,特性変動や外乱の影響を低減させるなどの役割を果たす。

例題 7.16 例題 7.14 の制御系では,目標値応答にオーバーシュートが見られた。オーバーシュートがなく,かつより速い目標値応答が得られる制御系を一つ設計し,その系の目標値応答を示せ。

【解答】 例題 7.14 と同じ $P(s)$ および $K(s)$ を用いて,図 7.20 の制御系を構

成する．目標値応答は $y(s) = F(s)r(s)$ で定まるので，例えば

$$F(s) = \frac{1}{(\tau s + 1)^2}$$

と選んで $\tau > 0$ を小さくとれば，いくらでも速くかつオーバーシュートのない応答が得られる．$\tau = 0.1$ のときの目標値応答を図 **7.21** に示す．オーバーシュートがなくかつ速い応答が得られていることが確認できる．

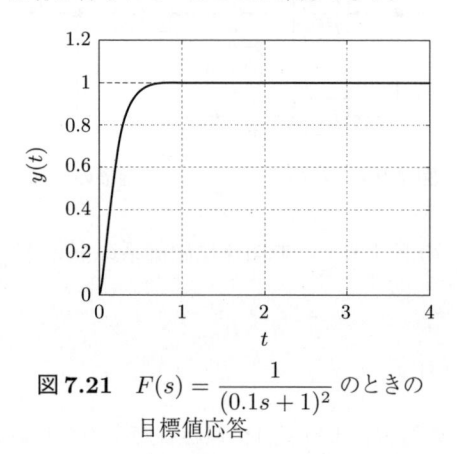

図 7.21 $F(s) = \dfrac{1}{(0.1s+1)^2}$ のときの目標値応答

◇

演習 **7.13** 例題 **7.15** の制御系において，オーバーシュートがなく，かつより速い目標値応答が得られる制御系を一つ設計し，その系の目標値応答を示せ．

演習 **7.14** 制御対象の伝達関数が

$$P(s) = \frac{1}{s(s-1)}$$

であるとし，目標値信号 $r(t)$ $(t \geqq 0)$ はあらかじめ与えられて，その高階微分 $\dot{r}(t), \ddot{r}(t)$ も利用可能であるとする．このとき，制御対象の出力 y が目標値 r に完全追従，すなわち

$$y(t) = r(t) \qquad (\forall t \geqq 0)$$

を実現する制御系を構成せよ．ただし，初期時刻 $t = 0$ においては $r(0) = 0$ とする．

第II部

現代制御

8 状態空間表現

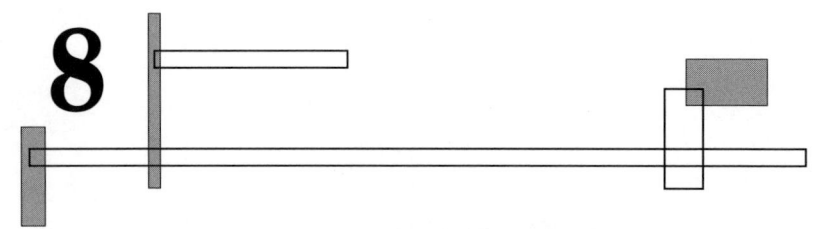

【本章のねらい】
- 状態空間表現を導き,その構造をブロック線図で表す.
- 状態空間表現に対する操作として,座標変換と直列結合を行う.

8.1 状態空間表現の導出とブロック線図

古典制御では,おもに1入力1出力を持つ線形システムの入出力特性に注目し,これを伝達関数で表した.一方,現代制御では,多入力多出力を持つ線形システムにおいて,「まず入力が状態に影響を及ぼし,つぎに状態の一部が出力として現れる」と考え,前者を**状態方程式**で表し,後者を**出力方程式**で表す.すなわち,状態方程式と出力方程式をペアにした**状態空間表現**

$$\begin{cases} \dot{x}(t) = Ax(t) + Bu(t) \\ y(t) = Cx(t) + Du(t) \end{cases} \tag{8.1}$$

を求めることが出発点となる.ここで,実ベクトル $x(t)$, $u(t)$, $y(t)$ は,それぞれ時刻 t における n 個の状態変数, m 個の入力変数, p 個の出力変数を要素に持ち,状態,入力,出力を表す. n を次元数(次数)と呼ぶ.また, A, B, C, D は,それぞれサイズ $n \times n$, $n \times m$, $p \times n$, $p \times m$ の実行列である[†].

[†] じつは,状態空間表現の係数行列には定着した呼び名がない.以下では,行列 A, B, C, D を,それぞれ A 行列, B 行列, C 行列, D 行列と呼ぶことがある.

8.1 状態空間表現の導出とブロック線図

以下では，式 (8.1) の状態空間表現で表される m 個の入力変数，p 個の出力変数，n 個の状態変数を持つ線形システムを，簡単に m 入力 p 出力 $\boldsymbol{n}$ 次系と呼ぶ．これには，つぎのような特別な場合が含まれる．

$$(1) \begin{cases} \dot{x}(t) = Ax(t) + Bu(t) \\ y(t) = Cx(t) \end{cases} \underset{u=0}{\Longrightarrow} (2) \begin{cases} \dot{x}(t) = Ax(t) \\ y(t) = Cx(t) \end{cases}$$

$$\Downarrow y = x \qquad\qquad\qquad\qquad \Downarrow y = x$$

$$(3) \quad \dot{x}(t) = Ax(t) + Bu(t) \underset{u=0}{\Longrightarrow} (4) \quad \dot{x}(t) = Ax(t)$$

ここで，(1) は直達項 $Du(t)$ がない場合である．(2) と (4) は入力を考えない場合で，$\boldsymbol{n}$ 次自由系と呼ぶ．(3) と (4) は状態方程式だけを考える場合で，$y = x$ と見なす．

ここでは，制御対象のダイナミクスは連立された線形常微分方程式で表されるとし，これから連立 1 階線形微分方程式の行列表現を導いて，状態方程式を得る．

例題 8.1 つぎの運動方程式を考える．

$$M\ddot{r}(t) + D\dot{r}(t) + Kr(t) = f(t)$$

ここで，$r(t)$ は変位，$f(t)$ は外力，M は質量，D は減衰係数，K はバネ定数である．$f(t)$ を入力変数とし，$r(t)$ と $v(t) = \dot{r}(t)$ を状態変数とする 2 次系の状態方程式を導出せよ．

【解答】 運動方程式から，つぎの連立 1 階微分方程式を得る．

$$\begin{cases} \dot{r}(t) = v(t) \\ \dot{v}(t) = -\dfrac{D}{M}v(t) - \dfrac{K}{M}r(t) + \dfrac{1}{M}f(t) \end{cases}$$

これを行列表現して，つぎの状態方程式を得る．

8. 状態空間表現

$$\underbrace{\begin{bmatrix} \dot{r}(t) \\ \dot{v}(t) \end{bmatrix}}_{\dot{x}(t)} = \underbrace{\begin{bmatrix} 0 & 1 \\ -\dfrac{K}{M} & -\dfrac{D}{M} \end{bmatrix}}_{A} \underbrace{\begin{bmatrix} r(t) \\ v(t) \end{bmatrix}}_{x(t)} + \underbrace{\begin{bmatrix} 0 \\ \dfrac{1}{M} \end{bmatrix}}_{B} \underbrace{f(t)}_{u(t)}$$

◇

演習 8.1 つぎの運動方程式から 2 次自由系の状態方程式を導出せよ。

$$\ddot{\theta}(t) = -\frac{3g}{4\ell}\theta(t)$$

演習 8.2 つぎの連成した運動方程式から，$u(t)$ を入力変数とする 4 次系の状態方程式を導出せよ。

$$\begin{cases} \ddot{x}_1(t) = -(x_1(t) - x_2(t)) + u(t) \\ \ddot{x}_2(t) = -(x_2(t) - x_1(t)) \end{cases}$$

例題 8.2 つぎの運動方程式を考える。

$$J\ddot{\theta}(t) + D\dot{\theta}(t) = \tau(t)$$

ここで，$\theta(t)$ は回転角，$\tau(t)$ はトルク，J は慣性モーメント，D は減衰係数である。$\tau(t)$ を入力変数とし，$\theta(t)$ と $\omega(t) = \dot{\theta}(t)$ を状態変数とする 2 次系の状態方程式を導出せよ。また，つぎの場合の出力方程式を示せ。

(1) $\theta(t)$ を計測できる場合　　(2) $\omega(t)$ を計測できる場合

【解答】　運動方程式から，つぎの連立 1 階微分方程式を得る。

$$\begin{cases} \dot{\theta}(t) = \omega(t) \\ \dot{\omega}(t) = -\dfrac{D}{J}\omega(t) + \dfrac{1}{J}\tau(t) \end{cases}$$

これを行列表現すると，つぎの状態方程式を得る。

$$\underbrace{\begin{bmatrix} \dot{\theta}(t) \\ \dot{\omega}(t) \end{bmatrix}}_{\dot{x}(t)} = \underbrace{\begin{bmatrix} 0 & 1 \\ 0 & -\dfrac{D}{J} \end{bmatrix}}_{A} \underbrace{\begin{bmatrix} \theta(t) \\ \omega(t) \end{bmatrix}}_{x(t)} + \underbrace{\begin{bmatrix} 0 \\ \dfrac{1}{J} \end{bmatrix}}_{B} \underbrace{\tau(t)}_{u(t)}$$

(1) $\theta(t)$ を計測できる場合の出力方程式として，次式を得る．

$$\underbrace{\theta(t)}_{y(t)} = \underbrace{\begin{bmatrix} 1 & 0 \end{bmatrix}}_{C} \underbrace{\begin{bmatrix} \theta(t) \\ \omega(t) \end{bmatrix}}_{x(t)}$$

(2) $\dot{\theta}(t)$ を計測できる場合の出力方程式として，次式を得る．

$$\underbrace{\omega(t)}_{y(t)} = \underbrace{\begin{bmatrix} 0 & 1 \end{bmatrix}}_{C} \underbrace{\begin{bmatrix} \theta(t) \\ \omega(t) \end{bmatrix}}_{x(t)}$$

◇

演習 8.3 例題 8.2 (2) を考える．角速度を $\omega(t) = \dot{\theta}(t)$ とおくと，運動方程式は $J\dot{\omega}(t) + D\omega(t) = \tau(t)$ となる．いま一定のトルク τ^* のもとで，一定の角速度 ω^* を得ているとする．このとき，$x(t) = \omega(t) - \omega^*$ を状態変数，$u(t) = \tau(t) - \tau^*$ を入力変数，$y(t) = \omega(t) - \omega^*$ を出力変数とする状態空間表現を導出せよ[†]．

演習 8.4 つぎの 2 階線形常微分方程式から，$u(t)$ を入力変数，$y(t)$ を出力変数とする状態空間表現を導出せよ．

$$\ddot{y}(t) + a_1 \dot{y}(t) + a_2 y(t) = u(t)$$

MATLAB を用いて状態空間表現 sys を定義するには，例えば**例題 8.2** (1) で，$J = 1$, $D = 0.01$ の場合，つぎのコマンドを与えればよい．

```
%state_space.m
A=[0 1;0 -0.01]; B=[0;1]; C=[1 0]; D=0;
sys=ss(A,B,C,D)
```

---

† 一般に，零状態 $x = 0$ が平衡状態を表すように状態空間表現を導出する．

ここで，A行列，B行列，C行列，D行列を参照するには，それぞれ

 sys.a, sys.b, sys.c, sys.d

を用いる。例えば A 行列の $(2,2)$ 要素を -0.1 に変更するには，つぎのコマンドを与えればよい。

```
sys.a(2,2)=-0.1
```

また，B 行列，D 行列が存在しない自由系 sys0 を定義するには，つぎのコマンドを与えればよい。

```
%state_space2.m
A=[0 1;0 -0.01]; B=[]; C=[1 0]; D=[];
sys0=ss(A,B,C,D)
```

状態方程式だけを指定する場合は

 C=[]; D=[];

または

 C=eye(size(A)); D=0;

とする（D=0 は適合するサイズの零行列の指定）。

さて，状態空間表現のブロック線図を作成することにより，どのように入力変数が状態変数を経て出力変数につながるかを表すことができる。これは，Simulinkなどを用いた時間応答シミュレーションに役立つ。

例題 8.3　つぎの 1 次系の状態空間表現をブロック線図で表せ。
$$\begin{cases} \dot{x}(t) = -\frac{1}{T}x(t) + \frac{K}{T}u(t) \\ y(t) = cx(t) \end{cases}$$

【解答】　積分器の出力を x とすると，その入力は $\dot{x}$ であることに注意し，状態方程式の左辺 $\dot{x}$ と右辺 $-\frac{1}{T}x + \frac{K}{T}u$ を等しくなるよう描いて，図 **8.1** のブロック線図を得る[†]。

[†] 以下，第 II 部では，加え合わせ点 ◯ で符号を表示しない場合は + と見なす。また，● は引き出し点を表す。

8.1 状態空間表現の導出とブロック線図

図 **8.1**

◇

演習 **8.5** つぎの1次系の状態空間表現をブロック線図で表せ。

$$\begin{cases} \dot{x}(t) = u(t) \\ y(t) = x(t) + u(t) \end{cases}$$

例題 **8.4** つぎの2次系の状態空間表現をブロック線図で表せ。

$$\begin{cases} \begin{bmatrix} \dot{x}_1(t) \\ \dot{x}_2(t) \end{bmatrix} = \begin{bmatrix} 0 & 1 \\ -\omega_n^2 & -2\zeta\omega_n \end{bmatrix} \begin{bmatrix} x_1(t) \\ x_2(t) \end{bmatrix} + \begin{bmatrix} 0 \\ \omega_n^2 \end{bmatrix} u(t) \\ y(t) = \begin{bmatrix} c_1 & 0 \end{bmatrix} \begin{bmatrix} x_1(t) \\ x_2(t) \end{bmatrix} \end{cases}$$

【解答】 $\dot{x}_1(t) = x_2(t)$, $\dot{x}_2(t) = -\omega_n^2 x_1(t) - 2\zeta\omega_n x_2(t) + \omega_n^2 u(t)$, $y(t) = x_1(t)$ より，図 **8.2** のブロック線図を得る．

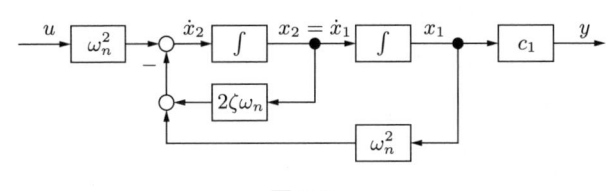

図 **8.2**

◇

演習 8.6 つぎの2次系の状態空間表現をブロック線図で表せ。

$$\begin{cases} \begin{bmatrix} \dot{x}_1(t) \\ \dot{x}_2(t) \end{bmatrix} = \begin{bmatrix} 0 & 1 \\ 0 & -2\zeta\omega_n \end{bmatrix} \begin{bmatrix} x_1(t) \\ x_2(t) \end{bmatrix} + \begin{bmatrix} 0 \\ \omega_n^2 \end{bmatrix} u(t) \\ y(t) = \begin{bmatrix} 0 & c_2 \end{bmatrix} \begin{bmatrix} x_1(t) \\ x_2(t) \end{bmatrix} \end{cases}$$

演習 8.7 演習 8.2 で得られた状態空間表現について,ブロック線図を描け。

8.2 状態空間表現の座標変換と直列結合

n 次系の状態空間表現

$$\begin{cases} \dot{x}(t) = Ax(t) + Bu(t) \\ y(t) = Cx(t) \end{cases} \tag{8.2}$$

に対して,座標変換

$$x'(t) = Tx(t) \qquad (\det T \neq 0) \tag{8.3}$$

を行うと,つぎの状態空間表現を得る。

$$\begin{cases} \dot{x}'(t) = A'x'(t) + B'u(t) \\ y(t) = C'x'(t) \end{cases} \tag{8.4}$$

ただし,変換後の係数行列は次式で与えられる。

$$\begin{cases} A' = TAT^{-1} \\ B' = TB \\ C' = CT^{-1} \end{cases} \tag{8.5}$$

例題 8.5 2次系の状態空間表現

$$\begin{cases} \begin{bmatrix} \dot{x}_1(t) \\ \dot{x}_2(t) \end{bmatrix} = \begin{bmatrix} 0 & -a_2 \\ 1 & -a_1 \end{bmatrix} \begin{bmatrix} x_1(t) \\ x_2(t) \end{bmatrix} + \begin{bmatrix} 1 \\ 0 \end{bmatrix} u(t) \\ y(t) = \begin{bmatrix} 0 & 1 \end{bmatrix} \begin{bmatrix} x_1(t) \\ x_2(t) \end{bmatrix} \end{cases}$$

に対して,つぎの座標変換を行え。

$$\begin{bmatrix} x'_1(t) \\ x'_2(t) \end{bmatrix} = \begin{bmatrix} 0 & 1 \\ 1 & -a_1 \end{bmatrix} \begin{bmatrix} x_1(t) \\ x_2(t) \end{bmatrix}$$

【解答】 状態空間表現に

$$\begin{bmatrix} x_1(t) \\ x_2(t) \end{bmatrix} = \begin{bmatrix} 0 & 1 \\ 1 & -a_1 \end{bmatrix}^{-1} \begin{bmatrix} x'_1(t) \\ x'_2(t) \end{bmatrix} = \begin{bmatrix} a_1 & 1 \\ 1 & 0 \end{bmatrix} \begin{bmatrix} x'_1(t) \\ x'_2(t) \end{bmatrix}$$

を代入して

$$\begin{cases} \begin{bmatrix} a_1 & 1 \\ 1 & 0 \end{bmatrix} \begin{bmatrix} \dot{x}'_1(t) \\ \dot{x}'_2(t) \end{bmatrix} = \begin{bmatrix} 0 & -a_2 \\ 1 & -a_1 \end{bmatrix} \begin{bmatrix} a_1 & 1 \\ 1 & 0 \end{bmatrix} \begin{bmatrix} x'_1(t) \\ x'_2(t) \end{bmatrix} + \begin{bmatrix} 1 \\ 0 \end{bmatrix} u \\ y(t) = \begin{bmatrix} 0 & 1 \end{bmatrix} \begin{bmatrix} a_1 & 1 \\ 1 & 0 \end{bmatrix} \begin{bmatrix} x'_1(t) \\ x'_2(t) \end{bmatrix} \end{cases}$$

を得る。この状態方程式の左から

$$\begin{bmatrix} a_1 & 1 \\ 1 & 0 \end{bmatrix}^{-1} = \begin{bmatrix} 0 & 1 \\ 1 & -a_1 \end{bmatrix}$$

をかけて,つぎの状態空間表現を得る。

$$\begin{cases} \begin{bmatrix} \dot{x}'_1(t) \\ \dot{x}'_2(t) \end{bmatrix} = \begin{bmatrix} 0 & 1 \\ -a_2 & -a_1 \end{bmatrix} \begin{bmatrix} x'_1(t) \\ x'_2(t) \end{bmatrix} + \begin{bmatrix} 0 \\ 1 \end{bmatrix} u(t) \\ y(t) = \begin{bmatrix} 1 & 0 \end{bmatrix} \begin{bmatrix} x'_1(t) \\ x'_2(t) \end{bmatrix} \end{cases}$$

◇

8. 状態空間表現

演習 8.8 2次系の状態空間表現

$$\begin{cases} \begin{bmatrix} \dot{x}_1(t) \\ \dot{x}_2(t) \end{bmatrix} = \begin{bmatrix} 0 & 1 \\ -\omega_n^2 & -2\zeta\omega_n \end{bmatrix} \begin{bmatrix} x_1(t) \\ x_2(t) \end{bmatrix} + \begin{bmatrix} 0 \\ \omega_n^2 \end{bmatrix} u(t) \\ y(t) = \begin{bmatrix} 1 & 0 \end{bmatrix} \begin{bmatrix} x_1(t) \\ x_2(t) \end{bmatrix} \end{cases}$$

$(\zeta < 1)$

に対して,つぎの座標変換を行え.

$$\begin{bmatrix} x_1'(t) \\ x_2'(t) \end{bmatrix} = \begin{bmatrix} 1 & 0 \\ -\zeta\omega_n & \omega_n\sqrt{1-\zeta^2} \end{bmatrix}^{-1} \begin{bmatrix} x_1(t) \\ x_2(t) \end{bmatrix}$$

演習 8.9 2次系の状態空間表現

$$\begin{cases} \begin{bmatrix} \dot{x}_1(t) \\ \dot{x}_2(t) \end{bmatrix} = \begin{bmatrix} a_{11} & a_{12} \\ a_{21} & a_{22} \end{bmatrix} \begin{bmatrix} x_1(t) \\ x_2(t) \end{bmatrix} + \begin{bmatrix} b_1 \\ b_2 \end{bmatrix} u(t) \\ y(t) = \underbrace{\begin{bmatrix} c_1 & c_2 \end{bmatrix}}_{C} \begin{bmatrix} x_1(t) \\ x_2(t) \end{bmatrix} \quad (c_1 \neq 0) \end{cases}$$

に対して,どのような座標変換

$$\begin{bmatrix} x_1'(t) \\ x_2'(t) \end{bmatrix} = \underbrace{\begin{bmatrix} t_{11} & t_{12} \\ t_{21} & t_{22} \end{bmatrix}}_{T} \begin{bmatrix} x_1(t) \\ x_2(t) \end{bmatrix}$$

を行えば,出力方程式をつぎの形にすることができるか.

$$y(t) = \underbrace{\begin{bmatrix} 1 & 0 \end{bmatrix}}_{C'} \begin{bmatrix} x_1'(t) \\ x_2'(t) \end{bmatrix}$$

さて，つぎの二つの状態空間表現を考える．

$$S_1 : \begin{cases} \dot{x}_1(t) = A_1 x_1(t) + B_1 u_1(t) \\ y_1(t) = C_1 x_1(t) + D_1 u_1(t) \end{cases} \tag{8.6}$$

$$S_2 : \begin{cases} \dot{x}_2(t) = A_2 x_2(t) + B_2 u_2(t) \\ y_2(t) = C_2 x_2(t) + D_2 u_2(t) \end{cases} \tag{8.7}$$

S_1 の入力変数の数と S_2 の出力変数の数が等しいとき，S_2 の出力を S_1 の入力に直接結合することを考える．その状態空間表現は次式で与えられる．

$$\begin{cases} \begin{bmatrix} \dot{x}_1(t) \\ \dot{x}_2(t) \end{bmatrix} = \begin{bmatrix} A_1 & B_1 C_2 \\ 0 & A_2 \end{bmatrix} \begin{bmatrix} x_1(t) \\ x_2(t) \end{bmatrix} + \begin{bmatrix} B_1 D_2 \\ B_2 \end{bmatrix} u_2(t) \\ y_1(t) = \begin{bmatrix} C_1 & D_1 C_2 \end{bmatrix} \begin{bmatrix} x_1(t) \\ x_2(t) \end{bmatrix} + D_1 D_2 u_2(t) \end{cases} \tag{8.8}$$

例題 8.6 1次系の状態空間表現

$$\begin{cases} \dot{x}(t) = -\frac{1}{T} x(t) + \frac{K}{T} u(t) \\ y(t) = x(t) \end{cases}$$

の入力に，むだ時間を1次系として近似したときの状態空間表現

$$\begin{cases} \dot{x}_L(t) = -\frac{2}{L} x_L(t) + \frac{2}{L} u_L(t) \\ y_L(t) = 2 x_L(t) - u_L(t) \end{cases}$$

の出力を結合して得られるシステムの状態空間表現を求めよ．

【解答】 まず，状態方程式は

$$\dot{x}(t) = -\frac{1}{T} x(t) + \frac{K}{T} u(t)$$

に $u(t) = y_L(t) = 2 x_L(t) - u_L(t)$ を代入し

$$\dot{x}_L(t) = -\frac{2}{L} x_L(t) + \frac{2}{L} u_L(t)$$

と合わせて

$$\begin{bmatrix} \dot{x}(t) \\ \dot{x}_L(t) \end{bmatrix} = \begin{bmatrix} -\dfrac{1}{T} & 2\dfrac{K}{T} \\ 0 & -\dfrac{2}{L} \end{bmatrix} \begin{bmatrix} x(t) \\ x_L(t) \end{bmatrix} + \begin{bmatrix} -\dfrac{K}{T} \\ \dfrac{2}{L} \end{bmatrix} u_L(t)$$

のように得られる。また，出力方程式は

$$y(t) = \begin{bmatrix} 1 & 0 \end{bmatrix} \begin{bmatrix} x(t) \\ x_L(t) \end{bmatrix}$$

のように得られる。 $\diamondsuit$

演習 8.10 2次系

$$\begin{cases} \begin{bmatrix} \dot{x}_1(t) \\ \dot{x}_2(t) \end{bmatrix} = \begin{bmatrix} 0 & 1 \\ 0 & 0 \end{bmatrix} \begin{bmatrix} x_1(t) \\ x_2(t) \end{bmatrix} + \begin{bmatrix} 0 \\ 1 \end{bmatrix} u(t) \\ y(t) = \begin{bmatrix} 1 & 0 \end{bmatrix} \begin{bmatrix} x_1(t) \\ x_2(t) \end{bmatrix} \end{cases}$$

の入力に，むだ時間を2次系として近似したときの状態空間表現

$$\begin{cases} \begin{bmatrix} \dot{x}_{L1}(t) \\ \dot{x}_{L2}(t) \end{bmatrix} = \begin{bmatrix} 0 & 1 \\ -\dfrac{12}{L^2} & -\dfrac{6}{L} \end{bmatrix} \begin{bmatrix} x_{L1}(t) \\ x_{L2}(t) \end{bmatrix} + \begin{bmatrix} 0 \\ 1 \end{bmatrix} u_L(t) \\ y_L(t) = \begin{bmatrix} 0 & -\dfrac{12}{L} \end{bmatrix} \begin{bmatrix} x_{L1}(t) \\ x_{L2}(t) \end{bmatrix} + u_L(t) \end{cases}$$

の出力を結合して得られるシステムの状態空間表現を求めよ。

MATLAB を用いて座標変換を行うためには，例えば**演習 8.8** で $\omega_n = 1$, $\zeta = 0.01$ の場合，つぎのコマンドを与えればよい。

```
%coordinate_transformation.m
om=1; zeta=0.01;
A=[0 1;-om^2 -2*zeta*om]; B=[0;om^2]; C=[1 0]; D=0;
sys1=ss(A,B,C,D);
```

8.2 状態空間表現の座標変換と直列結合

```
T=[1 0;-zeta*om om*sqrt(1-zeta^2)];
sys2=ss2ss(sys1,inv(T))
```

つぎに，MATLAB を用いて直列結合を行うためには，例えば**演習 8.10** で $L=1$ の場合，つぎのコマンドを与えればよい．

```
%serial_connection.m
A1=[0 1;0 0]; B1=[0;1]; C1=[1 0]; D1=0;
sys1=ss(A1,B1,C1,D1);
L=1;
A2=[0 1;-12/L^2 -6/L]; B2=[0;1]; C2=[0 -12/L]; D2=1;
sys2=ss(A2,B2,C2,D2);
sys=sys1*sys2
```

ここで，sys1 と sys2 の順番に注意する．

最後に，状態空間表現から伝達関数行列表現[†]を求めるには，コマンド tf を用いる．例えば，上のむだ時間を 2 次系として近似したときの状態空間表現 sys2 の伝達関数を求めるには，コマンド tf(sys2) を与えればよい．

[†] 式 (15.2) を参照．

9 安定性と時間応答

【本章のねらい】
- 状態空間表現を用いて漸近安定性の判定を行う。
- 状態空間表現を用いて時間応答の計算を行う。

9.1 漸近安定性

いま制御対象が**平衡状態**（物理的な釣り合いの状態）にあるとし，なんらかの要因でこれが乱されたとき，その振舞いはつぎの m 入力 p 出力 n 次元線形システム（n 次系）の状態空間表現によって表されるものとする。

$$\begin{cases} \dot{x}(t) = Ax(t) + Bu(t) \\ y(t) = Cx(t) \end{cases} \tag{9.1}$$

このとき，もし元の平衡状態に戻るならば，その平衡状態は**漸近安定**，または n 次系 (9.1) は漸近安定という。平衡状態は零状態 $x = 0$ で表し，これを保持する入力は零入力 $u = 0$ となるように状態空間表現を得ておくと，n 次系 (9.1) の漸近安定性は，$u = 0$ の場合の状態方程式の解が 0 に収束するかどうかで決まる。n 次系 (9.1) の零入力応答，すなわち n 次自由系

$$\dot{x}(t) = Ax(t) \tag{9.2}$$

の時間応答 $x(t)$ について

$$\text{任意の } x(0) \neq 0 \text{ に対して, } x(t) \to 0 \quad (t \to \infty) \tag{9.3}$$

となれば, 漸近安定である. もし

$$\text{ある } x(0) \neq 0 \text{ に対して, } x(t) \not\to 0 \quad (t \to \infty) \tag{9.4}$$

ならば, 漸近安定ではなく, すなわち**不安定**である.

例題 9.1 1次自由系 $\dot{x}(t) = ax(t)$, $x(0) \neq 0$ の時間応答を調べ, 漸近安定となる条件を求めよ.

【解答】 $\dot{x}(t) = ax(t)$ の解は, $x(t) = e^{at}x(0)$ と表される.
(1) $a < 0$ ならば, $t \to \infty$ のとき, $x(t) \to 0$
(2) $a > 0$ ならば, $t \to \infty$ のとき, $x(t) \to \infty$
(3) $a = 0$ ならば, $x(t) = x(0)$
明らかに, 1次系が漸近安定である条件は, $a < 0$ である. ◇

演習 9.1 つぎの1次系が漸近安定となる定数 f の範囲を求めよ.

(1) $\dot{x}(t) = (1-f)x(t)$ (2) $\dot{x}(t) = (-1-2f)x(t)$

n 次自由系 $\dot{x}(t) = Ax(t)$ の時間応答は

$$x(t) = \exp(At)x(0) \tag{9.5}$$

で与えられる†. ここで, $\exp(At)$ は

$$\exp(At) = I_n + At + \frac{1}{2}(At)^2 + \cdots + \frac{1}{k!}(At)^k + \cdots \tag{9.6}$$

で定義される. I_n は n 次の単位行列を表す. 例えば

---

† 『線形システム制御入門』定理 2.2 を参照.

$$\exp\left(\begin{bmatrix} \lambda_1 & 0 \\ 0 & \lambda_2 \end{bmatrix} t\right) = \begin{bmatrix} e^{\lambda_1 t} & 0 \\ 0 & e^{\lambda_2 t} \end{bmatrix} \tag{9.7}$$

$$\exp\left(\begin{bmatrix} \lambda_R & \lambda_I \\ -\lambda_I & \lambda_R \end{bmatrix} t\right) = e^{\lambda_R t} \begin{bmatrix} \cos\lambda_I t & \sin\lambda_I t \\ -\sin\lambda_I t & \cos\lambda_I t \end{bmatrix} \tag{9.8}$$

$$\exp\left(\begin{bmatrix} \lambda & 1 \\ 0 & \lambda \end{bmatrix} t\right) = e^{\lambda t} \begin{bmatrix} 1 & t \\ 0 & 1 \end{bmatrix} \tag{9.9}$$

のように計算される†。これらを用いて，つぎの例題を考える。

例題 9.2 つぎの2次自由系の時間応答を求め，漸近安定性を判定せよ。

(1) $\begin{bmatrix} \dot{x}_1(t) \\ \dot{x}_2(t) \end{bmatrix} = \begin{bmatrix} -1 & 0 \\ 0 & -2 \end{bmatrix} \begin{bmatrix} x_1(t) \\ x_2(t) \end{bmatrix}$

(2) $\begin{bmatrix} \dot{x}_1(t) \\ \dot{x}_2(t) \end{bmatrix} = \begin{bmatrix} 1 & 1 \\ -1 & 1 \end{bmatrix} \begin{bmatrix} x_1(t) \\ x_2(t) \end{bmatrix}$

(3) $\begin{bmatrix} \dot{x}_1(t) \\ \dot{x}_2(t) \end{bmatrix} = \begin{bmatrix} -1 & 1 \\ 0 & -1 \end{bmatrix} \begin{bmatrix} x_1(t) \\ x_2(t) \end{bmatrix}$

【解答】 (1) 式 (9.7) を用いて，時間応答は次式となる。

$$\begin{bmatrix} x_1(t) \\ x_2(t) \end{bmatrix} = \exp\left(\begin{bmatrix} -1 & 0 \\ 0 & -2 \end{bmatrix} t\right) \begin{bmatrix} x_1(0) \\ x_2(0) \end{bmatrix}$$

$$= \begin{bmatrix} e^{-t} & 0 \\ 0 & e^{-2t} \end{bmatrix} \begin{bmatrix} x_1(0) \\ x_2(0) \end{bmatrix} = \begin{bmatrix} e^{-t} x_1(0) \\ e^{-2t} x_2(0) \end{bmatrix}$$

これより，つぎが成り立つ。

任意の $\begin{bmatrix} x_1(0) \\ x_2(0) \end{bmatrix} \neq \begin{bmatrix} 0 \\ 0 \end{bmatrix}$ に対して $\begin{bmatrix} x_1(t) \\ x_2(t) \end{bmatrix} \to \begin{bmatrix} 0 \\ 0 \end{bmatrix}$ $(t \to \infty)$

したがって，漸近安定である。

---

† 『線形システム制御入門』定理 2.4 を参照。

(2) 式 (9.8) を用いて，時間応答は次式となる．

$$\begin{bmatrix} x_1(t) \\ x_2(t) \end{bmatrix} = \exp\left(\begin{bmatrix} 1 & 1 \\ -1 & 1 \end{bmatrix} t\right) \begin{bmatrix} x_1(0) \\ x_2(0) \end{bmatrix}$$

$$= e^t \begin{bmatrix} \cos t & \sin t \\ -\sin t & \cos t \end{bmatrix} \begin{bmatrix} x_1(0) \\ x_2(0) \end{bmatrix}$$

$$= \begin{bmatrix} e^t(x_1(0)\cos t + x_2(0)\sin t) \\ e^t(-x_1(0)\sin t + x_2(0)\cos t) \end{bmatrix}$$

これより，つぎが成り立つ．

例えば $\begin{bmatrix} x_1(0) \\ x_2(0) \end{bmatrix} = \begin{bmatrix} 0 \\ 1 \end{bmatrix}$ に対して $\begin{bmatrix} x_1(t) \\ x_2(t) \end{bmatrix} \not\to \begin{bmatrix} 0 \\ 0 \end{bmatrix} \quad (t \to \infty)$

したがって，漸近安定でない．

(3) 式 (9.9) を用いて，時間応答は次式となる．

$$\begin{bmatrix} x_1(t) \\ x_2(t) \end{bmatrix} = \exp\left(\begin{bmatrix} -1 & 1 \\ 0 & -1 \end{bmatrix} t\right) \begin{bmatrix} x_1(0) \\ x_2(0) \end{bmatrix}$$

$$= e^{-t} \begin{bmatrix} 1 & t \\ 0 & 1 \end{bmatrix} \begin{bmatrix} x_1(0) \\ x_2(0) \end{bmatrix} = \begin{bmatrix} e^{-t}(x_1(0) + tx_2(0)) \\ e^{-t}x_2(0) \end{bmatrix}$$

これより，つぎが成り立つ．

任意の $\begin{bmatrix} x_1(0) \\ x_2(0) \end{bmatrix} \neq \begin{bmatrix} 0 \\ 0 \end{bmatrix}$ に対して $\begin{bmatrix} x_1(t) \\ x_2(t) \end{bmatrix} \to \begin{bmatrix} 0 \\ 0 \end{bmatrix} \quad (t \to \infty)$

したがって，漸近安定である． ◇

演習 9.2 つぎの 2 次自由系の時間応答を求め，漸近安定性を判定せよ．

(1) $\begin{bmatrix} \dot{x}_1(t) \\ \dot{x}_2(t) \end{bmatrix} = \begin{bmatrix} -1 & 0 \\ 0 & 0 \end{bmatrix} \begin{bmatrix} x_1(t) \\ x_2(t) \end{bmatrix}$

(2) $\begin{bmatrix} \dot{x}_1(t) \\ \dot{x}_2(t) \end{bmatrix} = \begin{bmatrix} -1 & 1 \\ -1 & -1 \end{bmatrix} \begin{bmatrix} x_1(t) \\ x_2(t) \end{bmatrix}$

(3) $\begin{bmatrix} \dot{x}_1(t) \\ \dot{x}_2(t) \end{bmatrix} = \begin{bmatrix} 0 & 1 \\ 0 & 0 \end{bmatrix} \begin{bmatrix} x_1(t) \\ x_2(t) \end{bmatrix}$

一般に，n 次系 (9.1) が漸近安定であるための必要十分条件は，「行列 A のすべての固有値の実部が負である」ことである[†]。すべての固有値の実部が負である行列を**安定行列**と呼ぶ。また，実部が負の固有値を**安定固有値**，実部が非負の固有値を**不安定固有値**と呼ぶ[††]。

例題 9.3 つぎの行列 A を持つ 2 次系 $\dot{x}(t) = Ax(t)$ の漸近安定性を，行列 A の固有値を求めて判定せよ。

(1) $A = \begin{bmatrix} 0 & 1 \\ -1 & -2 \end{bmatrix}$ (2) $A = \begin{bmatrix} 0 & 1 \\ 0 & -1 \end{bmatrix}$

(3) $A = \begin{bmatrix} 0 & 1 \\ -1 & 1 \end{bmatrix}$

【**解答**】 (1) 行列 A の固有値は，特性方程式

$$\det(\lambda I_2 - A) = \det \begin{bmatrix} \lambda & -1 \\ 1 & \lambda+2 \end{bmatrix} = \lambda(\lambda+2) + 1 = (\lambda+1)^2 = 0$$

の解として，$\lambda_1 = -1$, $\lambda_2 = -1$ と求められる。二つの固有値が実数で負であるので，漸近安定である。

(2) 行列 A の固有値は，特性方程式

$$\det(\lambda I_2 - A) = \det \begin{bmatrix} \lambda & -1 \\ 0 & \lambda+1 \end{bmatrix} = \lambda(\lambda+1) = 0$$

の解として，$\lambda_1 = 0$, $\lambda_2 = -1$ と求められる。一つの固有値が零であるので，漸近安定でない。

(3) 行列 A の固有値は，特性方程式

$$\det(\lambda I_2 - A) = \det \begin{bmatrix} \lambda & -1 \\ 1 & \lambda-1 \end{bmatrix} = \lambda^2 - \lambda + 1 = 0$$

[†] 『線形システム制御入門』定理 2.6 を参照。
[††] 例題 9.1 のように，1 次系が零固有値を持つ場合 ($a = 0$, 積分器)，応答は発散することはない。一方，**演習 9.2** (3) が示すように，2 次系で二つの零固有値を持つ場合（二つの積分器が直列結合），入力側の積分器の初期値が零でないならば，これを積分する出力側の積分器の応答は発散する。このため，一般には零固有値は不安定固有値と見なす。

の解として $\lambda_1 = (-1+j\sqrt{3})/2$, $\lambda_2 = (-1-j\sqrt{3})/2$ と求められる。二つの固有値の実部が負であるので，漸近安定である。 ◇

演習 9.3 例題 9.2 と演習 9.2 の 2 次系の漸近安定性を，行列 A の固有値を求めて判定せよ。

MATLAB を用いて漸近安定性を判定するには，例えば**例題 9.3** (3) に対しては，つぎのコマンドを与えればよい。

```
%stability_check.m
A=[0 1;1 -1]; n=size(A,1);   %行列データの定義と次数の取得
poles=eig(A)                  %行列の固有値の計算
sum(real(poles)<0)==n         %論理値 1 のとき漸近安定
```

9.2 時間応答

n 次系 (9.1) の**時間応答**は，次式で表される。

$$y(t) = \underbrace{C\exp(At)x(0)}_{\text{零入力応答}} + \underbrace{\int_0^t G(t-\tau)u(\tau)\,d\tau}_{\text{零状態応答}} \tag{9.10}$$

ただし

$$G(t) = C\exp(At)B \tag{9.11}$$

である。すなわち，時間応答は**零入力応答**と**零状態応答**の和となる[†]。

以下では，簡単のために，1 入力 1 出力の場合を考える。$G(t)$ は**インパルス応答**と呼ばれる。また，入力を $u(t)=1$ と与える場合の零状態応答

$$y(t) = \int_0^t G(t-\tau)\,d\tau = -\int_t^0 G(\tau')\,d\tau' = \int_0^t G(\tau')\,d\tau' \tag{9.12}$$

は，**ステップ応答**と呼ばれる。したがって，ステップ応答はインパルス応答を

[†] 『線形システム制御入門』定理 2.3 を参照。

積分して，また逆に，インパルス応答はステップ応答を微分して得られる．
まず，次式で表される1次系を考える．

$$\dot{x}(t) = -\frac{1}{T}x(t) + \frac{K}{T}u(t) \qquad (T > 0) \tag{9.13}$$

例題 9.4 1次系 (9.13) のステップ応答を求めよ．

【解答】 インパルス応答は $g(t) = \dfrac{K}{T}e^{-(1/T)t}$ だから，ステップ応答は

$$\begin{aligned} x(t) &= \int_0^t \frac{K}{T}e^{-(1/T)(t-\tau)} \cdot 1 \, d\tau = \frac{K}{T}e^{-(1/T)t} \left[Te^{(1/T)\tau}\right]_0^t \\ &= Ke^{-(1/T)t}(e^{(1/T)t} - 1) = K(1 - e^{-(1/T)t}) \end{aligned}$$

で表される．または，インパルス応答を直接積分して

$$x(t) = \int_0^t \frac{K}{T}e^{-(1/T)\tau} \, d\tau = \frac{K}{T}\left[-Te^{-(1/T)\tau}\right]_0^t = K(1 - e^{-(1/T)t})$$

となる． ◇

演習 9.4 つぎの1次系のステップ応答を求めよ．

(1) $\dot{x}(t) = -x(t) + u(t)$ (2) $\dot{x}(t) = -0.5x(t) + u(t)$

1次系 (9.13) のステップ応答

$$x(t) = K(1 - e^{-(1/T)t}) \tag{9.14}$$

において，$t \to \infty$ のとき $x(t) \to K$ となるので，K は**定常ゲイン**と呼ばれる．また，T は**時定数**と呼ばれ，次式により特徴付けられる．

$$x(T) = K\left(1 - \frac{1}{e}\right) = 0.632K \tag{9.15}$$

$$\dot{x}(0) = \frac{K}{T} \tag{9.16}$$

すなわち，時定数は，応答が定常値 K の 63.2% に到達する時刻，または応答

の初期時刻における接線が定常値 K に到達する時刻として求められる。

例題 9.5 つぎの 1 次系のステップ応答を MATLAB で計算し，図示せよ．

$$\dot{x}(t) = -x(t) + u(t)$$

【解答】 MATLAB につぎのコマンドを与えればよい．

```
%step_resp1.m
sys=ss(-1,1,1,0);   %状態空間表現のデータ構造体の定義
t=0:0.1:5;          %ステップ応答の計算する時刻の定義
step(sys,t), grid   %ステップ応答の計算と図示
```

◇

演習 9.5 例題 9.5 の図上に，時定数を求めるための補助線を引き，交点の座標を ginput(1) を使って読み取れ．

つぎに，次式で表される 2 次系を考える．

$$\begin{cases} \underbrace{\begin{bmatrix} \dot{x}_1(t) \\ \dot{x}_2(t) \end{bmatrix}}_{\dot{x}} = \underbrace{\begin{bmatrix} 0 & 1 \\ -\omega_n^2 & -2\zeta\omega_n \end{bmatrix}}_{A} \underbrace{\begin{bmatrix} x_1(t) \\ x_2(t) \end{bmatrix}}_{x} + \underbrace{\begin{bmatrix} 0 \\ \omega_n^2 \end{bmatrix}}_{B} u(t) \\ y(t) = \underbrace{\begin{bmatrix} 1 & 0 \end{bmatrix}}_{C} \underbrace{\begin{bmatrix} x_1(t) \\ x_2(t) \end{bmatrix}}_{x} \end{cases}$$

(9.17)

ここで，A 行列の固有値はつぎのように計算される．

$$\begin{cases} \lambda_1, \lambda_2 = -\zeta\omega_n \pm \omega_n\sqrt{\zeta^2-1} & (\zeta > 1) \\ \lambda_1, \lambda_2 = \underbrace{-\zeta\omega_n}_{\lambda_R} \pm j\underbrace{\omega_n\sqrt{1-\zeta^2}}_{\lambda_I} & (\zeta < 1) \\ \lambda = -\zeta\omega_n = \omega_n & (\zeta = 1) \end{cases}$$

(9.18)

これらに対応して，A 行列の固有値分解は，次式で与えられる。

$$A = \underbrace{\begin{bmatrix} 1 & 1 \\ \lambda_1 & \lambda_2 \end{bmatrix}}_{V} \underbrace{\begin{bmatrix} \lambda_1 & 0 \\ 0 & \lambda_2 \end{bmatrix}}_{\Lambda} \underbrace{\begin{bmatrix} 1 & 1 \\ \lambda_1 & \lambda_2 \end{bmatrix}^{-1}}_{V^{-1}} \quad (\zeta > 1) \quad (9.19)$$

$$A = \underbrace{\begin{bmatrix} 1 & 0 \\ \lambda_R & \lambda_I \end{bmatrix}}_{V} \underbrace{\begin{bmatrix} \lambda_R & \lambda_I \\ -\lambda_I & \lambda_R \end{bmatrix}}_{\Lambda} \underbrace{\frac{1}{\lambda_I}\begin{bmatrix} \lambda_I & 0 \\ -\lambda_R & 1 \end{bmatrix}}_{V^{-1}} \quad (\zeta < 1) \quad (9.20)$$

$$A = \underbrace{\begin{bmatrix} 1 & 1 \\ \lambda & \lambda+1 \end{bmatrix}}_{V} \underbrace{\begin{bmatrix} \lambda & 1 \\ 0 & \lambda \end{bmatrix}}_{\Lambda} \underbrace{\begin{bmatrix} 1 & 1 \\ \lambda & \lambda+1 \end{bmatrix}^{-1}}_{V^{-1}} \quad (\zeta = 1) \quad (9.21)$$

これらに対応して，インパルス応答

$$G(t) = C\exp(At)B = CV\exp(\Lambda t)V^{-1}B \quad (9.22)$$

は，次式で与えられる。

$$\begin{cases} G(t) = \dfrac{\lambda_1\lambda_2}{\lambda_2 - \lambda_1}(e^{\lambda_2 t} - e^{\lambda_1 t}) & (\zeta > 1) \\ G(t) = \dfrac{\omega_n^2}{\lambda_I}e^{\lambda_R t}\sin\lambda_I t & (\zeta < 1) \\ G(t) = \lambda^2 t e^{\lambda t} & (\zeta = 1) \end{cases} \quad (9.23)$$

これらに対応して，ステップ応答は，次式で与えられる。

$$\begin{cases} y(t) = 1 + \dfrac{1}{\lambda_2 - \lambda_1}(\lambda_1 e^{\lambda_2 t} - \lambda_2 e^{\lambda_1 t}) & (\zeta > 1) \\ y(t) = 1 - \dfrac{\omega_n}{\lambda_I}e^{\lambda_R t}\sin\left(\lambda_I t - \tan^{-1}\dfrac{\lambda_I}{\lambda_R}\right) & (\zeta < 1) \\ y(t) = 1 + (\lambda t - 1)e^{\lambda t} & (\zeta = 1) \end{cases} \quad (9.24)$$

特に，$\zeta < 1$ の場合のステップ応答は，つぎのように与えられる。

$$y(t) = 1 - \frac{1}{\sqrt{1-\zeta^2}}\exp(-\zeta\omega_n t)\sin(\omega_n\sqrt{1-\zeta^2}\,t + \phi) \quad (9.25)$$

ただし

$$\phi = \tan^{-1} \frac{\sqrt{1-\zeta^2}}{\zeta} \tag{9.26}$$

である．このとき，ステップ応答の行き過ぎ時間 T_p と行き過ぎ量 $p_0 = y(T_p) - 1$ は，次式で表される．

$$(T_p, p_0) = \left(\frac{\pi}{\omega_n \sqrt{1-\zeta^2}},\ \exp\left(-\frac{\zeta \pi}{\sqrt{1-\zeta^2}} \right) \right) \tag{9.27}$$

したがって，図上で第1番目のオーバーシュートの頂点の座標 $(T_p, y(T_p))$ を求めれば，**固有角周波数** ω_n と**減衰係数** ζ はつぎのように計算できる．

$$(\omega_n, \zeta) = \left(\frac{\sqrt{(\ln p_0)^2 + \pi^2}}{T_p},\ \frac{|\ln p_0|}{\sqrt{(\ln p_0)^2 + \pi^2}} \right) \tag{9.28}$$

例題 9.6 つぎの2次系のステップ応答を MATLAB で計算し，図示せよ．

$$\begin{cases} \begin{bmatrix} \dot{x}_1(t) \\ \dot{x}_2(t) \end{bmatrix} = \begin{bmatrix} 0 & 1 \\ -1 & -0.02 \end{bmatrix} \begin{bmatrix} x_1(t) \\ x_2(t) \end{bmatrix} + \begin{bmatrix} 0 \\ 1 \end{bmatrix} u(t) \\ y(t) = \begin{bmatrix} 1 & 0 \end{bmatrix} \begin{bmatrix} x_1(t) \\ x_2(t) \end{bmatrix} \end{cases}$$

【解答】 MATLAB に，つぎのコマンドを与えればよい．

```
%step_resp2.m
A=[0 1;-1 -0.02]; B=[0;1]; C=[1 0];
sys=ss(A,B,C,0);   %0 によって適合するサイズの零行列を D 行列に設定
t=0:0.1:10; step(sys,t), grid
```

◇

演習 9.6 例題 9.6 の図上で，第1番目のオーバーシュートの頂点の座標を ginput(1) を使って読み込み，固有角周波数と減衰係数を同定せよ．

さて，もう一つ重要な n 次系 (9.1) の時間応答として，正弦波入力を与える場合の零状態応答（周波数応答）がある。

例題 9.7 つぎの 1 次系の時間応答を MATLAB で計算し，図示せよ。

$$\dot{x}(t) = -x(t) + u(t), \quad x(0) = 1$$

ただし，$u(t) = \sin 10t$ とする。

【解答】 MATLAB につぎのコマンドを与えればよい。

```
%sin_resp.m
sys=ss(-1,1,1,0); x0=1;
t=0:0.05:10; u=sin(10*t);      %入力を指定
y=lsim(sys,u,t,x0);            %時間応答の計算
plot(t,y), grid                %時間応答の図示
```

◇

演習 9.7 例題 9.7 の図上に，零入力応答と零状態応答を重ねて表示せよ。

この例が示すように，n 次系 (9.1) に対して正弦波入力 $u(t) = \sin \omega t$ を与える場合の零状態応答は，十分時間が経つと振幅と位相が変化した次式となる。

$$y(t) \simeq |G(j\omega)| \sin(\omega t + \angle G(j\omega)) \tag{9.29}$$

ここで，周波数伝達関数 $G(j\omega)$ は

$$G(j\omega) = C(j\omega I_n - A)^{-1} B \tag{9.30}$$

で与えられる。古典制御で用いられる**ボード線図**は，角周波数ごとにゲイン $20 \log_{10} |G(j\omega)|$ と位相 $\angle G(j\omega)$ を対にしたものである。

例題 9.8 つぎの 1 次系のボード線図を MATLAB で図示せよ。

$$\dot{x}(t) = -x(t) + u(t)$$

9.2 時間応答

【解答】　MATLAB につぎのコマンドを与えればよい。

```
%bode_diag.m
sys=ss(-1,1,1,0);
w={1e-1,1e1};        %角周波数範囲の指定
bode(sys,w), grid    %ボード線図の計算と図示
```

◇

演習 9.8　例題 9.6 の 2 次系のボード線図を MATLAB で図示せよ。

最後に，自由系の時間応答（初期値応答）の計算法を示す。

例題 9.9　つぎの 1 次自由系の時間応答を MATLAB で計算し，図示せよ。

$$\dot{x}(t) = -x(t),\ x(0) = 1$$

【解答】　MATLAB につぎのコマンドを与えればよい。

```
%free_resp.m
sys=ss(-1,[],1,[]); x0=1;
t=0:0.1:5;
initial(sys,x0,t), grid    %初期値応答の計算と図示
```

◇

演習 9.9　例題 9.6 の 2 次系のインパルス応答を MATLAB で図示せよ。

10 状態フィードバックと可制御性

【本章のねらい】
- 状態フィードバックを設計する。
- 可制御性と可安定性を判定する。

10.1 状態フィードバック

いま制御対象は平衡状態にあり，なんらかの要因でこれが乱されたとき，適当な手段を用いて，すみやかに元の平衡状態に戻したいとする。そのような手段の一つとして，m 入力 p 出力 n 次元線形システム（n 次系）

$$\begin{cases} \dot{x}(t) = Ax(t) + Bu(t) \\ y(t) = Cx(t) \end{cases} \tag{10.1}$$

に対する**状態フィードバック**

$$u(t) = -Fx(t) \tag{10.2}$$

を考える。このとき，式 (10.2) を式 (10.1) に代入して，**閉ループ系**

$$\begin{cases} \dot{x}(t) = \underbrace{(A - BF)}_{A_F} x(t) \\ y(t) = Cx(t) \end{cases} \tag{10.3}$$

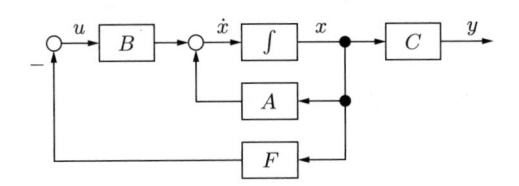

図 10.1 状態フィードバックによる
閉ループ系

を得る．このブロック線図を図 10.1 に示す．

上の制御目的が達成されるためには，閉ループ系の A 行列，すなわち，行列 $A_F = A - BF$ が安定行列となるように，状態フィードバックのゲイン行列 F を決めればよい．なぜなら

$$\text{任意の } x(0) \neq 0 \text{ に対して，} x(t) = \exp(A - BF)x(0) \to 0 \ (t \to \infty) \tag{10.4}$$

が成り立ち，これは平衡状態 $x = 0$ に戻ることを意味するからである．

まず，1 次系の状態フィードバックの例を考える．

例題 10.1 時定数 T と定常ゲイン K を持つ 1 次系

$$\dot{x}(t) = -\frac{1}{T}x(t) + \frac{K}{T}u(t)$$

に対して，新しい入力 $v(t)$ を持つ状態フィードバック

$$u(t) = -\underbrace{\frac{T}{K}\left(\frac{1}{T'} - \frac{1}{T}\right)}_{f} x(t) + \underbrace{\frac{T}{K}\frac{K'}{T'}}_{g} v(t)$$

を行うと，閉ループ系の時定数は T' となり，定常ゲインは K' となることを示せ．

【解答】 フィードバック式を状態方程式の $u(t)$ に代入すると，閉ループ系は

$$\dot{x}(t) = -\frac{1}{T}x(t) + \frac{K}{T}\left(-\frac{T}{K}\left(\frac{1}{T'} - \frac{1}{T}\right)x(t) + \frac{T}{K}\frac{K'}{T'}v(t)\right)$$

$$= -\frac{1}{T'}x(t) + \frac{K'}{T'}v(t)$$

となる。これは時定数 T' と定常ゲイン K' を持つ 1 次系を表している。 ◇

演習 10.1 1 次系 $\dot{x}(t) = -x(t) + u(t)$ に対するフィードバック $u(t) = -fx(t) + gv(t)$ を，閉ループ系の時定数が $1/10$，定常ゲインが 1 となるように定めよ。

演習 10.2 例題9.5 で得た図上（t-x 平面）に，望ましい閉ループ系の時定数 T'，定常ゲイン K' を表す点 (T', K') を指定し，`ginput` を使って読み込み，これを達成するフィードバック $u(t) = -fx(t) + gv(t)$ を定めよ。

つぎに，2 次系の状態フィードバックの例を考える。

例題 10.2 減衰係数 ζ と固有角周波数 ω_n^2 を持つ 2 次系

$$\underbrace{\begin{bmatrix} \dot{x}_1(t) \\ \dot{x}_2(t) \end{bmatrix}}_{\dot{x}} = \underbrace{\begin{bmatrix} 0 & 1 \\ -\omega_n^2 & -2\zeta\omega_n \end{bmatrix}}_{A} \underbrace{\begin{bmatrix} x_1(t) \\ x_2(t) \end{bmatrix}}_{x} + \underbrace{\begin{bmatrix} 0 \\ \omega_n^2 \end{bmatrix}}_{B} u(t)$$

に対して，新しい入力 $v(t)$ を持つ状態フィードバック

$$u(t) = -\underbrace{\begin{bmatrix} \dfrac{1}{\omega_n^2}(\omega_n'^2 - \omega_n^2) & \dfrac{2}{\omega_n^2}(\zeta'\omega_n' - \zeta\omega_n) \end{bmatrix}}_{F} \begin{bmatrix} x_1(t) \\ x_2(t) \end{bmatrix} + \underbrace{\dfrac{\omega_n'^2}{\omega_n^2}}_{G} v(t)$$

を行うと，閉ループ系の減衰係数は ζ'，固有角周波数は $\omega_n'^2$ となることを示せ。

【解答】 $u(t) = -Fx(t) + Gv(t)$ を状態方程式 $\dot{x}(t) = Ax(t) + Bu(t)$ に代入すると，閉ループ系は $\dot{x}(t) = (A - BF)x(t) + BGv(t)$ となる。ここで

$$A - BF = \begin{bmatrix} 0 & 1 \\ -\omega_n^2 & -2\zeta\omega_n \end{bmatrix} - \begin{bmatrix} 0 \\ \omega_n^2 \end{bmatrix}$$

$$\times \begin{bmatrix} \dfrac{1}{\omega_n^2}(\omega_n'^2 - \omega_n^2) & \dfrac{2}{\omega_n^2}(\zeta'\omega_n' - \zeta\omega_n) \end{bmatrix}$$

$$= \begin{bmatrix} 0 & 1 \\ -\omega_n'^2 & -2\zeta'\omega_n' \end{bmatrix}$$

$$BG = \begin{bmatrix} 0 \\ \omega_n^2 \end{bmatrix} \dfrac{\omega_n'^2}{\omega_n^2} = \begin{bmatrix} 0 \\ \omega_n'^2 \end{bmatrix}$$

である.これは減衰係数 ζ' と固有角周波数 $\omega_n'^2$ を持つ 2 次系を表している. ◇

演習 **10.3** 例題 **9.6** で得た図上 (t-y 平面) に,望ましい第 1 番目のオーバーシュートの頂点の座標 $(T_p', y(T_p'))$ を指定し,ginput を使って読み込み,対応する減衰係数 ζ' と固有角周波数 $\omega_n'^2$ を式 (9.24) を使って求め,これを達成するフィードバック $u(t) = -f_1 x_1(t) - f_2 x_2(t) + gv(t)$ を定めよ.

さて,n 次系に対する状態フィードバックの設計法を考える.まず,1 入力系の場合を考え,つぎの条件を仮定する†.

$$\mathrm{rank} \underbrace{\begin{bmatrix} B & AB & \cdots & A^{n-1}B \end{bmatrix}}_{\text{可制御性行列}} = n \tag{10.5}$$

また,行列 A の固有値を $\lambda_1, \cdots, \lambda_n$,行列 $A_F = A - BF$ の固有値を $\lambda_1', \cdots, \lambda_n'$ とするとき,それぞれの特性多項式を次式で表す.

$$\begin{aligned} \det(\lambda I_n - A) &= (\lambda - \lambda_1) \cdots (\lambda - \lambda_n) \\ &= \lambda^n + a_1 \lambda^{n-1} + \cdots + a_n \end{aligned} \tag{10.6}$$

$$\begin{aligned} \det(\lambda I_n - A_F) &= (\lambda - \lambda_1') \cdots (\lambda - \lambda_n') \\ &= \lambda'^n + a_1' \lambda'^{n-1} + \cdots + a_n' \end{aligned} \tag{10.7}$$

このとき,閉ループ系の A 行列 $A_F = A - BF$ の固有値を,指定された安定固有値 $\lambda_1', \cdots, \lambda_n'$ に設定する状態フィードバックのゲイン行列 F は

---

† 1 入力系の可制御性行列は n 次の正方行列となり,本条件はその正則性を意味する.

$$F = \begin{bmatrix} a'_n - a_n & \cdots & a'_2 - a_2 & a'_1 - a_1 \end{bmatrix}$$

$$\times \begin{bmatrix} a_{n-1} & a_{n-2} & \cdots & a_1 & 1 \\ a_{n-2} & a_{n-3} & \cdots & 1 & 0 \\ \vdots & \vdots & \cdots & \vdots & \vdots \\ a_2 & a_1 & \cdots & 0 & 0 \\ a_1 & 1 & \cdots & 0 & 0 \\ 1 & 0 & \cdots & 0 & 0 \end{bmatrix}^{-1}$$

$$\times \begin{bmatrix} B & AB & \cdots & A^{n-1}B \end{bmatrix}^{-1} \tag{10.8}$$

または

$$F = \begin{bmatrix} 0 & \cdots & 0 & 1 \end{bmatrix} \begin{bmatrix} B & AB & \cdots & A^{n-1}B \end{bmatrix}^{-1}$$
$$\times (A^n + a'_1 A^{n-1} + \cdots + a'_n I_n) \tag{10.9}$$

で与えられる[†]。式 (10.8) と式 (10.9) を比較すると，前者は A の特性多項式の係数の計算を必要とし，後者は A のべき乗計算を必要とすることに注意する．

例題 10.3 2次系

$$\underbrace{\begin{bmatrix} \dot{x}_1(t) \\ \dot{x}_2(t) \end{bmatrix}}_{\dot{x}(t)} = \underbrace{\begin{bmatrix} 0 & 1 \\ 0 & 0 \end{bmatrix}}_{A} \underbrace{\begin{bmatrix} x_1(t) \\ x_2(t) \end{bmatrix}}_{x(t)} + \underbrace{\begin{bmatrix} 0 \\ 1 \end{bmatrix}}_{B} u(t)$$

に対する状態フィードバック $u = -Fx$ を，行列 $A - BF$ の固有値が，つぎのものになるように求めよ．

(1) $\lambda'_1 = -1,\ \lambda'_2 = -2$

(2) $\lambda'_1 = -1+j,\ \lambda'_2 = -1-j$

[†] 『線形システム制御入門』3.3 節を参照．

【解答】 A 行列の特性多項式は

$$\det(\lambda I_2 - A) = \det \begin{bmatrix} \lambda & -1 \\ 0 & \lambda \end{bmatrix} = \lambda^2 + \underbrace{0}_{a_1}\lambda + \underbrace{0}_{a_2}$$

となる。

(1) 行列 $A - BF$ の特性多項式は

$$\det(\lambda I_2 - A + BF) = (\lambda - (-1))(\lambda - (-2)) = \lambda^2 + \underbrace{3}_{a_1'}\lambda + \underbrace{2}_{a_2'}$$

となる。したがって、ゲイン行列 F は、つぎのように計算される。

$$F = \begin{bmatrix} 2-0 & 3-0 \end{bmatrix} \begin{bmatrix} 0 & 1 \\ 1 & 0 \end{bmatrix}^{-1} \begin{bmatrix} 0 & 1 \\ 1 & 0 \end{bmatrix}^{-1} = \begin{bmatrix} 2 & 3 \end{bmatrix}$$

(2) 行列 $A - BF$ の特性多項式は

$$\det(\lambda I_2 - A + BF) = (\lambda - (-1+j))(\lambda - (-1-j))$$
$$= \lambda^2 + \underbrace{2}_{a_1'}\lambda + \underbrace{2}_{a_2'}$$

となる。したがって、ゲイン行列 F は、つぎのように計算される。

$$F = \begin{bmatrix} 2-0 & 2-0 \end{bmatrix} \begin{bmatrix} 0 & 1 \\ 1 & 0 \end{bmatrix}^{-1} \begin{bmatrix} 0 & 1 \\ 1 & -1 \end{bmatrix}^{-1} = \begin{bmatrix} 2 & 2 \end{bmatrix}$$

◇

演習 10.4 つぎの 2 次系に対する状態フィードバック $u = -Fx$ を、閉ループ系の A 行列の固有値が $\lambda_1' = \lambda_2' = -1$ となるように求めよ。

(1) $\underbrace{\begin{bmatrix} \dot{x}_1(t) \\ \dot{x}_2(t) \end{bmatrix}}_{\dot{x}(t)} = \underbrace{\begin{bmatrix} 0 & 1 \\ 0 & -1 \end{bmatrix}}_{A} \underbrace{\begin{bmatrix} x_1(t) \\ x_2(t) \end{bmatrix}}_{x(t)} + \underbrace{\begin{bmatrix} 0 \\ 1 \end{bmatrix}}_{B} u(t)$

(2) $\underbrace{\begin{bmatrix} \dot{x}_1(t) \\ \dot{x}_2(t) \end{bmatrix}}_{\dot{x}(t)} = \underbrace{\begin{bmatrix} 0 & 1 \\ -1 & 0 \end{bmatrix}}_{A} \underbrace{\begin{bmatrix} x_1(t) \\ x_2(t) \end{bmatrix}}_{x(t)} + \underbrace{\begin{bmatrix} 0 \\ 1 \end{bmatrix}}_{B} u(t)$

最後に，多入力を持つ n 次系に対して状態フィードバックのゲイン行列を求めることを考える．$A - BF$ の固有値 $\lambda'_1, \cdots, \lambda'_n$ に対応する固有ベクトルを $v_1, \cdots, v_n$ とするとき，次式が成り立つ．

$$(A - BF)v_i = \lambda'_i v_i \qquad (i = 1, \cdots, n) \tag{10.10}$$

ここで

$$g_i = Fv_i \qquad (i = 1, \cdots, n) \tag{10.11}$$

とおくと

$$(A - \lambda' I_n)v_i = Bg_i \qquad (i = 1, \cdots, n) \tag{10.12}$$

となる．これから，F を次式で求めることが考えられる．

$$\begin{aligned} F = & \begin{bmatrix} g_1 & \cdots & g_n \end{bmatrix} \\ & \times \begin{bmatrix} (A - \lambda'_1 I_n)^{-1} Bg_1 & \cdots & (A - \lambda'_n I_n)^{-1} Bg_n \end{bmatrix}^{-1} \end{aligned} \tag{10.13}$$

ただし，$\lambda'_1, \cdots, \lambda'_n$ は A の固有値に等しくないとし，m 次元ベクトル $g_1, \cdots, g_n$ は，上の逆行列が存在する範囲で適切に指定するものとする．これから，多入力系の場合，状態フィードバックは，固有値を指定しただけでは，一意に定まらないことがわかる．

例題 10.4 2 入力 2 次系

$$\underbrace{\begin{bmatrix} \dot{x}_1(t) \\ \dot{x}_2(t) \end{bmatrix}}_{\dot{x}(t)} = \underbrace{\begin{bmatrix} 0 & 0 \\ 0 & -1 \end{bmatrix}}_{A} \underbrace{\begin{bmatrix} x_1(t) \\ x_2(t) \end{bmatrix}}_{x(t)} + \underbrace{\begin{bmatrix} 1 & 1 \\ 1 & -1 \end{bmatrix}}_{B} u(t)$$

に対するつぎの状態フィードバックによる閉ループ系おける行列 $A - BF$ の固有値を求めよ．

(1) $u(t) = - \underbrace{\begin{bmatrix} 1 & 1 \\ 1 & -1 \end{bmatrix}}_{F} \underbrace{\begin{bmatrix} x_1(t) \\ x_2(t) \end{bmatrix}}_{x(t)}$

(2) $u(t) = - \underbrace{\begin{bmatrix} 1 & 0 \\ 1 & -2 \end{bmatrix}}_{F} \underbrace{\begin{bmatrix} x_1(t) \\ x_2(t) \end{bmatrix}}_{x(t)}$

【解答】　(1) 閉ループ系における行列 $A - BF$ は

$$A - BF = \begin{bmatrix} 0 & 0 \\ 0 & -1 \end{bmatrix} - \begin{bmatrix} 1 & 1 \\ 1 & -1 \end{bmatrix} \begin{bmatrix} 1 & 1 \\ 1 & -1 \end{bmatrix} = \begin{bmatrix} -2 & 0 \\ 0 & -3 \end{bmatrix}$$

となる。この特性多項式は

$$\det\left(\lambda I_2 - \begin{bmatrix} -2 & 0 \\ 0 & -3 \end{bmatrix}\right) = \det \begin{bmatrix} \lambda+2 & 0 \\ 0 & \lambda+3 \end{bmatrix} = (\lambda+2)(\lambda+3)$$

となる。したがって，行列 $A - BF$ の固有値は $-2, -3$。

(2) 閉ループ系の A 行列は

$$A - BF = \begin{bmatrix} 0 & 0 \\ 0 & -1 \end{bmatrix} - \begin{bmatrix} 1 & 1 \\ 1 & -1 \end{bmatrix} \begin{bmatrix} 1 & 0 \\ 1 & -2 \end{bmatrix} = \begin{bmatrix} -2 & 2 \\ 0 & -3 \end{bmatrix}$$

となる。この特性多項式は

$$\det\left(\lambda I_2 - \begin{bmatrix} -2 & 2 \\ 0 & -3 \end{bmatrix}\right) = \det \begin{bmatrix} \lambda+2 & -2 \\ 0 & \lambda+3 \end{bmatrix} = (\lambda+2)(\lambda+3)$$

となる。したがって，行列 $A - BF$ の固有値は $-2, -3$。　　◇

演習 10.5　例題 10.4 の二つの状態フィードバックは，公式 (10.13) において

(1) $\begin{bmatrix} g_1 & g_2 \end{bmatrix} = \begin{bmatrix} 1 & 1 \\ 1 & -1 \end{bmatrix}$

(2) $\begin{bmatrix} g_1 & g_2 \end{bmatrix} = \begin{bmatrix} 1 & 1 \\ 1 & 2 \end{bmatrix}$

と指定して得られることを，MATLAB を用いて確かめよ。

10.2 可制御性と可安定性

どのような n 次系に対しても，閉ループ系を安定化する状態フィードバックが求められるわけではない。その条件を**可安定性**という。また，式 (10.5) は，可安定性の十分条件である**可制御性**の条件として知られている。これらの定義と等価な条件をまとめておく[†]。

【可安定性の定義とその等価な条件】

定義 S0： 状態フィードバックにより安定化可能

条件 S1： $\mathrm{rank} \begin{bmatrix} B & A - \lambda I_n \end{bmatrix} = n$ （λ は A のすべての不安定固有値）

条件 S2： $B^T w = 0,\ A^T w = \lambda w \Rightarrow w = 0$ （λ は A のすべての不安定固有値）

これらの条件の一つが成り立つとき，n 次系は可安定，(A, B) は可安定対という。

【可制御性の定義とその等価な条件】

定義 C0： 任意初期状態を，任意有限時間内に，任意状態に移動可能

条件 C1： $\displaystyle\int_0^t \exp(A\tau) BB^T \exp(A^T\tau)\, d\tau > 0 \quad (\forall t > 0)$

条件 C2： $\mathrm{rank}\, \underbrace{\begin{bmatrix} B & AB & \cdots & A^{n-1}B \end{bmatrix}}_{\text{可制御性行列}} = n$

条件 C3： F を選んで，$A - BF$ の固有値を任意に設定可能

条件 C4： $\mathrm{rank} \begin{bmatrix} B & A - \lambda I_n \end{bmatrix} = n$ （λ は A のすべての固有値）

条件 C5： $B^T w = 0,\ A^T w = \lambda w \Rightarrow w = 0$ （λ は A のすべての固有値）

これらの条件の一つが成り立つとき，n 次系は可制御，(A, B) は可制御対という。

[†] 『線形システム制御入門』定理 3.5, 定理 3.6 を参照。

10.2 可制御性と可安定性

例題 10.5 つぎの A 行列と B 行列を持つ 2 次系 $\dot{x}(t) = Ax(t) + Bu(t)$ の可制御性を，可制御性行列の階数を求めて判定せよ．

(1) $A = \begin{bmatrix} 0 & 1 \\ 0 & 0 \end{bmatrix}$, $B = \begin{bmatrix} 0 \\ 1 \end{bmatrix}$

(2) $A = \begin{bmatrix} 0 & 1 \\ 0 & 0 \end{bmatrix}$, $B = \begin{bmatrix} 1 \\ 0 \end{bmatrix}$

(3) $A = \begin{bmatrix} 0 & 1 \\ 0 & -1 \end{bmatrix}$, $B = \begin{bmatrix} 0 \\ 1 \end{bmatrix}$

【解答】 (1) 可制御性行列は

$$\begin{bmatrix} B & AB \end{bmatrix} = \begin{bmatrix} 0 & 1 \\ 1 & 0 \end{bmatrix}$$

である．この階数は 2 で，システムの次数 2 と等しい．したがって，この 2 次系は可制御である．

(2) 可制御性行列は

$$\begin{bmatrix} B & AB \end{bmatrix} = \begin{bmatrix} 1 & 0 \\ 0 & 0 \end{bmatrix}$$

である．この階数は 1 で，システムの次数 2 と等しくない．したがって，この 2 次系は可制御でない．

(3) 可制御性行列は

$$\begin{bmatrix} B & AB \end{bmatrix} = \begin{bmatrix} 0 & 1 \\ 1 & -1 \end{bmatrix}$$

である．この階数は 2 で，システムの次数 2 と等しい．したがって，この 2 次系は可制御である．　　◇

演習 10.6 つぎの A 行列と B 行列を持つ 3 次系 $\dot{x}(t) = Ax(t) + Bu(t)$ の可制御性を，可制御性行列の階数を求めて判定せよ．

(1) $A = \begin{bmatrix} 0 & 1 & 0 \\ 0 & -1 & 1 \\ 0 & 0 & -1 \end{bmatrix}$, $B = \begin{bmatrix} 0 \\ 1 \\ 0 \end{bmatrix}$

(2) $A = \begin{bmatrix} 0 & 1 & 0 \\ -1 & -1 & 0 \\ 0 & 0 & 2 \end{bmatrix}$, $B = \begin{bmatrix} 0 & 0 \\ 1 & -1 \\ 0 & 1 \end{bmatrix}$

MATLABを用いて可制御性を判定するには，例えば**例題10.5** (3) の A 行列と B 行列に対しては，つぎのコマンドを与えればよい[†]．

```
%controllability_check.m
A=[0 1;0 -1]; B=[0;1]; n=size(A,1); r=eig(A), tol=0.01;
for i=1:n, rank([B A-r(i)*eye(n)],tol)==n, end
```

ここで，3行目の結果がすべて真であれば，可制御である．

演習 10.7 上のコマンドを用いて**演習10.6**の A 行列と B 行列を持つ3次系 $\dot{x}(t) = Ax(t) + Bu(t)$ の可制御性を判定せよ．

例題 10.6 例題10.5の A 行列と B 行列を持つ2次系 $\dot{x}(t) = Ax(t) + Bu(t)$ の可安定性を判定せよ．

【解答】 (1) A 行列の固有値は $\lambda_1 = \lambda_2 = 0$．ともに不安定固有値である．

$$\mathrm{rank} \begin{bmatrix} B & A - \lambda_i I_2 \end{bmatrix} = \mathrm{rank} \begin{bmatrix} 0 & 0 & 1 \\ 1 & 0 & 0 \end{bmatrix} = 2 \quad (i=1,2)$$

したがって，この2次系は可安定である．

(2) A 行列の固有値は $\lambda_1 = \lambda_2 = 0$．ともに不安定固有値である．

$$\mathrm{rank} \begin{bmatrix} B & A - \lambda_i I_2 \end{bmatrix} = \mathrm{rank} \begin{bmatrix} 1 & 0 & 1 \\ 0 & 0 & 0 \end{bmatrix} = 1 \quad (i=1,2)$$

[†] 以下のコマンドの `tol` の値は，零判定基準でデータの誤差を考慮して決める．省略すればデフォルト値が用いられる．

したがって，この 2 次系は可安定ではない．

(3) A 行列の固有値は $\lambda_1 = 0$, $\lambda_2 = -1$。λ_1 のみ不安定固有値である．

$$\mathrm{rank} \begin{bmatrix} B & A - \lambda_1 I_2 \end{bmatrix} = \mathrm{rank} \begin{bmatrix} 0 & 0 & 1 \\ 1 & 0 & -1 \end{bmatrix} = 2$$

したがって，この 2 次系は可安定である． ◇

演習 10.8 演習 10.6 の A 行列と B 行列を持つ 3 次系 $\dot{x}(t) = Ax(t) + Bu(t)$ の可安定性を判定せよ．

MATLAB を用いて可安定性を判定するには，例えば**例題 10.5** (3) の A 行列と B 行列に対しては，つぎのコマンドを与えればよい．

```
%stabilizability_check.m
A=[0 1;0 -1]; B=[0;1]; n=size(A,1); r=eig(A), tol=0.01;
for i=1:n
  if real(r(i))>=0, rank([B A-r(i)*eye(n)],tol)==n, end
end
```

演習 10.9 上のコマンドを用いて**演習 10.6** の A 行列と B 行列を持つ 3 次系 $\dot{x}(t) = Ax(t) + Bu(t)$ の可安定性を判定せよ．

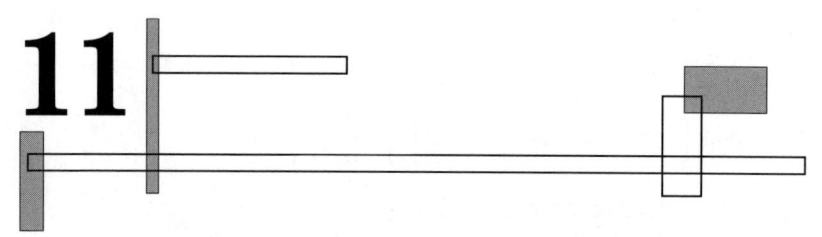

11 状態オブザーバと可観測性

【本章のねらい】
- 状態オブザーバを構成する。
- 可観測性と可検出性を判定する。

11.1 状態オブザーバ

いま制御対象は平衡状態にあるとし，なんらかの要因でこれが乱されたとき，すみやかに元の平衡状態に戻す手段として，m入力p出力n次元線形システム（n次系）

$$\begin{cases} \dot{x}(t) = Ax(t) + Bu(t) \\ y(t) = Cx(t) \end{cases} \tag{11.1}$$

に対する状態フィードバック

$$u(t) = -Fx(t) \tag{11.2}$$

を前章で考えた。しかしながら，現実には状態変数をすべて計測できる場合は少ない。したがって，状態フィードバックは実際には実施できるとは限らない。そこで，状態を推定する**状態オブザーバ**と呼ばれるn次系

$$\dot{\hat{x}}(t) = (A - HC)\hat{x}(t) + Hy(t) + Bu(t) \tag{11.3}$$

11.1 状態オブザーバ

が考案されている．ここで，サイズ $n \times p$ の行列 H が設計パラメータである．このブロック線図を図 **11.1** に示す．

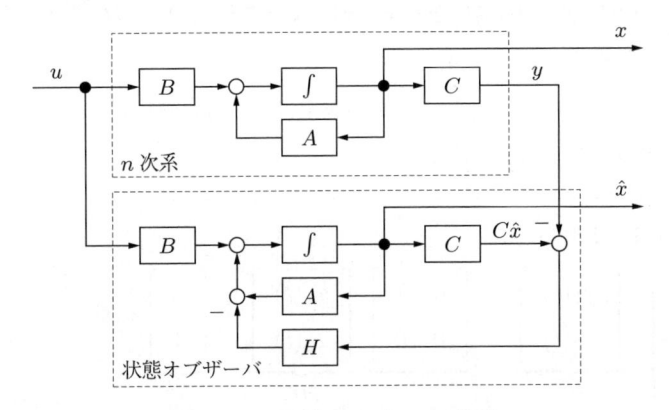

図 11.1 状態オブザーバの構造

さて，式 (11.3) から式 (11.1) の第 1 式を辺々引き算すると

$$\underbrace{\dot{\hat{x}}(t) - \dot{x}(t)}_{\dot{e}(t)} = (A - HC)\underbrace{(\hat{x}(t) - x(t))}_{e(t)} \tag{11.4}$$

となり，ここで行列 $A - HC$ が安定行列であれば

$$\text{任意の } e(0) \neq 0 \text{ に対して，} e(t) \to 0 \quad (t \to \infty) \tag{11.5}$$

となって，n 次系 (11.3) の状態 $\hat{x}(t)$ が n 次系 (11.1) の状態 $x(t)$ に漸近していく．したがって，行列 $A - HC$ が安定行列となるように状態オブザーバのゲイン行列 H をどう求めるかが問題となる．

一つのアプローチは，つぎの仮想的な n 次系

$$\dot{w}(t) = A^T w(t) + C^T v(t) \tag{11.6}$$

を安定化する状態フィードバック

$$v(t) = -H^T w(t) \tag{11.7}$$

を求めることである．実際，閉ループ系は

$$\dot{w}(t) = (A^T - C^T H^T)w(t) = (A - HC)^T w(t) \tag{11.8}$$

となって，行列 $(A - HC)^T$ を安定行列，よって行列 $A - HC$ を安定行列とすることができる。

したがって，オブザーバゲイン H の決定には，前章の状態フィードバックの設計法をそのまま援用できる†。

例題 11.1 2次系

$$\begin{cases} \underbrace{\begin{bmatrix} \dot{x}_1(t) \\ \dot{x}_2(t) \end{bmatrix}}_{\dot{x}(t)} = \underbrace{\begin{bmatrix} 0 & 1 \\ 0 & 0 \end{bmatrix}}_{A} \underbrace{\begin{bmatrix} x_1(t) \\ x_2(t) \end{bmatrix}}_{x(t)} + \underbrace{\begin{bmatrix} 0 \\ 1 \end{bmatrix}}_{B} u(t) \\ y(t) = \underbrace{\begin{bmatrix} 1 & 0 \end{bmatrix}}_{C} \underbrace{\begin{bmatrix} x_1(t) \\ x_2(t) \end{bmatrix}}_{x(t)} \end{cases}$$

に対する状態オブザーバ $\dot{\hat{x}}(t) = (A - HC)\hat{x}(t) + Hy(t) + Bu(t)$ を，行列 $A - HC$ の固有値が $-1, -2$ となるように構成せよ。

【解答】 行列 A の特性多項式は

$$\det(\lambda I_2 - A) = \det \begin{bmatrix} \lambda & -1 \\ 0 & \lambda \end{bmatrix} = \lambda^2 + \underbrace{0}_{a_1}\lambda + \underbrace{0}_{a_2}$$

であり，行列 $A - HC$ の特性多項式は

$$\det(\lambda I_2 - A + HC) = (\lambda - (-1))(\lambda - (-2)) = \lambda^2 + \underbrace{3}_{a'_1}\lambda + \underbrace{2}_{a'_2}$$

である。これらから，オブザーバゲイン H は，つぎのように計算される。

$$H^T = \begin{bmatrix} 2 - 0 & 3 - 0 \end{bmatrix} \begin{bmatrix} 0 & 1 \\ 1 & 0 \end{bmatrix}^{-1} \begin{bmatrix} 1 & 0 \\ 0 & 1 \end{bmatrix}^{-1} = \begin{bmatrix} 3 & 2 \end{bmatrix}$$

したがって，求める状態オブザーバ $\dot{\hat{x}} = (A - HC)\hat{x} + Hy + Bu$ は

---

† 実際には，次章の LQG 制御問題として解く場合が多い。

11.1 状態オブザーバ

$$\begin{bmatrix} \dot{\hat{x}}_1 \\ \dot{\hat{x}}_2 \end{bmatrix} = \left(\begin{bmatrix} 0 & 1 \\ 0 & 0 \end{bmatrix} - \begin{bmatrix} 3 \\ 2 \end{bmatrix} \begin{bmatrix} 1 & 0 \end{bmatrix} \right) \begin{bmatrix} \hat{x}_1 \\ \hat{x}_2 \end{bmatrix} + \begin{bmatrix} 3 \\ 2 \end{bmatrix} y + \begin{bmatrix} 0 \\ 1 \end{bmatrix} u$$

$$= \begin{bmatrix} -3 & 1 \\ -2 & 0 \end{bmatrix} \begin{bmatrix} \hat{x}_1 \\ \hat{x}_2 \end{bmatrix} + \begin{bmatrix} 3 \\ 2 \end{bmatrix} y + \begin{bmatrix} 0 \\ 1 \end{bmatrix} u$$

となる。 ◇

演習 11.1 2 次系

$$\begin{cases} \underbrace{\begin{bmatrix} \dot{x}_1(t) \\ \dot{x}_2(t) \end{bmatrix}}_{\dot{x}(t)} = \underbrace{\begin{bmatrix} 0 & 1 \\ 0 & 0 \end{bmatrix}}_{A} \underbrace{\begin{bmatrix} x_1(t) \\ x_2(t) \end{bmatrix}}_{x(t)} + \underbrace{\begin{bmatrix} 0 \\ 1 \end{bmatrix}}_{B} u(t) \\ y(t) = \underbrace{\begin{bmatrix} 1 & 1 \end{bmatrix}}_{C} \underbrace{\begin{bmatrix} x_1(t) \\ x_2(t) \end{bmatrix}}_{x(t)} \end{cases}$$

に対する状態オブザーバ $\dot{\hat{x}}(t) = (A - HC)\hat{x}(t) + Hy(t) + Bu(t)$ を，行列 $A - HC$ の固有値が $-2, -2$ となるように構成せよ．

例題 11.2 例題 11.1 において，$x_1(0) = 1$，$x_2(0) = 0.5$ のときの零入力応答 $x(t)$ を，状態オブザーバの出力 $\hat{x}(t) = x(t) + e(t)$ が追従する様子を MATLAB でシミュレーションせよ．

【解答】 $x(t) = \exp(At)x(0)$ と $\hat{x}(t) = x(t) + \exp((A - HC)t)(\hat{x}(0) - x(0))$ を重ねて描くための M ファイルは，例えばつぎのように書ける．

```
%obs_err.m
A=[0 1;0 0]; C=[1 0]; H=[3;2];
sys1=ss(A,[],eye(2),[]); x0=[1;0.5];
sys2=ss(A-H*C,[],eye(2),[]); xh0=[0;0];
t=0:0.1:5;
x=initial(sys1,x0,t); e=initial(sys2,xh0-x0,t); xh=x+e;
figure(1),subplot(121),plot(t,x(:,1),t,xh(:,1)),
  axis([0 5 0 4]),grid
```

```
figure(1),subplot(122),plot(t,x(:,2),t,xh(:,2)),
  axis([0 5 0 2]),grid
```

◇

演習 11.2　演習 11.1 において，$x_1(0) = 1$，$x_2(0) = 0.5$ のときの零入力応答 $x(t)$ を，状態オブザーバの出力 $\hat{x}(t) = x(t) + e(t)$ が追従する様子を MATLAB でシミュレーションせよ。

さて，n 次系 (11.1) に対する状態フィードバック (11.2) を，状態オブザーバ (11.3) の出力（=状態）を用いて

$$u(t) = -F\hat{x}(t) \tag{11.9}$$

のように実施するとき，**オブザーバベースト・コントローラ**は n 次系

$$\begin{cases} \dot{\hat{x}}(t) = (A - HC - BF)\hat{x}(t) + Hy(t) \\ u(t) = -F\hat{x}(t) \end{cases} \tag{11.10}$$

となる。このとき，閉ループ系はつぎのように表される（$e(t) = \hat{x}(t) - x(t)$）。

$$\begin{bmatrix} \dot{x}(t) \\ \dot{e}(t) \end{bmatrix} = \begin{bmatrix} A - BF & -BF \\ 0 & A - HC \end{bmatrix} \begin{bmatrix} x(t) \\ e(t) \end{bmatrix} \tag{11.11}$$

このように，閉ループ系の A 行列の固有値の集合は，状態フィードバックによる $A - BF$ の固有値の集合と，状態オブザーバによる $A - HC$ の固有値の集合の和となる[†]。

例題 11.3　1 次系

$$\begin{cases} \dot{x}(t) = ax(t) + bu(t) \\ y(t) = cx(t) \end{cases}$$

に対する状態フィードバック

[†] 『線形システム制御入門』4.4 節を参照。

と，状態オブザーバ

$$\dot{\hat{x}}(t) = (a - hc)\hat{x}(t) + hy(t) + bu(t) \qquad (a - hc < 0)$$

を考える。このときオブザーバベースト・コントローラ

$$\begin{cases} \dot{\hat{x}}(t) = (a - hc - bf)\hat{x}(t) + hy(t) \\ u(t) = -f\hat{x}(t) \end{cases}$$

による閉ループ系の A 行列の固有値を求めよ。

【解答】　オブザーバベースト・コントローラによる閉ループ系は

$$\begin{cases} \dot{x}(t) = ax(t) - bf\hat{x}(t) \\ \dot{\hat{x}}(t) = hcx(t) + (a - hc)\hat{x}(t) - bf\hat{x}(t) \end{cases}$$

すなわち

$$\begin{bmatrix} \dot{x}(t) \\ \dot{\hat{x}}(t) \end{bmatrix} = \underbrace{\begin{bmatrix} a & -bf \\ hc & a - hc - bf \end{bmatrix}}_{A_F} \begin{bmatrix} x(t) \\ \hat{x}(t) \end{bmatrix}$$

で表される。この行列 A_F の固有値を求めると

$$\begin{aligned}
\det(\lambda I_2 - A_F) &= \det \begin{bmatrix} \lambda - a & bf \\ -hc & \lambda - a + hc + bf \end{bmatrix} \\
&= (\lambda - a)(\lambda - a + hc + bf) + bfhc \\
&= \lambda^2 - (a - bf + a - hc)\lambda + (a - bf)(a - hc) \\
&= (\lambda - (a - bf))(\lambda - (a - hc)) = 0
\end{aligned}$$

より，$a - bf$ と $a - hc$ となる。　　　　　　　　　　　　　　　$\diamondsuit$

演習 11.3　例題 11.3 において，$a = -1$, $b = 1$, $c = 1$, $f = 4$, $x(0) = 1$ のとき，状態フィードバックによる閉ループ系とオブザーバベースト・コントローラによる閉ループ系の応答を比較したい。$h = 2$ と $h = 9$ の場合について，それらの応答を MATLAB でシミュレーションせよ。

11.2 可観測性と可検出性

どのような n 次系に対しても状態オブザーバが求められるわけではない．状態オブザーバが構成可能な条件を**可検出性**という．また，可検出性の十分条件である**可観測性**の条件も知られている．これらの定義と等価な条件をまとめておく†．

【可検出性の定義とその等価な条件】

定義 **D0**： 　状態オブザーバを構成可能

条件 **D1**： 　$\mathrm{rank} \begin{bmatrix} C \\ A - \lambda I_n \end{bmatrix} = n$ （λ は A のすべての不安定固有値）

条件 **D2**： 　$Cv = 0,\ Av = \lambda v \Rightarrow v = 0$ （λ は A のすべての不安定固有値）

これらの条件の一つが成り立つとき，n 次系は可検出，(A, C) は可検出対という．

【可観測性の定義とその等価な条件】

定義 **O0**： 　任意有限時間の入力と出力から，初期状態を一意に決定可能

条件 **O1**： 　$\displaystyle\int_0^t \exp(A^T \tau) C^T C \exp(A\tau)\, d\tau > 0 \quad (\forall t > 0)$

条件 **O2**： 　$\mathrm{rank} \underbrace{\begin{bmatrix} C \\ CA \\ \vdots \\ CA^{n-1} \end{bmatrix}}_{\text{可観測性行列}} = n$

条件 **O3**： 　H を選ぶことにより，$A - HC$ の固有値を任意に設定可能

条件 **O4**： 　$\mathrm{rank} \begin{bmatrix} C \\ A - \lambda I_n \end{bmatrix} = n$ （λ は A のすべての固有値）

条件 **O5**： 　$Cv = 0,\ Av = \lambda v \Rightarrow v = 0$ （λ は A のすべての固有値）

条件 **O6**： 　(A^T, C^T) は可制御対

---

† 『線形システム制御入門』定理 4.1, 定理 4.2 を参照．

これらの条件の一つが成り立つとき, n 次系は可観測, (A, C) は可観測対という。

例題 11.4 つぎの A 行列と C 行列を持つ 2 次系 $\dot{x}(t) = Ax(t) + Bu(t)$, $y(t) = Cx(t)$ の可観測性を, 可観測性行列の階数を求めて判定せよ。

(1) $A = \begin{bmatrix} 0 & 1 \\ 0 & 0 \end{bmatrix}$, $C = \begin{bmatrix} 1 & 0 \end{bmatrix}$

(2) $A = \begin{bmatrix} 0 & 1 \\ 0 & 0 \end{bmatrix}$, $C = \begin{bmatrix} 0 & 1 \end{bmatrix}$

(3) $A = \begin{bmatrix} 0 & 1 \\ 0 & -1 \end{bmatrix}$, $C = \begin{bmatrix} 1 & 1 \end{bmatrix}$

【解答】 (1) 可観測性行列は

$$\begin{bmatrix} C \\ CA \end{bmatrix} = \begin{bmatrix} 1 & 0 \\ 0 & 1 \end{bmatrix}$$

である。この階数は 2 で, システムの次数 2 と等しい。したがって, この 2 次系は可観測である。

(2) 可観測性行列は

$$\begin{bmatrix} C \\ CA \end{bmatrix} = \begin{bmatrix} 0 & 1 \\ 0 & 0 \end{bmatrix}$$

である。この階数は 1 で, システムの次数 2 と等しくない。したがって, この 2 次系は可観測でない。

(3) 可観測性行列は

$$\begin{bmatrix} C \\ CA \end{bmatrix} = \begin{bmatrix} 1 & 1 \\ 0 & 0 \end{bmatrix}$$

である。この階数は 1 で, システムの次数 2 と等しくない。したがって, この 2 次系は可観測でない。 ◇

演習 11.4 例題 11.4 における可観測性を, A 行列の固有値に基づいて判定せよ。

11.3 状態オブザーバの低次元化

これまで，状態オブザーバの出力 $\hat{x}$ に状態フィードバックのゲイン行列 F をかけてオブザーバベースト・コントローラを構成した．しかしながら，最終的に必要なのは，状態 x の推定値ではなく，その線形関数 $u = Kx = -Fx$ の推定値であることから，これを得る**線形関数オブザーバ**

$$\begin{cases} \dot{\hat{x}}(t) = \hat{A}\hat{x}(t) + \hat{B}y(t) + \hat{J}u(t) \\ z(t) = \hat{C}\hat{x}(t) + \hat{D}y(t) \end{cases} \tag{11.12}$$

が考案されている．ここで，サイズ $q \times n$ の適当な行列 U を用いて

$$\begin{cases} \hat{A} \text{ は安定行列} \\ UA = \hat{A}U + \hat{B}C \\ UB = \hat{J} \\ K = \hat{C}U + \hat{D}C \end{cases} \tag{11.13}$$

を満足させることができれば

$$\underbrace{\dot{\hat{x}}(t) - U\dot{x}(t)}_{\dot{e}(t)} = \hat{A}\underbrace{(\hat{x}(t) - Ux(t))}_{e(t)} \tag{11.14}$$

が成り立ち，これから

$$\hat{x}(t) \to U\hat{x}(t) \quad (t \to \infty) \tag{11.15}$$

したがって

$$z(t) \to u(t) = K\hat{x}(t) \quad (t \to \infty) \tag{11.16}$$

を得る[†]．特に，$K = I_n$ の場合は恒等関数オブザーバと呼ばれる．線形関数オブザーバを使用する利点は，状態オブザーバ (11.3) の次元数は制御対象の次元

[†] 『線形システム制御入門』4.3 節を参照．

数 n と同じであったが，これを減らすことができる点である[†]。

例題 11.5 1入力 p 出力 $2p$ 次系

$$\begin{cases} \underbrace{\begin{bmatrix} \dot{y}(t) \\ \ddot{y}(t) \end{bmatrix}}_{\dot{x}(t)} = \underbrace{\begin{bmatrix} 0 & I_p \\ A_{21} & A_{22} \end{bmatrix}}_{A} \underbrace{\begin{bmatrix} y(t) \\ \dot{y}(t) \end{bmatrix}}_{x(t)} + \underbrace{\begin{bmatrix} 0 \\ B_2 \end{bmatrix}}_{B} u(t) \\ y(t) = \underbrace{\begin{bmatrix} I_p & 0 \end{bmatrix}}_{C} \underbrace{\begin{bmatrix} y(t) \\ \dot{y}(t) \end{bmatrix}}_{x(t)} \end{cases}$$

に対して，p 次元の恒等関数オブザーバの一つは次式で与えられることを示せ．

$$\begin{cases} \dot{\hat{x}}(t) = \underbrace{(A_{22} - L)}_{\hat{A}} \hat{x}(t) + \underbrace{(A_{21} + (A_{22} - L)L)}_{\hat{B}} y(t) + \underbrace{B_2}_{\hat{J}} u(t) \\ z(t) = \underbrace{\begin{bmatrix} 0 \\ I_p \end{bmatrix}}_{\hat{C}} \hat{x}(t) + \underbrace{\begin{bmatrix} I_p \\ L \end{bmatrix}}_{\hat{D}} y(t) \end{cases}$$

ここで，L は $\hat{A}$ を安定行列とするサイズ $p \times p$ の適当な行列である．

【解答】 恒等関数オブザーバの場合は $K = I_{2p}$ であり，条件 (11.13) の第 2 式と第 4 式が満足されることを示せばよい．いま

$$U = \begin{bmatrix} -L & I_p \end{bmatrix}$$

と選べば，次式が成り立つ．

[†] 例えば，倒立振子の次元数は 4，出力数は 2 なので，状態オブザーバを用いた場合は 4 次元であるが，最小次元の恒等関数オブザーバを用いれば 2 次元に，線形関数オブザーバを用いれば 1 次元に減らすことができる．

$$
\underbrace{\begin{bmatrix} A_{21} & A_{22}-L \\ I_p & 0 \\ 0 & I_p \end{bmatrix}}_{\begin{bmatrix} UA \\ I_{2p} \end{bmatrix}} = \underbrace{\begin{bmatrix} A_{22}-L & A_{21}+(A_{22}-L)L \\ 0 & I_p \\ I_p & L \end{bmatrix}}_{\begin{bmatrix} \hat{A} & \hat{B} \\ \hat{C} & \hat{D} \end{bmatrix}} \underbrace{\begin{bmatrix} -L & I_p \\ I_p & 0 \end{bmatrix}}_{\begin{bmatrix} U \\ C \end{bmatrix}}
$$

◇

演習 11.5 例題 11.5 の 2 次系に対する恒等関数オブザーバを，その固有値が $\lambda = -2$ となるように求めよ．この恒等関数オブザーバに対して例題 11.2 と同様のシミュレーションを行え．

例題 11.6 例題 11.5 の 1 入力 p 出力 $2p$ 次系に対して，線形関数

$$
u(t) = \underbrace{\begin{bmatrix} K_1 & K_2 \end{bmatrix}}_{K} \underbrace{\begin{bmatrix} y(t) \\ \dot{y}(t) \end{bmatrix}}_{x(t)}
$$

を推定する線形関数オブザーバの一つは，つぎに $(p+1)$ 入力 1 出力「1 次系」として与えられることを示せ．

$$
\begin{cases}
\dot{\hat{x}}(t) = \underbrace{\lambda}_{\hat{A}} \hat{x}(t) + \underbrace{K_2(A_{21}+\lambda L)}_{\hat{B}} y(t) + \underbrace{K_2 B_2}_{\hat{J}} u(t) \\
z(t) = \hat{x}(t) + \underbrace{(K_1 + K_2 L)}_{\hat{D}} y(t)
\end{cases}
$$

ただし，$L = A_{22} - \lambda I_p$ と定める．

【解答】 条件 (11.13) の第 2 式と第 4 式が満足されることを示せばよい．いま

$$
U = K_2 \begin{bmatrix} -L & I_p \end{bmatrix}
$$

と選べば，次式が成り立つ．

$$\underbrace{\begin{bmatrix} K_2 A_{21} & K_2(A_{22}-L) \\ K_1 & K_2 \end{bmatrix}}_{\begin{bmatrix} UA \\ K \end{bmatrix}} = \underbrace{\begin{bmatrix} \lambda & K_2(A_{21}+\lambda L) \\ 1 & K_1 + K_2 L \end{bmatrix}}_{\begin{bmatrix} \hat{A} & \hat{B} \\ \hat{C} & \hat{D} \end{bmatrix}} \underbrace{\begin{bmatrix} -K_2 L & K_2 \\ I_p & 0 \end{bmatrix}}_{\begin{bmatrix} U \\ C \end{bmatrix}}$$

◇

演習 11.6　例題 11.6 の 2 次系に対して，状態フィードバック $u(t) = -y(t) - 2\dot{y}(t)$ を考える。このとき，この状態フィードバックを実施する 1 次元線形関数オブザーバを，その固有値が $\lambda = -2$ となるように求めよ。また，その出力が $u(t)$ を追跡するシミュレーションを行え。

12

LQG 制御

【本章のねらい】

- 1次系,2次系の状態フィードバックの最適設計を,リッカチ方程式を解いて行う。
- リッカチ方程式を解くMファイルを理解し,これを用いて高次系の状態フィードバックの最適設計を行う。
- オブザーバベースト・コントローラの最適設計を,リッカチ方程式 CARE から状態フィードバックを,またリッカチ方程式 FARE からオブザーバゲインを求めて行う。

12.1 状態フィードバックの最適設計

可制御な m 入力 p 出力 n 次元線形システム (n 次系)

$$\begin{cases} \dot{x}(t) = Ax(t) + Bu(t) \\ y(t) = Cx(t) \end{cases} \tag{12.1}$$

を安定化する状態フィードバック

$$u(t) = -Fx(t) \tag{12.2}$$

の決定法を改めて考える。一つの方法は,閉ループ系

$$\begin{cases} \dot{x}(t) = (A - BF)x(t) \\ y(t) = Cx(t) \end{cases} \tag{12.3}$$

の時間応答に関する評価規範として，2次形式評価関数

$$\int_0^\infty (x^T(t)C^TQCx(t) + u^T(t)Ru(t))\,dt \tag{12.4}$$

を設定し，これを最小化する問題を解くことである。ただし，$Q>0$, $R>0$ とし†，また，(A,C) は可観測対とする。これによる状態フィードバックのゲイン行列は，リッカチ方程式

$$\Pi A + A^T\Pi - \Pi BR^{-1}B^T\Pi + C^TQC = 0 \tag{12.5}$$

の解 $\Pi > 0$ を用いて，次式で与えられる。

$$F = R^{-1}B^T\Pi \tag{12.6}$$

まず，1次系の場合を考える。

例題 12.1 時定数 T と定常ゲイン K を持つ1次系

$$\dot{x}(t) = -\frac{1}{T}x(t) + \frac{K}{T}u(t)$$

に対して，評価関数

$$J = \int_0^\infty (q^2 x^2(t) + r^2 u^2(t))\,dt$$

を最小にするように，状態フィードバック $u = -fx$ を決定せよ。

【解答】 リッカチ方程式

$$\frac{1}{r^2}\left(\frac{K}{T}\right)^2 \Pi^2 - 2\left(-\frac{1}{T}\right)\Pi - q^2 = 0$$

の解 Π を求めると

---

† Q, R は正定行列。『線形システム制御入門』2.3.3 項を参照。

$$\Pi = \frac{\left(-\frac{1}{T}\right) \pm \sqrt{\left(-\frac{1}{T}\right)^2 - \frac{1}{r^2}\left(\frac{K}{T}\right)^2 (-q^2)}}{\frac{1}{r^2}\left(\frac{K}{T}\right)^2}$$

$$= \frac{r^2}{K^2} T \left(-1 \pm \sqrt{1 + \left(\frac{q}{r}\right)^2 K^2}\right)$$

となる。$\Pi > 0$ より，求めるゲイン f は

$$f = \frac{1}{r^2} \frac{K}{T} \Pi = \frac{1}{K} \left(-1 + \sqrt{1 + \left(\frac{q}{r}\right)^2 K^2}\right)$$

となる。 $\diamondsuit$

演習 12.1 例題 12.1 において，$T=1$, $K=1$ とする。このとき，つぎの重み係数を持つ評価関数を最小にする f を決定せよ。

(1) $q=1$, $r=1$　　(2) $q=1$, $r=\sqrt{0.5}$　　(3) $q=1$, $r=\sqrt{0.1}$

また，$x(0)=1$ のとき，閉ループ系の時間応答を MATLAB でシミュレーションせよ。

つぎに，2 次系の場合を考える。

例題 12.2 2 次系

$$\begin{bmatrix} \dot{x}_1(t) \\ \dot{x}_2(t) \end{bmatrix} = \begin{bmatrix} 0 & 1 \\ 0 & 0 \end{bmatrix} \begin{bmatrix} x_1(t) \\ x_2(t) \end{bmatrix} + \begin{bmatrix} 0 \\ 1 \end{bmatrix} u(t)$$

を安定化する状態フィードバック $u(t) = -f_1 x_1(t) - f_2 x_2(t)$ を，評価関数

$$\int_0^\infty (x_1^2(t) + x_2^2(t) + u^2(t)) \, dt$$

を最小にするように求めよ。

【解答】 リッカチ方程式

$$\begin{bmatrix} \pi_1 & \pi_3 \\ \pi_3 & \pi_2 \end{bmatrix} \begin{bmatrix} 0 & 1 \\ 0 & 0 \end{bmatrix} + \begin{bmatrix} 0 & 0 \\ 1 & 0 \end{bmatrix} \begin{bmatrix} \pi_1 & \pi_3 \\ \pi_3 & \pi_2 \end{bmatrix}$$

$$- \begin{bmatrix} \pi_1 & \pi_3 \\ \pi_3 & \pi_2 \end{bmatrix} \begin{bmatrix} 0 \\ 1 \end{bmatrix} \begin{bmatrix} 0 & 1 \end{bmatrix} \begin{bmatrix} \pi_1 & \pi_3 \\ \pi_3 & \pi_2 \end{bmatrix} + \begin{bmatrix} 1 & 0 \\ 0 & 1 \end{bmatrix}$$

$$= \begin{bmatrix} 0 & 0 \\ 0 & 0 \end{bmatrix}$$

を要素ごとに整理して

$$\begin{cases} -\pi_3^2 + 1 = 0 \\ \pi_1 - \pi_2 \pi_3 = 0 \\ 2\pi_3 - \pi_2^2 + 1 = 0 \end{cases}$$

を得る。これは、まず第1式より π_3 が二つ、つぎに第3式より π_2 が二つ、さらに第2式より π_1 が一つ定まり、つぎのように4組の解を持つ。

$$\begin{cases} \pi_3 = 1 \Rightarrow \begin{cases} \pi_2 = \sqrt{3} & \Rightarrow \pi_1 = \sqrt{3} & (1) \quad \bigcirc \\ \pi_2 = -\sqrt{3} & \Rightarrow \pi_1 = -\sqrt{3} & (2) \quad \times \end{cases} \\ \pi_3 = -1 \Rightarrow \begin{cases} \pi_2 = j & \Rightarrow \pi_1 = -j & (3) \quad \times \\ \pi_2 = -j & \Rightarrow \pi_1 = j & (4) \quad \times \end{cases} \end{cases}$$

ここで、(1) だけが $\pi_1, \pi_2 > 0$, $\pi_1 \pi_2 - \pi_3^2 > 0$ [†]を満たす。したがって

$$\begin{bmatrix} f_1 & f_2 \end{bmatrix} = \begin{bmatrix} 0 & 1 \end{bmatrix} \begin{bmatrix} \pi_1 & \pi_3 \\ \pi_3 & \pi_2 \end{bmatrix} = \begin{bmatrix} \pi_3 & \pi_2 \end{bmatrix} = \begin{bmatrix} 1 & \sqrt{3} \end{bmatrix}$$

となる。 ◇

演習 12.2 つぎの2次系について、**例題 12.2** と同じ問題設定で解け。

(1) $\begin{bmatrix} \dot{x}_1(t) \\ \dot{x}_2(t) \end{bmatrix} = \begin{bmatrix} 0 & 1 \\ 0 & -1 \end{bmatrix} \begin{bmatrix} x_1(t) \\ x_2(t) \end{bmatrix} + \begin{bmatrix} 0 \\ 1 \end{bmatrix} u(t)$

[†] $\begin{bmatrix} \pi_1 & \pi_3 \\ \pi_3 & \pi_2 \end{bmatrix} > 0 \Leftrightarrow \pi_1 > 0,\ \pi_1 \pi_2 - \pi_3^2 > 0$。このとき、$\pi_2 > 0$。

(2) $\begin{bmatrix} \dot{x}_1(t) \\ \dot{x}_2(t) \end{bmatrix} = \begin{bmatrix} 0 & 1 \\ -1 & 0 \end{bmatrix} \begin{bmatrix} x_1(t) \\ x_2(t) \end{bmatrix} + \begin{bmatrix} 0 \\ 1 \end{bmatrix} u(t)$

例題 12.3 2 次系

$$\begin{cases} \begin{bmatrix} \dot{x}_1(t) \\ \dot{x}_2(t) \end{bmatrix} = \begin{bmatrix} 0 & 1 \\ 0 & -2\zeta\omega_n \end{bmatrix} \begin{bmatrix} x_1(t) \\ x_2(t) \end{bmatrix} + \begin{bmatrix} 0 \\ \omega_n^2 \end{bmatrix} \\ y(t) = \begin{bmatrix} 1 & 0 \end{bmatrix} \begin{bmatrix} x_1(t) \\ x_2(t) \end{bmatrix} \end{cases}$$

を安定化する状態フィードバック $u(t) = -f_1 x_1(t) - f_2 x_2(t)$ を,評価関数

$$\int_0^\infty (q^2 y^2(t) + r^2 u^2(t))\, dt$$

を最小にするように求めると

$$f_1 = \frac{q}{r}, \quad f_2 = \frac{2}{\omega_n}\left(-\zeta + \sqrt{\zeta^2 + \frac{1}{2}\frac{q}{r}}\right)$$

となることを示せ.

【解答】 リッカチ方程式

$$\begin{bmatrix} \pi_1 & \pi_3 \\ \pi_3 & \pi_2 \end{bmatrix} \begin{bmatrix} 0 & 1 \\ 0 & -2\zeta\omega_n \end{bmatrix} + \begin{bmatrix} 0 & 0 \\ 1 & -2\zeta\omega_n \end{bmatrix} \begin{bmatrix} \pi_1 & \pi_3 \\ \pi_3 & \pi_2 \end{bmatrix}$$

$$- \begin{bmatrix} \pi_1 & \pi_3 \\ \pi_3 & \pi_2 \end{bmatrix} \begin{bmatrix} 0 \\ \omega_n^2 \end{bmatrix} r^{-2} \begin{bmatrix} 0 & \omega_n^2 \end{bmatrix} \begin{bmatrix} \pi_1 & \pi_3 \\ \pi_3 & \pi_2 \end{bmatrix}$$

$$+ \begin{bmatrix} 1 \\ 0 \end{bmatrix} q^2 \begin{bmatrix} 1 & 0 \end{bmatrix} = \begin{bmatrix} 0 & 0 \\ 0 & 0 \end{bmatrix}$$

を要素ごとに整理して

$$\begin{cases} -r^{-2}\omega_n^4 \pi_3^2 + q^2 = 0 \\ \pi_1 - 2\zeta\omega_n \pi_3 - r^{-2}\omega_n^4 \pi_2 \pi_3 = 0 \\ 2\pi_3 - 4\zeta\omega_n \pi_2 - r^{-2}\omega_n^4 \pi_2^2 = 0 \end{cases}$$

を得る．まず，第 1 式より π_3 が

$$\pi_3 = \pm\, r\omega_n^{-2} q$$

と求められる．つぎに，第 3 式より π_2 は

$$\pi_2 = r^2\omega_n^{-4}\left(-2\zeta\omega_n \pm \sqrt{(2\zeta\omega_n)^2 \pm 2r^{-2}\omega_n^4 r\omega_n^{-2} q}\right)$$

となるが，$\pi_2 > 0$ より

$$\pi_2 = r^2\omega_n^{-3}\left(-2\zeta + \sqrt{4\zeta^2 \pm 2r^{-1}q}\right)$$

でなければならない．さらに，第 2 式より π_1 は

$$\begin{aligned}\pi_1 &= \left(2\zeta\omega_n + r^{-2}\omega_n^4 r^2\omega_n^{-3}\left(-2\zeta + \sqrt{4\zeta^2 \pm 2r^{-1}q}\right)\right)(\pm r\omega_n^{-2} q) \\ &= \pm\, r\omega_n^{-2} q\sqrt{4\zeta^2 \pm 2r^{-1}q}\end{aligned}$$

となるが，$\pi_1 > 0$ より

$$\begin{aligned}\pi_1 &= r\omega_n^{-1} q\sqrt{2r^{-1}q + 4\zeta^2} \\ \pi_2 &= r^2\omega_n^{-3}\left(-2\zeta + \sqrt{2r^{-1}q + 4\zeta^2}\right) \\ \pi_3 &= r\omega_n^{-2} q\end{aligned}$$

でなければならない．このとき $\pi_1\pi_2 - \pi_3^2 > 0$ も満足される．したがって

$$\begin{aligned}\begin{bmatrix} f_1 & f_2 \end{bmatrix} &= r^{-2}\begin{bmatrix} 0 & \omega_n^2 \end{bmatrix}\begin{bmatrix} \pi_1 & \pi_3 \\ \pi_3 & \pi_2 \end{bmatrix} = r^{-2}\omega_n^2\begin{bmatrix} \pi_3 & \pi_2 \end{bmatrix} \\ &= \begin{bmatrix} \dfrac{q}{r} & \dfrac{2}{\omega_n}\left(-\zeta + \sqrt{\zeta^2 + \dfrac{1}{2}\dfrac{q}{r}}\right) \end{bmatrix}\end{aligned}$$

となる． ◇

演習 12.3 2 次系

$$\begin{bmatrix} \dot{x}_1(t) \\ \dot{x}_2(t) \end{bmatrix} = \begin{bmatrix} 0 & 1 \\ -\omega_n^2 & -2\zeta\omega_n \end{bmatrix}\begin{bmatrix} x_1(t) \\ x_2(t) \end{bmatrix} + \begin{bmatrix} 0 \\ \omega_n^2 \end{bmatrix} u(t)$$

について，**例題 12.3** と同じ問題設定で解くと

$$\begin{cases} f_1 = -1 + \sqrt{1 + \left(\dfrac{q}{r}\right)^2} \\ f_2 = -\dfrac{2}{\omega_n}\left(-\zeta + \sqrt{\zeta^2 - \dfrac{1}{2} + \dfrac{1}{2}\sqrt{1 + \left(\dfrac{q}{r}\right)^2}}\right) \end{cases}$$

のように与えられることを示せ。

ちなみに，**例題 12.3** において，評価関数

$$\int_0^\infty (q_1^2 x_1^2(t) + q_2^2 x_2^2(t) + r^2 u^2(t))\,dt \tag{12.7}$$

を最小にするように求めると

$$\begin{cases} f_1 = \dfrac{q_1}{r} \\ f_2 = \dfrac{2}{\omega_n}\left(-\zeta + \sqrt{\zeta^2 + \dfrac{1}{2}\dfrac{q_1}{r} + \left(\dfrac{q_2}{r}\right)^2\left(\dfrac{\omega_n}{2}\right)^2}\right) \end{cases} \tag{12.8}$$

となる。**演習 12.3** においては

$$\begin{cases} f_1 = -1 + \sqrt{1 + \left(\dfrac{q_1}{r}\right)^2} \\ f_2 = -\dfrac{2}{\omega_n}\left(-\zeta + \sqrt{\zeta^2 - \dfrac{1}{2} + \dfrac{1}{2}\sqrt{1 + \left(\dfrac{q_1}{r}\right)^2} + \left(\dfrac{q_2}{r}\right)^2\left(\dfrac{\omega_n}{2}\right)^2}\right) \end{cases} \tag{12.9}$$

となる。これらから，重み係数 q_1, q_2 の与え方の指針が得られる[†]。

さて，計算機を用いてリッカチ方程式を解くときは，ハミルトン行列 M の安定固有値と対応する固有ベクトルを

$$\underbrace{\begin{bmatrix} A & -BR^{-1}B^T \\ -C^T Q C & -A^T \end{bmatrix}}_{M(2n \times 2n)} \underbrace{\begin{bmatrix} V_1 \\ V_2 \end{bmatrix}}_{V^-(2n \times n)} = \underbrace{\begin{bmatrix} V_1 \\ V_2 \end{bmatrix}}_{V^-(2n \times n)} \underbrace{\mathrm{diag}\{\lambda_1, \cdots, \lambda_n\}}_{\Lambda^-(n \times n)} \tag{12.10}$$

[†] 『線形システム制御入門』5 章の演習問題【1】を参照。また，式 (12.8), (12.9) の導出についてはそれぞれ 5 章の例題 5.1 と演習問題【2】を参照。

12.1 状態フィードバックの最適設計

のように求めて，状態フィードバックゲインを

$$F = R^{-1}B^T \underbrace{V_2 V_1^{-1}}_{\Pi} \tag{12.11}$$

によって得る。

例題 12.4 リッカチ方程式 $\Pi A + A^T \Pi - \Pi B R^{-1} B^T \Pi + C^T Q C = 0$ を解き，状態フィードバックゲイン $F = R^{-1}B^T \Pi$ と閉ループ系の固有値 $\lambda(A-BF)$ を求める M ファイル

    [F,p]=opt(A,B,C,Q,R)

を準備し，例題 12.2 を解け。

【解答】 M ファイル opt.m の作成例をつぎに示す。

```
%opt.m
function [F,p]=opt(A,B,C,Q,R)                        #1
n=size(A,1); W=R\B';                                 #2
[V,R]=eig([A -B*W;-C'*Q*C -A']);                     #3
p=diag(R); [wk,id]=sort(real(p)); p=p(id(1:n));      #4
V1=V(1:n,id(1:n)); V2=V(n+1:2*n,id(1:n));            #5
X=real(V2/V1);                                       #6
F=W*X;                                               #7
```

ここで，3 行目でハミルトン行列の固有値問題を解き，安定固有値の添字を 4 行目の id に得て，リッカチ方程式の解 X を得ている。

例題 12.2 を解くには，MATLAB につぎのコマンドを与えればよい。

```
%lqr.m
A=[0 1;0 0]; B=[0; 1]; C=[1 0]; Q=1; R=1;
[F,p]=opt(A,B,C,Q,R);
```

また，p が閉ループ系の固有値 $\lambda(A-BF)$ に等しいことは，eig(A-B*F) としてみれば確認できる。   ◇

演習 12.4   演習 12.2 を，例題 12.4 にならって MATLAB で解け。

演習 12.5 3次系

$$\begin{cases} \begin{bmatrix} \dot{x}_1(t) \\ \dot{x}_2(t) \\ \dot{x}_3(t) \end{bmatrix} = \begin{bmatrix} 0 & 1 & 0 \\ 0 & 0 & 0 \\ 0 & 0 & -1 \end{bmatrix} \begin{bmatrix} x_1(t) \\ x_2(t) \\ x_3(t) \end{bmatrix} + \begin{bmatrix} 0 & 0 \\ 1 & -1 \\ 0 & 1 \end{bmatrix} \begin{bmatrix} u_1(t) \\ u_2(t) \end{bmatrix} \\ \begin{bmatrix} y_1(t) \\ y_2(t) \end{bmatrix} = \begin{bmatrix} 1 & 0 & 0 \\ 0 & 0 & 1 \end{bmatrix} \begin{bmatrix} x_1(t) \\ x_2(t) \\ x_3(t) \end{bmatrix} \end{cases}$$

を安定化する状態フィードバック $u(t) = -f_1 x_1(t) - f_2 x_2(t) - f_3 x_3(t)$ を，つぎの評価関数を最小にするように求めよ．

$$J = \int_0^\infty (y_1^2(t) + y_2^2(t) + u_1^2(t) + u_2^2(t))\, dt$$

演習 12.6 4次系

$$\begin{cases} \begin{bmatrix} \dot{x}_1(t) \\ \dot{x}_2(t) \\ \dot{x}_3(t) \\ \dot{x}_4(t) \end{bmatrix} = \begin{bmatrix} 0 & 0 & 1 & 0 \\ 0 & 0 & 0 & 1 \\ -1 & 1 & 0 & 0 \\ 1 & -1 & 0 & 0 \end{bmatrix} \begin{bmatrix} x_1(t) \\ x_2(t) \\ x_3(t) \\ x_4(t) \end{bmatrix} + \begin{bmatrix} 0 \\ 0 \\ 1 \\ 0 \end{bmatrix} u(t) \\ y(t) = \begin{bmatrix} 0 & 1 & 0 & 0 \end{bmatrix} \begin{bmatrix} x_1(t) \\ x_2(t) \\ x_3(t) \\ x_4(t) \end{bmatrix} \end{cases}$$

を安定化する状態フィードバック $u(t) = -f_1 x_1(t) - f_2 x_2(t) - f_3 x_3(t) - f_4 x_4(t)$ を，つぎの評価関数を最小にするように求めよ．

$$J = \int_0^\infty (y^2(t) + u^2(t))\, dt$$

12.2 オブザーバベースト・コントローラの最適設計

オブザーバベースト・コントローラによる閉ループ系の時間応答に関する評価を行うために，図 12.1 のブロック線図を考える．ここで，新しい入力 w と v がそれぞれ $W>0$ と $V>0$ の平方根行列†により重み付けられて，n 次系の入力側（B' を介して）と出力側に設置されている．また，新しい出力 $z = C'x$ と入力 u が取り出されており，それぞれ $Q>0$ と $R>0$ の平方根行列により重み付けられている．

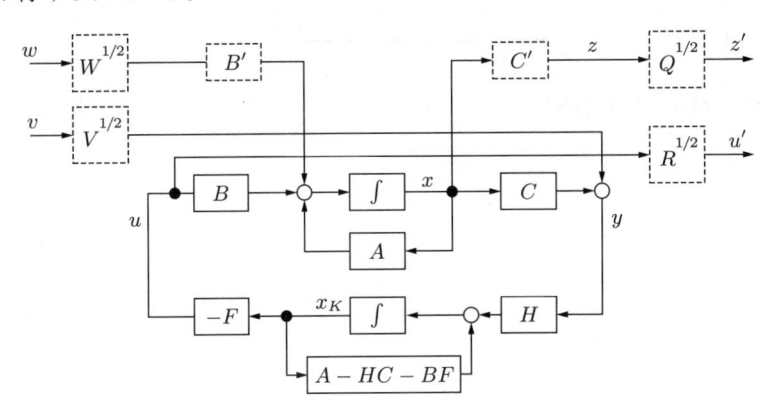

図 12.1 オブザーバベースト・コントローラによる閉ループ系の評価

この n 次系

$$\begin{cases} \dot{x}(t) = Ax(t) + Bu(t) + B'W^{1/2}w(t) \\ y(t) = Cx(t) + V^{1/2}v(t) \\ z(t) = C'x(t) \end{cases} \quad (12.12)$$

に対して，オブザーバベースト・コントローラ

$$\begin{cases} \dot{\hat{x}}(t) = (A - HC - BF)\hat{x}(t) + Hy(t) \\ u(t) = -F\hat{x}(t) \end{cases} \quad (12.13)$$

---

† $X>0$ に対し，$YY=X$ を満足する行列 $Y>0$ を $X^{1/2}$ で表す．

による閉ループ系は，次式で表される。

$$
\begin{cases}
\begin{bmatrix} \dot{x}(t) \\ \dot{\hat{x}}(t) \end{bmatrix} = \underbrace{\begin{bmatrix} A & -BF \\ HC & A - HC - BF \end{bmatrix}}_{A_{\mathrm{CL}}} \begin{bmatrix} x(t) \\ \hat{x}(t) \end{bmatrix} \\
\qquad\qquad + \underbrace{\begin{bmatrix} B'W^{1/2} & 0 \\ 0 & HV^{1/2} \end{bmatrix}}_{B_{\mathrm{CL}}} \begin{bmatrix} w(t) \\ v(t) \end{bmatrix} \\
\begin{bmatrix} z'(t) \\ u'(t) \end{bmatrix} = \underbrace{\begin{bmatrix} Q^{1/2}C' & 0 \\ 0 & -R^{1/2}F \end{bmatrix}}_{C_{\mathrm{CL}}} \begin{bmatrix} x(t) \\ \hat{x}(t) \end{bmatrix}
\end{cases} \tag{12.14}
$$

このインパルス応答行列

$$ G_{\mathrm{CL}}(t) = C_{\mathrm{CL}} \exp(A_{\mathrm{CL}} t) B_{\mathrm{CL}} \tag{12.15} $$

に関する評価規範として

$$ J = \int_0^\infty \mathrm{tr}(G_{\mathrm{CL}}^T(t) G_{\mathrm{CL}}(t)) \, dt \tag{12.16} $$

を設定し，これを最小化する問題を解くことができる（tr は行列のトレース）。その詳細は割愛するが，状態フィードバックのゲイン行列 F と状態オブザーバのゲイン行列 H はつぎの手順で決定できる[†]。

ステップ 1. 行列方程式

$$ \mathbf{CARE}: \Pi A + A^T \Pi - \Pi B R^{-1} B^T \Pi + C'^T Q C' = 0 \tag{12.17} $$

の解 $\Pi > 0$ を求めて，つぎの状態フィードバックのゲイン行列 F を定める。

$$ F = R^{-1} B^T \Pi \tag{12.18} $$

[†] この手順は LQG（Linear Quadratic Gaussian）制御問題の解法と同等である。

ステップ 2. 行列方程式

$$\textbf{FARE}: \Gamma A^T + A\Gamma - \Gamma C^T V^{-1} C \Gamma + B'WB'^T = 0 \quad (12.19)$$

の解 $\Gamma > 0$ を求めて，つぎの状態オブザーバのゲイン行列 H を定める．

$$H = V^{-1} C \Gamma \quad (12.20)$$

例題 12.5 1次系 $\dot{x}(t) = ax(t) + bu(t)$ $(a = 0,\ b = 1)$ に対するオブザーバベースト・コントローラを

$$\textbf{CARE}: -r^{-2} b^2 \Pi^2 + 2a\Pi + q^2 = 0$$

$$\textbf{FARE}: -\rho^{-2} c^2 \Gamma^2 + 2a\Gamma + \sigma^2 = 0$$

において $q = 1,\ r = 1,\ \sigma = 1,\ \rho = 1$ と選んで構成せよ．

【解答】 CARE に，$a = 0,\ b = 1,\ q = 1,\ r = 1$ を代入して，$\Pi^2 = 1$。$\Pi > 0$ より $\Pi = 1$。したがって，状態フィードバックゲインは，$f = (1/r^2) b \Pi = 1$。FARE に $a = 0,\ c = 1,\ \sigma = 1,\ \rho = 1$ を代入して，$\Gamma^2 = 1$。$\Gamma > 0$ より $\Gamma = 1$。したがって，オブザーバゲインは，$h = (1/\rho^2) c \Gamma = 1$。以上から，オブザーバベースト・コントローラが，つぎのように得られる．

$$\begin{cases} \dot{\hat{x}}(t) = (a - hc - bf)\hat{x}(t) + hy(t) = -2\hat{x}(t) + y(t) \\ u(t) = -f\hat{x}(t) = -\hat{x}(t) \end{cases}$$

◇

演習 12.7 1次系 $\dot{x}(t) = ax(t) + bu(t)$ $(a = -1,\ b = 1)$ に対するオブザーバベースト・コントローラを，**例題 12.5** の CARE において $q = 1$，$r = 1$，FARE において $\sigma = 1$，$\rho = 0.2$ と選んで構成せよ．

例題 12.6 LQG 制御則を設計するための M ファイルを作成せよ．

    [AK,BK,CK,pK,pcare,pfare]=optobc(A,B,C,CC,Q,R,BB,W,V)

【解答】 例題12.4で作成したMファイルopt.mを用いる。

```
%optobc.m
function [AK,BK,CK,pK,pcare,pfare]=optobc(A,B,C,CC,Q,R,BB,W,V)
[F,pcare]=opt(A,B,CC,Q,R);
[H,pfare]=opt(A',C',BB',W,V); H=H';
AK=A-H*C-B*F; BK=H; CK=F; pK=eig(AK);
```

◇

演習 12.8　演習12.7を，例題12.6で作成したMファイルoptobc.mを用いて解け。

13 LQI 制御

【本章のねらい】

- 定値外乱の影響を除去し，出力を定値目標に追従させるために，積分動作を加えた状態フィードバックを行う．
- 偏差系を用いてその最適設計を行う．

13.1 定値外乱除去と定値目標追従

これまで，平衡状態にある制御対象がなんらかの要因で平衡を乱されたとき，状態フィードバックを行ってすみやかに元の平衡状態に戻すことを考えてきた．このように初期時刻において瞬間的に加わる外乱ではなく，ここでは持続的に一定の外乱 w が加わる状況を考える．すなわち，つぎの状態方程式を考える．

$$\dot{x}(t) = Ax(t) + Bu(t) + w \tag{13.1}$$

このとき，補助入力 $v(t)$ を持つ状態フィードバック

$$u(t) = -Fx(t) + v(t) \tag{13.2}$$

による安定化を行うと，閉ループ系

$$\dot{x}(t) = \underbrace{(A - BF)}_{A_F} x(t) + Bv(t) + w \tag{13.3}$$

の時間応答は

$$x(t) = \exp(A_F t)x(0) + \int_0^t \exp(A_F(t-\tau))(Bv(\tau)+w)d\tau \quad (13.4)$$

となる。ここで，$Bv(t)+w=0$ を満たす $v(t)$ を選べば平衡状態 $x=0$ に戻ることがわかる。しかしながら，一般に外乱は未知としなければならないので，この方法は使えない。そこで，定値外乱 w を推定する仕組みが考えられている。じつは，この仕組みを利用して，出力を定値目標に追従させることもできる。

以下では，制御対象はつぎの可制御な m 入力 $(p+m)$ 出力 n 次元線形システム

$$\begin{cases} \dot{x}(t) = Ax(t) + Bu(t) + w \\ y(t) = C_M x(t) \\ z(t) = Cx(t) \; (= C_S y(t) = C_S C_M x(t)) \end{cases} \quad (13.5)$$

で表されるとする。ここで，出力方程式が 2 本あるが，第 1 番目は観測方程式であり，第 2 番目は入力変数と同じ m 個の被制御変数からなる新しい出力 z を状態 x の線形関数としている†。いま

$$S = \begin{bmatrix} A & B \\ C & 0 \end{bmatrix} \text{ は正則} \quad (13.6)$$

と仮定すると，定常状態において

$$\begin{cases} \underbrace{\dot{x}(\infty)}_{0} = A\underbrace{x(\infty)}_{x_\infty} + B\underbrace{u(\infty)}_{u_\infty} + w \\ \underbrace{z(\infty)}_{r} = C\underbrace{x(\infty)}_{x_\infty} \end{cases} \quad (13.7)$$

を満足する状態 x_∞ と u_∞ が，任意の w と r に対して

$$\begin{bmatrix} x_\infty \\ u_\infty \end{bmatrix} = \underbrace{\begin{bmatrix} A & B \\ C & 0 \end{bmatrix}^{-1}}_{S^{-1}} \begin{bmatrix} -w \\ r \end{bmatrix} \quad (13.8)$$

---

† y は式 (13.10) のようにフィードバックされるので，出力 y の線形関数 $z=C_S y$ として表しておく。1 出力系の場合は y と z を区別する必要はない $(C_M = C)$。

13.1 定値外乱除去と定値目標追従

のように定まる．この準備のもとで，制御目的として，**定値外乱** w を除去し，出力 z を**定値目標** r に追従させることを考える．

そのために，状態フィードバック (13.2) の補助入力として

$$v(t) = F_I \int_0^t (r - z(\tau))\, d\tau \tag{13.9}$$

を考える．すなわち，つぎの「積分動作を持つ状態フィードバック」を行う．

$$\begin{cases} u(t) = -Fx(t) - F_I x_I(t) \\ \dot{x}_I(t) = r - z(t) \end{cases} \tag{13.10}$$

このとき閉ループ系

$$\begin{bmatrix} \dot{x}(t) \\ \dot{x}_I(t) \end{bmatrix} = \underbrace{\begin{bmatrix} A - BF & -BF_I \\ C & 0 \end{bmatrix}}_{A_{\mathrm{EF}}} \begin{bmatrix} x(t) \\ x_I(t) \end{bmatrix} + \begin{bmatrix} w \\ -r \end{bmatrix} \tag{13.11}$$

において，A_{EF} を安定行列にすることができれば，$t \to \infty$ のとき

$$\begin{bmatrix} x(t) \\ x_I(t) \end{bmatrix} \to \underbrace{\begin{bmatrix} I_n & 0 \\ -F_I^{-1}F & -F_I^{-1} \end{bmatrix}}_{A_{\mathrm{EF}}^{-1}} S^{-1} \begin{bmatrix} -w \\ r \end{bmatrix} \tag{13.12}$$

となり，式 (13.8) を用いて，次式が成り立つ．

$$\begin{cases} x(t) \to \begin{bmatrix} I_n & 0 \end{bmatrix} S^{-1} \begin{bmatrix} -w \\ r \end{bmatrix} = x_\infty \\ v(t) = -F_I x_I(t) \to \begin{bmatrix} F & I_m \end{bmatrix} S^{-1} \begin{bmatrix} -w \\ r \end{bmatrix} = Fx_\infty + u_\infty \\ u(t) = -Fx(t) + v(t) \to -Fx_\infty + (Fx_\infty + u_\infty) = u_\infty \\ z(t) = Cx(t) \to Cx_\infty = r \end{cases} \tag{13.13}$$

この第2式より，図 **13.1** に示すフィードフォワードのゲイン行列の候補として

13. LQI 制御

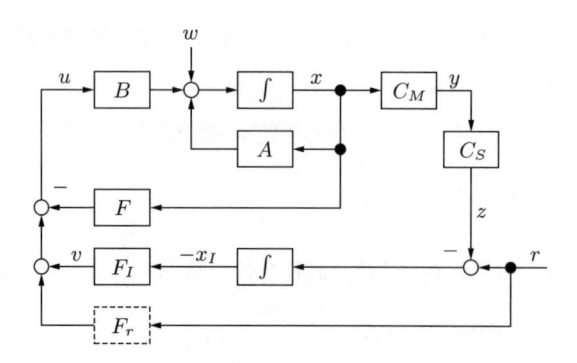

図 13.1 積分動作を加えた状態フィードバックによる閉ループ系

$$F_r = \begin{bmatrix} F & I_m \end{bmatrix} S^{-1} \begin{bmatrix} 0 \\ I_m \end{bmatrix} \tag{13.14}$$

が考えられる．これは，$w = 0$ のとき目標値に到達する速度を改善するのに役立つ．

上の制御則を，状態オブザーバ

$$\dot{\hat{x}} = (A - HC_M)\hat{x} + Hy_M + Bu \tag{13.15}$$

の出力を用いて実施するときは，積分動作を持つオブザーバベースト・コントローラ

$$\begin{cases} \begin{bmatrix} \dot{\hat{x}}(t) \\ \dot{x}_I(t) \end{bmatrix} = \begin{bmatrix} A - HC_M - BF & -BF_I \\ 0 & 0 \end{bmatrix} \begin{bmatrix} \hat{x}(t) \\ x_I(t) \end{bmatrix} \\ \qquad\qquad + \begin{bmatrix} H & 0 \\ I_m & -I_m \end{bmatrix} \begin{bmatrix} y(t) \\ r \end{bmatrix} \\ u(t) = -\begin{bmatrix} F & F_I \end{bmatrix} \begin{bmatrix} \hat{x}(t) \\ x_I(t) \end{bmatrix} \end{cases} \tag{13.16}$$

を用いる．このときの閉ループ系を図 **13.2** に示す．

13.1 定値外乱除去と定値目標追従　　181

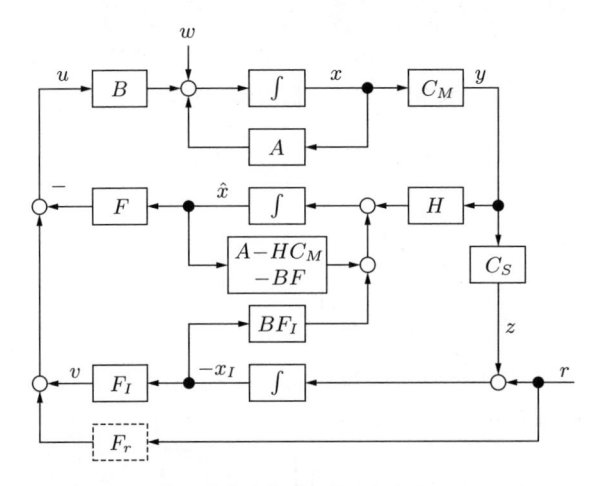

図 13.2 積分動作を加えたオブザーバベースト・
　　　　　コントローラによる閉ループ系

　古典制御において，PID 制御について学んだ．じつは，積分動作を持つ状態フィードバックは，フィードフォワード項をどう決めるかの違いはあるが，1 次系に対しては PI 制御，2 次系に対しては PD 制御 + I 制御と見なすことができる．まず，つぎの例題（1 出力系のため $z = y$）を考える．

例題 13.1　1 次系

$$\begin{cases} \dot{x}(t) = u(t) + w \\ y(t) = x(t) \end{cases}$$

において，定値外乱 w の影響を除去し，出力 y を定値目標 r に追従させるために，積分動作を持つ状態フィードバック

$$u(t) = -fx(t) + f_I \int_0^t (r - y(\tau))\, d\tau + f_r r$$

を考える．このとき，閉ループ系の固有値が $-1, -1$ となるように，f と f_I を決定せよ．また，フィードフォワードゲイン f_r の候補を一つ示せ．

【解答】 $x_I(t) = \int_0^t (y(\tau) - r)\, d\tau$ とおくと，$\dot{x}_I(t) = y(t) - r$，$x_I(0) = 0$。制御対象の状態方程式とこれを合わせて，次式を得る．

$$\begin{bmatrix} \dot{x}(t) \\ \dot{x}_I(t) \end{bmatrix} = \begin{bmatrix} 0 & 0 \\ 1 & 0 \end{bmatrix} \begin{bmatrix} x(t) \\ x_I(t) \end{bmatrix} + \begin{bmatrix} 1 \\ 0 \end{bmatrix} u(t) + \begin{bmatrix} w \\ -r \end{bmatrix}$$

これに対する状態フィードバック

$$u(t) = -\begin{bmatrix} f & f_I \end{bmatrix} \begin{bmatrix} x(t) \\ x_I(t) \end{bmatrix}$$

による閉ループ系の A 行列の固有値が $-1, -1$ となるように，($w = r = 0$ の場合の) 固有値設定問題を解けばよい．すなわち

$$\begin{bmatrix} f & f_I \end{bmatrix} = \begin{bmatrix} 1-0 & 2-0 \end{bmatrix} \begin{bmatrix} 0 & 1 \\ 1 & 0 \end{bmatrix}^{-1} \begin{bmatrix} 1 & 0 \\ 0 & 1 \end{bmatrix}^{-1} = \begin{bmatrix} 2 & 1 \end{bmatrix}$$

のように求められる．また，式 (13.14) からフィードフォワードゲイン f_r は

$$f_r = \begin{bmatrix} 2 & 1 \end{bmatrix} \begin{bmatrix} 0 & 1 \\ 1 & 0 \end{bmatrix}^{-1} \begin{bmatrix} 0 \\ 1 \end{bmatrix} = 2$$

となる． ◇

演習 13.1 例題 13.1 の閉ループ系の時間応答を，(1) $w = 0$, $r = 1$, (2) $w = 1$, $r = 1$ について，MATLAB を用いてシミュレーションせよ．また，フィードフォワード項 $f_r/2$ を入れた効果を確かめよ．

いま，例題 13.1 において，つぎの PI 制御を考える．

$$u(t) = K_P(r - y(t)) + K_I \int_0^t (r - y(\tau))\, d\tau \tag{13.17}$$

これは，$y(t) = x(t)$ だから

$$u(t) = -K_P x(t) + K_I \int_0^t (r - y(\tau))\, d\tau + K_P r \tag{13.18}$$

と書け，$f = K_P$, $f_I = K_I$, $f_r = K_P$ の場合の積分動作を持つ状態フィードバックであることに注意する．

例題 13.2 2次系

$$\begin{cases} \begin{bmatrix} \dot{x}_1(t) \\ \dot{x}_2(t) \end{bmatrix} = \begin{bmatrix} 0 & 1 \\ 0 & 0 \end{bmatrix} \begin{bmatrix} x_1(t) \\ x_2(t) \end{bmatrix} + \begin{bmatrix} 0 \\ 1 \end{bmatrix} u(t) + \begin{bmatrix} 0 \\ w \end{bmatrix} \\ y(t) = \begin{bmatrix} 1 & 0 \end{bmatrix} \begin{bmatrix} x_1(t) \\ x_2(t) \end{bmatrix} \end{cases}$$

において,定値外乱 w の影響を除去し,出力 y を定値目標 r に追従させるために,積分動作を加えた状態フィードバック

$$u(t) = -f_1 x_1(t) - f_2 x_2(t) + f_I \int_0^t (r - y(\tau))\, d\tau + f_r r$$

を考える。いま $f_1 = 3$, $f_2 = 3$, $f_I = 1$ と選ぶとき,$x_1(t)$, $x_2(t)$, $v(t) = -f_I x_I(t)$, $u(t)$, $y(t)$ がどのような値に収束するかを調べよ。また,フィードフォワードゲイン f_r の候補を一つ示せ。

【解答】 $x_I(t) = \displaystyle\int_0^t (y(\tau) - r)\, d\tau$ とおくと,$\dot{x}_I(t) = y(t) - r$, $x_I(0) = 0$。制御対象の状態方程式とこれを合わせて,次式を得る。

$$\begin{bmatrix} \dot{x}_1(t) \\ \dot{x}_2(t) \\ \dot{x}_I(t) \end{bmatrix} = \begin{bmatrix} 0 & 1 & 0 \\ 0 & 0 & 0 \\ 1 & 0 & 0 \end{bmatrix} \begin{bmatrix} x_1(t) \\ x_2(t) \\ x_I(t) \end{bmatrix} + \begin{bmatrix} 0 \\ 1 \\ 0 \end{bmatrix} u(t) + \begin{bmatrix} 0 \\ w \\ -r \end{bmatrix}$$

これに対する状態フィードバックは

$$u(t) = -\begin{bmatrix} 3 & 3 & 1 \end{bmatrix} \begin{bmatrix} x_1(t) \\ x_2(t) \\ x_I(t) \end{bmatrix}$$

となる。このとき,閉ループ系の状態方程式は

$$\begin{bmatrix} \dot{x}_1(t) \\ \dot{x}_2(t) \\ \dot{x}_I(t) \end{bmatrix} = \underbrace{\begin{bmatrix} 0 & 1 & 0 \\ -3 & -3 & -1 \\ 1 & 0 & 0 \end{bmatrix}}_{A_{\mathrm{EF}}} \begin{bmatrix} x_1(t) \\ x_2(t) \\ x_I(t) \end{bmatrix} + \begin{bmatrix} 0 \\ w \\ -r \end{bmatrix}$$

となる。$\det(\lambda I_3 - A_{\mathrm{EF}}) = (\lambda+1)^3$ より，A_{EF} の固有値はすべて -1 となり，A_{EF} は安定行列。したがって，$t \to \infty$ のとき

$$\begin{bmatrix} x_1(t) \\ x_2(t) \\ x_I(t) \end{bmatrix} \to \underbrace{\begin{bmatrix} 0 & 0 & 1 \\ 1 & 0 & 0 \\ -3 & -1 & -3 \end{bmatrix}}_{A_{\mathrm{EF}}^{-1}} \begin{bmatrix} 0 \\ -w \\ r \end{bmatrix} = \begin{bmatrix} r \\ 0 \\ w-3r \end{bmatrix}$$

となり

$$v(t) = -f_I x_I(t) \to -(w-3r) = 3r - w$$
$$u(t) = -f_1 x_1(t) - f_2 x_2(t) + v(t) \to -3r + (3r-w) = -w$$
$$y(t) = x_1(t) \to r$$

となる。また，式 (13.14) からフィードフォワードゲイン f_r は

$$f_r = \begin{bmatrix} 2 & 3 & 1 \end{bmatrix} \begin{bmatrix} 0 & 1 & 0 \\ 0 & 0 & 1 \\ 1 & 0 & 0 \end{bmatrix}^{-1} \begin{bmatrix} 0 \\ 0 \\ 1 \end{bmatrix} = 2$$

となる。 $\diamondsuit$

演習 13.2 例題 13.2 の閉ループ系の時間応答を，(1) $w = 0$, $r = 1$, (2) $w = 1$, $r = 1$ について，MATLAB を用いてシミュレーションせよ。また，フィードフォワード項 $f_r/2$ を入れた効果を確かめよ。

いま，例題 13.2 において，つぎの PID 制御を考える (図 13.3)。

$$u(t) = K_P(r - y(t)) + K_D \frac{d}{dt}(r - y(t)) + K_I \int_0^t (r - y(\tau))\,d\tau \quad (13.19)$$

これは，$y(t) = x_1(t)$, $\dot{y}(t) = \dot{x}_1(t) = x_2(t)$ より

$$u(t) = -K_P x_1(t) - K_D x_2(t) + K_I \int_0^t (r - y(\tau))\,d\tau + K_P r \quad (13.20)$$

と書け，$f_1 = K_P$, $f_2 = K_D$, $f_I = K_I$, $f_r = K_P$ の場合の積分動作を持つ状態フィードバックであることに注意する (図 13.4)。

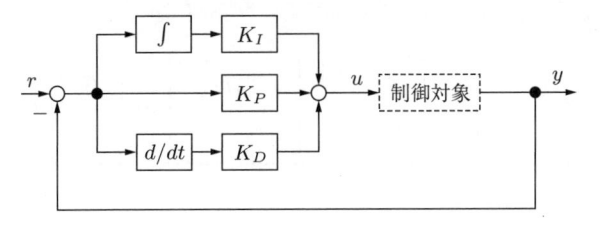

図 13.3 PID 制御

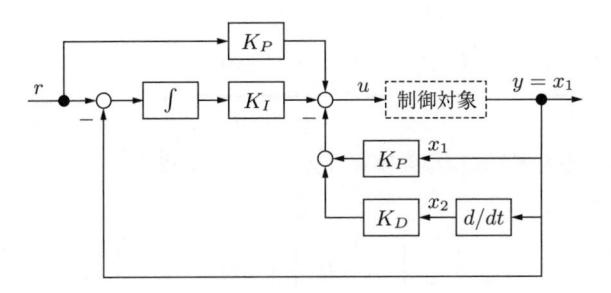

図 13.4 PD 制御 + I 制御

13.2 積分動作を持つ状態フィードバックの最適設計

本章の安定化問題を考えるために，つぎの定常状態との偏差系を考える†。

偏差系 E1：

$$\frac{d}{dt}\underbrace{\begin{bmatrix} x(t) - x_\infty \\ x_I(t) - x_{I\infty} \end{bmatrix}}_{x_{E1}(t)} = \underbrace{\begin{bmatrix} A & 0 \\ C & 0 \end{bmatrix}}_{A_{E1}} \underbrace{\begin{bmatrix} x(t) - x_\infty \\ x_I(t) - x_{I\infty} \end{bmatrix}}_{x_{E1}(t)}$$
$$+ \underbrace{\begin{bmatrix} B \\ 0 \end{bmatrix}}_{B_{E1}} (u(t) - u_\infty) \qquad (13.21)$$

この両辺を微分すれば，状態変数の中の定数ベクトルを除くことができて

---

† 『線形システム制御入門』6.3 節を参照。

偏差系 E2：

$$\frac{d}{dt}\underbrace{\begin{bmatrix} \dot{x}(t) \\ z(t)-r \end{bmatrix}}_{x_{E2}(t)} = \underbrace{\begin{bmatrix} A & 0 \\ C & 0 \end{bmatrix}}_{A_{E2}} \underbrace{\begin{bmatrix} \dot{x}(t) \\ z(t)-r \end{bmatrix}}_{x_{E2}(t)} + \underbrace{\begin{bmatrix} B \\ 0 \end{bmatrix}}_{B_{E2}} \dot{u}(t) \quad (13.22)$$

を得る $(x_{E2}(t) = \dot{x}_{E1}(t))$。さらに，関係式

$$\underbrace{\begin{bmatrix} \dot{x}(t) \\ z(t)-r \end{bmatrix}}_{x_{E2}(t)} = \underbrace{\begin{bmatrix} A & B \\ C & 0 \end{bmatrix}}_{S} \underbrace{\begin{bmatrix} x(t)-x_\infty \\ u(t)-u_\infty \end{bmatrix}}_{x_{E3}(t)} \quad (13.23)$$

を用いて，偏差系 E2 に座標変換を行えば，つぎを得る。

偏差系 E3：

$$\frac{d}{dt}\underbrace{\begin{bmatrix} x(t)-x_\infty \\ u(t)-u_\infty \end{bmatrix}}_{x_{E3}(t)} = \underbrace{\begin{bmatrix} A & B \\ 0 & 0 \end{bmatrix}}_{A_{E3}} \underbrace{\begin{bmatrix} x(t)-x_\infty \\ u(t)-u_\infty \end{bmatrix}}_{x_{E3}(t)} + \underbrace{\begin{bmatrix} 0 \\ I_m \end{bmatrix}}_{B_{E3}} \dot{u}(t)$$

$$(13.24)$$

通常，偏差系 E2 に対し，評価関数

$$J = \int_0^\infty (x_{E2}^T(t)Q_{E2}x_{E2}(t) + \dot{u}^T(t)R_{E2}\dot{u}(t))\,dt \quad (13.25)$$

を最小にするように $(Q_{E2} > 0,\ R_{E2} > 0)$，状態フィードバック

$$\dot{u}(t) = -\begin{bmatrix} F & F_I \end{bmatrix} x_{E2}(t) = -F\dot{x}(t) - F_I(z(t)-r) \quad (13.26)$$

を求め，これを積分して，積分動作を持つ状態フィードバックの最適設計とすることが多い[†]。一方，偏差系 E3 に対しては，評価関数

$$J = \int_0^\infty (x_{E3}^T(t)Q_{E3}x_{E3}(t) + \dot{u}^T(t)R_{E3}\dot{u}(t))\,dt \quad (13.27)$$

を最小にするように $(Q_{E3} > 0,\ R_{E3} > 0)$，状態フィードバック

[†] LQI（Linear Quadratic Integral）制御と呼ばれる。

13.2 積分動作を持つ状態フィードバックの最適設計

$$\dot{u}(t) = -\begin{bmatrix} K & K_I \end{bmatrix} \underbrace{x_{E3}(t)}_{S^{-1}x_{E2}(t)} \tag{13.28}$$

を求め，次式から F と F_I を定めればよい．

$$\begin{bmatrix} F & F_I \end{bmatrix} = \begin{bmatrix} K & K_I \end{bmatrix} \begin{bmatrix} A & B \\ C & 0 \end{bmatrix}^{-1} \tag{13.29}$$

例題 13.3 例題 13.2 の問題設定において，積分動作を持つ状態フィードバックを，偏差系 E2 に対する評価関数

$$J = \int_0^\infty (\dot{x}_1^2(t) + \dot{x}_2^2(t) + (z(t) - r)^2 + 0.5^2 \dot{u}^2(t))\, dt$$

を最小にするように，MATLAB により求めよ．その閉ループ系の時間応答シミュレーションを演習 13.2 と同様に行え．

【解答】 (1) に対する MATLAB による計算は，つぎのように行えばよい．

```
%lqi.m
A=[0 1;0 0]; B=[0;1]; C=[1 0]; S=[A B;C 0];
AE2=[A zeros(2,1);C 0]; BE2=[B; 0]; CE2=eye(3);
QE2=diag([1 1 1].^2); RE2=0.5^2;
[FE2,pE2]=opt(AE2,BE2,CE2,QE2,RE2);
F=FE2(1,1:2); FI=FE2(1,3); Fr=[F 1]*(S\[0;0;1])/2;
AA=[A-B*F -B*FI;C 0]; CC=[C 0;-F -FI]; DD=[0 0;0 Fr];
t=0:0.1:10; u=ones(2,length(t)); X0=[0;0;0]; r=1;
w=[0;0]; BB1=[w [0;0];0 -r]; BB2=[w [0;Fr];0 -r];
sys1=ss(AA,BB1,CC,0);   y1=lsim(sys1,u,t,X0);
sys2=ss(AA,BB2,CC,DD);  y2=lsim(sys2,u,t,X0);
figure(1),subplot(121),plot(t,y1(:,1),t,0*y2(:,1)),
axis([0 10 0 2]),grid,title('y under disturbance')
figure(1),subplot(122),plot(t,y1(:,2),t,0*y2(:,2)),
axis([0 10 -2 2]),grid,title('u under disturbance')
```

(2) に対しては，上から 9 行目をつぎに置き換えればよい．

```
w=[0;1]; BB1=[w [0;0];0 -r]; BB2=[w [0;Fr];0 -r];
```

◇

演習 13.3 例題 13.2 の問題設定において，積分動作を持つ状態フィードバックを，偏差系 E3 に対する評価関数

$$J = \int_0^\infty ((x_1(t) - x_{1\infty})^2 + (x_2(t) - x_{2\infty})^2 \\ + (u - u_\infty)^2 + 0.5^2 \dot{u}^2(t)) \, dt$$

を最小にするように，MATLAB により求めよ．その閉ループ系の時間応答シミュレーションを**演習 13.2** と同様に行え．

14

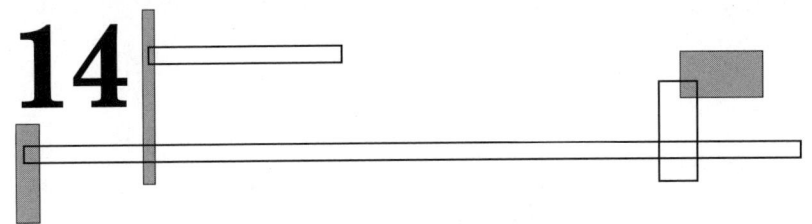

非線形システムの線形化

【本章のねらい】

- 振子を例に，数式処理プログラム MAXIMA[†]を用いて，非線形運動方程式を計算し，非線形状態方程式を求める．また，平衡状態のまわりで線形化して，線形状態方程式を求め，安定性と可制御性の判定を行う．

- 振子の線形状態方程式を用いて，積分動作を加えた状態フィードバックの LQI 設計を行い，これを非線形状態方程式に適用して，安定化シミュレーションを行う．

14.1 非線形システムのモデリングの例

つぎの例題を考える．

例題 14.1 図 14.1 の振子を考える．MAXIMA を用いて，非線形運動方程式を計算し，これから非線形状態方程式を求めよ．さらに，平衡状態のまわりで線形化して，線形状態方程式を求めよ．

[†] http://ja.wikipedia.org/wiki/Maxima を参照．

14. 非線形システムの線形化

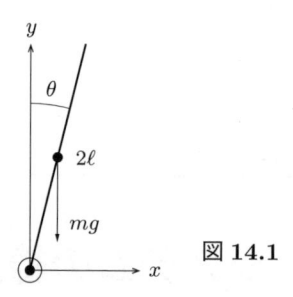

図 14.1

【解答】 運動エネルギー $T = (1/2)J\dot{\theta}^2$ ($J = (1/3)m\ell^2$), ポテンシャルエネルギー $V = mg\cos\theta$ から, ラグランジュ関数 $L = T - V$ を得て, これをラグランジュ方程式

$$\frac{d}{dt}\left(\frac{\partial L}{\partial \dot{\theta}}\right) - \frac{\partial L}{\partial \theta} = 0$$

に代入する。この計算を MAXIMA を用いて行うためには, コマンド

```
/*pen*/
dth:'diff(th(t),t);
ddth:'diff(th(t),t,2);
x:ell*sin(th(t));
y:ell*cos(th(t));
J:(1/3)*m*ell^2;
T:(1/2)*m*(diff(x,t)^2+diff(y,t)^2)+(1/2)*J*dth^2;
V:m*g*ell*cos(th(t));
L:T-V;
LE:diff(diff(L,dth),t)-diff(L,th(t))=0,trigreduce;
sol:solve(LE,ddth);
f:matrix([dth],[rhs(sol[1])]);
```

を与えればよい。すなわち, 非線形運動方程式は次式により得られる。

$$\ddot{\theta} = \frac{3g}{4\ell}\sin\theta$$

これより, 非線形状態方程式

$$\underbrace{\begin{bmatrix} \dot{\theta} \\ \ddot{\theta} \end{bmatrix}}_{\dot{\xi}} = \underbrace{\begin{bmatrix} \dot{\theta} \\ \dfrac{3g}{4\ell}\sin\theta \end{bmatrix}}_{f(\xi)}$$

が求められる。平衡状態は

$$f(\xi^*) = 0 \Rightarrow \xi^* = \begin{bmatrix} \theta^* \\ 0 \end{bmatrix} \quad (\theta^* = 0, \pi)$$

のように求められる．この平衡状態 ξ^* のまわりで，$f(\xi)$ の右辺を1次近似して

$$\underbrace{\begin{bmatrix} f_1(\xi) \\ f_2(\xi) \end{bmatrix}}_{f(\xi)} \simeq \underbrace{\begin{bmatrix} 0 & 1 \\ \dfrac{\partial f_2}{\partial \theta} & \dfrac{\partial f_2}{\partial \dot\theta} \end{bmatrix}\Bigg|_{\substack{\theta=\theta^* \\ \dot\theta=0}}}_{A} \underbrace{\begin{bmatrix} \theta - \theta^* \\ \dot\theta \end{bmatrix}}_{x=\xi-\xi^*}$$

を得る．この計算を MAXIMA を用いて行うためには，コマンド

```
A:matrix([diff(f[1,1],th(t)),diff(f[1,1],dth)],
         [diff(f[2,1],th(t)),diff(f[2,1],dth)]);
```

を与えればよい．すなわち，線形状態方程式は次式のように求められる．

$$\underbrace{\dfrac{d}{dt}\begin{bmatrix} \theta - \theta^* \\ \dot\theta \end{bmatrix}}_{\dot x} = \underbrace{\begin{bmatrix} 0 & 1 \\ \dfrac{3g}{4\ell}\cos\theta^* & 0 \end{bmatrix}}_{A} \underbrace{\begin{bmatrix} \theta - \theta^* \\ \dot\theta \end{bmatrix}}_{x}$$

この線形状態方程式は，平衡状態近傍では $\sin\theta \simeq \cos\theta^*(\theta - \theta^*)$ と近似できるので，これを非線形運動方程式に代入し

$$\ddot\theta = \dfrac{3g}{4\ell}\cos\theta^*(\theta - \theta^*)$$

を得て，これから直接求めることもできる． ◇

演習 14.1 例題 **14.1** において，$\ell = 0.25\,\mathrm{m}$，$g = 9.8\,\mathrm{m/s^2}$ のとき，つぎの初期値について，Simulink を用いて，非線形状態方程式と安定な線形状態方程式による時間応答 $\theta(t)$ $(0 \leqq t \leqq 10)$ を比較せよ．

(1) $\theta(0) = (3/180)\pi$，$\dot\theta(0) = 0$

(2) $\theta(0) = (177/180)\pi$，$\dot\theta(0) = 0$

例題 14.2 図 **14.2** の台車によって駆動される振子を考える．MAXIMA を用いて非線形運動方程式を計算し，これから非線形状態方程式を求めよ．さらに，平衡状態のまわりで線形化して，線形状態方程式を求めよ．

14. 非線形システムの線形化

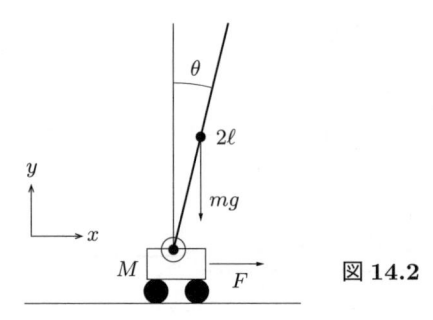

図 14.2

【解答】 台車の運動エネルギーは $T_\text{cart} = (1/2)M\dot{r}^2$，振子の運動エネルギーは

$$T_\text{pen} = \frac{1}{2}m(\dot{x}^2 + \dot{y}^2) + \frac{1}{2}J\dot{\theta}^2 \quad \left(J = \frac{1}{3}m\ell^2\right)$$

であり，振子のポテンシャルエネルギーは $U_\text{pen} = mg\cos\theta$。これらから，ラグランジュ関数 $L = T_\text{cart} + T_\text{pen} - U_\text{pen}$ を得て，これをラグランジュ方程式

$$\frac{d}{dt}\left(\frac{\partial L}{\partial \dot{r}}\right) - \frac{\partial L}{\partial r} = F$$

$$\frac{d}{dt}\left(\frac{\partial L}{\partial \dot{\theta}}\right) - \frac{\partial L}{\partial \theta} = 0$$

に代入する．この計算を MAXIMA を用いて行うためには，コマンド

```
/*pend*/
dr:'diff(r(t),t); ddr:'diff(r(t),t,2);
dth:'diff(th(t),t); ddth:'diff(th(t),t,2);
T0:(1/2)*M*diff(r(t),t)^2;
x1:r(t)+ell*sin(th(t)); y1:ell*cos(th(t));
J1:(1/3)*m*ell^2;
T1:(1/2)*m*(diff(x1,t)^2+diff(y1,t)^2)+(1/2)*J1*dth^2;
V1:m*g*y1;
L:T0+T1-V1;
LE1:diff(diff(L,dr),t)-diff(L,r(t))=F,trigreduce,ratsimp;
LE2:diff(diff(L,dth),t)-diff(L,th(t))=0,trigreduce,ratsimp;
sol:solve([LE1,LE2],[ddr,ddth]);
```

を与えればよい．この結果から，非線形運動方程式

$$\underbrace{\begin{bmatrix} M+m & m\ell\cos\theta \\ m\ell\cos\theta & \frac{4}{3}m\ell^2 \end{bmatrix}}_{M(\theta)} \underbrace{\begin{bmatrix} \ddot{r} \\ \ddot{\theta} \end{bmatrix}}_{\ddot{\xi}_1} + \underbrace{\begin{bmatrix} 0 & -m\ell\dot{\theta}\sin\theta \\ 0 & 0 \end{bmatrix}}_{C(\theta)} \underbrace{\begin{bmatrix} \dot{r} \\ \dot{\theta} \end{bmatrix}}_{\dot{\xi}_1}$$

14.1 非線形システムのモデリングの例

$$+ \underbrace{\begin{bmatrix} 0 \\ -m\ell g \sin\theta \end{bmatrix}}_{G(\theta)} = \underbrace{\begin{bmatrix} F \\ 0 \end{bmatrix}}_{\zeta}$$

が得られる。これより，非線形状態方程式

$$\underbrace{\begin{bmatrix} \dot{\xi}_1 \\ \ddot{\xi}_1 \end{bmatrix}}_{\dot{\xi}} = \underbrace{\begin{bmatrix} \dot{\xi}_1 \\ -M(\theta)^{-1}(\zeta - C(\theta)\dot{\xi}_1 - G(\theta)) \end{bmatrix}}_{f(\xi,\zeta)}$$

が求められる。平衡状態は，$f(\xi^*, \zeta^*) = 0$ より $\dot{\xi}_1 = 0$。したがって，$G(\theta) = \zeta$ を満たすことから

$$\xi^* = \begin{bmatrix} 0 \\ \theta^* \\ 0 \\ 0 \end{bmatrix} \quad (\theta^* = 0, \pi)$$

$$\zeta^* = \begin{bmatrix} F^* \\ 0 \end{bmatrix} \quad (F^* = 0)$$

のように求められる。この平衡状態近傍で，$f(\xi, \zeta)$ の右辺を 1 次近似して

$$\underbrace{\begin{bmatrix} \dot{r} \\ \dot{\theta} \\ f_3(r,\theta,\dot{r},\dot{\theta}) \\ f_4(r,\theta,\dot{r},\dot{\theta}) \end{bmatrix}}_{f(\xi,\zeta)} \simeq \underbrace{\begin{bmatrix} 0 & 0 & 1 & 0 \\ 0 & 0 & 0 & 1 \\ \dfrac{\partial f_3}{\partial r} & \dfrac{\partial f_3}{\partial \theta} & \dfrac{\partial f_3}{\partial \dot{r}} & \dfrac{\partial f_3}{\partial \dot{\theta}} \\ \dfrac{\partial f_4}{\partial r} & \dfrac{\partial f_4}{\partial \theta} & \dfrac{\partial f_4}{\partial \dot{r}} & \dfrac{\partial f_4}{\partial \dot{\theta}} \end{bmatrix}\Bigg|_{\substack{r=0 \\ \theta=\theta^* \\ \dot{r}=0 \\ \dot{\theta}=0 \\ F^*=0}}}_{A} \underbrace{\begin{bmatrix} r \\ \theta - \theta^* \\ \dot{r} \\ \dot{\theta} \end{bmatrix}}_{x=\xi-\xi^*}$$

$$+ \underbrace{\begin{bmatrix} 0 \\ 0 \\ \dfrac{\partial f_3}{\partial F} \\ \dfrac{\partial f_4}{\partial F} \end{bmatrix}\Bigg|_{\substack{r=0 \\ \theta=\theta^* \\ \dot{r}=0 \\ \dot{\theta}=0 \\ F^*=0}}}_{B} \underbrace{F}_{u}$$

を得る。この計算を MAXIMA を用いて行うためには，コマンド

```
f:matrix([dr],[dth],[rhs(sol[1][1])],[rhs(sol[1][2])]);
a31:diff(f[3,1],r(t)); a32:diff(f[3,1],th(t));
a33:diff(f[3,1],dr); a34:diff(f[3,1],dth);
a41:diff(f[4,1],r(t)); a42:diff(f[4,1],th(t));
a43:diff(f[4,1],dr); a44:diff(f[4,1],dth);
b3:diff(f[3,1],F); b4:diff(f[4,1],F);
A:matrix([0,0,1,0],[0,0,0,1],[a31,a32,a33,a34],
  [a41,a42,a43,a44]);  B:matrix([0],[0],[b3],[b4]);
A1:A,th(t)=0,F=0,trigreduce,ratsimp;
B1:B,th(t)=0,F=0,trigreduce,ratsimp;
A2:A,th(t)=%pi,F=0,trigreduce,ratsimp;
B2:B,th(t)=%pi,F=0,trigreduce,ratsimp;
```

を与えればよい．この結果から，$\theta^* = 0$ のときの線形状態方程式は

$$\underbrace{\frac{d}{dt}\begin{bmatrix} r \\ \theta \\ \dot{r} \\ \dot{\theta} \end{bmatrix}}_{\dot{x}} = \underbrace{\begin{bmatrix} 0 & 0 & 1 & 0 \\ 0 & 0 & 0 & 1 \\ 0 & -\dfrac{3mg}{4M+m} & 0 & 0 \\ 0 & \dfrac{3(M+m)g}{(4M+m)\ell} & 0 & 0 \end{bmatrix}}_{A} \underbrace{\begin{bmatrix} r \\ \theta \\ \dot{r} \\ \dot{\theta} \end{bmatrix}}_{x}$$

$$+ \underbrace{\begin{bmatrix} 0 \\ 0 \\ \dfrac{4}{4M+m} \\ -\dfrac{3}{(4M+m)\ell} \end{bmatrix}}_{B} \underbrace{F}_{u}$$

となる．また，$\theta^* = \pi$ のときの線形状態方程式は，`th(t)=%pi` として

$$\underbrace{\frac{d}{dt}\begin{bmatrix} r \\ \theta - \pi \\ \dot{r} \\ \dot{\theta} \end{bmatrix}}_{\dot{x}} = \underbrace{\begin{bmatrix} 0 & 0 & 1 & 0 \\ 0 & 0 & 0 & 1 \\ 0 & -\dfrac{3mg}{4M+m} & 0 & 0 \\ 0 & -\dfrac{3(M+m)g}{(4M+m)\ell} & 0 & 0 \end{bmatrix}}_{A} \underbrace{\begin{bmatrix} r \\ \theta - \pi \\ \dot{r} \\ \dot{\theta} \end{bmatrix}}_{x}$$

14.1 非線形システムのモデリングの例

$$+\underbrace{\begin{bmatrix} 0 \\ 0 \\ \dfrac{4}{4M+m} \\ \dfrac{3}{(4M+m)\ell} \end{bmatrix}}_{B} \underbrace{F}_{u}$$

のように求められる。これらは，平衡状態近傍での近似式 $\sin\theta \simeq \cos\theta^*(\theta-\theta^*)$，$\dot{\theta}^2=0$ を非線形運動方程式に代入して得られる

$$\begin{bmatrix} M+m & m\ell\cos\theta^* \\ m\ell\cos\theta^* & \dfrac{4}{3}m\ell^2 \end{bmatrix} \begin{bmatrix} \ddot{r} \\ \ddot{\theta} \end{bmatrix} + \begin{bmatrix} 0 & 0 \\ 0 & 0 \end{bmatrix} \begin{bmatrix} \dot{r} \\ \dot{\theta} \end{bmatrix}$$

$$+ \begin{bmatrix} 0 \\ -m\ell g\cos\theta^*(\theta-\theta^*) \end{bmatrix} = \begin{bmatrix} F \\ 0 \end{bmatrix}$$

から直接求めたものと一致する。 ◇

演習 14.2 例題 14.2 の振子を軸支した台車を，図 14.3 のように傾斜角 α の台上に置いた。MAXIMA を用いて非線形運動方程式を計算し，これから非線形状態方程式を求めよ。さらに，平衡状態のまわりで線形化して，線形状態方程式を求めよ。

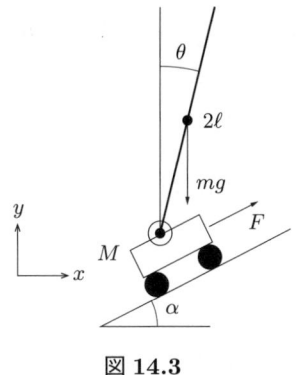

図 14.3

例題 14.3 例題 14.2 の台車によって駆動される振子について，そこで求めた状態方程式に基づいて，MAXIMA を用いて漸近安定性と可制御性を調べよ．

【解答】 まず，安定性を調べるために，A 行列の固有値を計算する．これは，MAXIMA につぎのコマンドを与えればよい．

```
lambda:eigenvalues(A1);
```

その結果，$\theta^* = 0$ の場合，$\pm\sqrt{(3(M+m)g)/((4M+m)\ell)}$ となり，漸近安定とはいえない．

つぎに，可制御性を A 行列の固有値に基づいて調べるためには，各固有値 λ_i $(i = 1, \cdots, 4)$ について，行列 $\begin{bmatrix} B & \lambda I_n - A \end{bmatrix}$ の階数が次数 4 に等しいことを確認すればよい．これは，$\theta^* = 0$ の場合，MAXIMA にコマンド

```
rank(addcol(A1-lambda[1][1]*ident(4),B1));
rank(addcol(A1-lambda[1][2]*ident(4),B1));
rank(addcol(A1-lambda[2][1]*ident(4),B1));
rank(addcol(A1-lambda[2][2]*ident(4),B1));
```

を与えればよい．その結果，階数はすべて 4 と計算され，可制御性が成り立つ．$\theta^* = \pi$ の場合も同様である． ◇

演習 14.3 例題 14.3 において，$M = 1\,\mathrm{kg}$, $m = 0.1\,\mathrm{kg}$, $\ell = 0.25\,\mathrm{m}$, $g = 9.8\,\mathrm{m/s^2}$ の場合を，MATLAB により検討せよ．

14.2 非線形システムに対する線形制御の適用

つぎの例題を考える．

例題 14.4 例題 14.2 の台車によって駆動される倒立振子について，台車の位置 r と振子の角度 θ が計測できるものとする．このとき，振子を倒立状態に保ちながら，台車を指定位置 $r^* = 0.5\,\mathrm{m}$ まで移動させるための，積分動

作を加えた状態フィードバックを求めよ．ただし，$M = 1\,\text{kg}$, $m = 0.1\,\text{kg}$, $\ell = 0.25\,\text{m}$, $g = 9.8\,\text{m/s}^2$ とする．

【解答】 まず，出力方程式として

$$\underbrace{\begin{bmatrix} r \\ \theta \end{bmatrix}}_{y_M} = \underbrace{\begin{bmatrix} 1 & 0 & 0 & 0 \\ 0 & 1 & 0 & 0 \end{bmatrix}}_{C_M} \underbrace{\begin{bmatrix} r \\ \theta \\ \dot{r} \\ \dot{\theta} \end{bmatrix}}_{x}$$

を得る．また，台車の位置 r は

$$\underbrace{r}_{z} = \underbrace{\begin{bmatrix} 1 & 0 \end{bmatrix}}_{C_S} \underbrace{\begin{bmatrix} r \\ \theta \end{bmatrix}}_{y_M} = \underbrace{\begin{bmatrix} 1 & 0 & 0 & 0 \end{bmatrix}}_{C = C_S C_M} \underbrace{\begin{bmatrix} r \\ \theta \\ \dot{r} \\ \dot{\theta} \end{bmatrix}}_{x}$$

のように表される．このとき，正方行列

$$S = \begin{bmatrix} A & B \\ C & 0 \end{bmatrix} = \begin{bmatrix} 0 & 0 & 1 & 0 & 0 \\ 0 & 0 & 0 & 1 & 0 \\ 0 & -\dfrac{3mg}{4M+m} & 0 & 0 & \dfrac{4}{4M+m} \\ 0 & \dfrac{3(M+m)g}{(4M+m)\ell} & 0 & 0 & -\dfrac{3}{(4M+m)\ell} \\ 1 & 0 & 0 & 0 & 0 \end{bmatrix}$$

は正則である．したがって，次式が定まる．

$$\begin{bmatrix} x_\infty \\ u_\infty \end{bmatrix} = \begin{bmatrix} r_\infty \\ \theta_\infty \\ \dot{r}_\infty \\ \dot{\theta}_\infty \\ u_\infty \end{bmatrix} = S^{-1} \begin{bmatrix} 0 \\ 0 \\ 0 \\ 0 \\ r^* \end{bmatrix} = \begin{bmatrix} r^* \\ 0 \\ 0 \\ 0 \\ 0 \end{bmatrix}$$

つぎに，偏差系

14. 非線形システムの線形化

$$\frac{d}{dt}\underbrace{\begin{bmatrix} x-x_\infty \\ u-u_\infty \end{bmatrix}}_{x_{E3}} = \underbrace{\begin{bmatrix} A & B \\ 0 & 0 \end{bmatrix}}_{A_{E3}} \underbrace{\begin{bmatrix} x-x_\infty \\ u-u_\infty \end{bmatrix}}_{x_{E3}} + \underbrace{\begin{bmatrix} 0 \\ 1 \end{bmatrix}}_{B_{E3}} \dot{u}$$

に対する評価関数を，例えば

$$J = \int_0^\infty \left\{ \frac{1}{K_r^2}(r-r^*)^2 + \frac{1}{K_\theta^2}\theta^2 + \frac{T_r^2}{K_r^2}\dot{r}^2 + \frac{T_\theta^2}{K_\theta^2}\dot{\theta}^2 + \frac{1}{K_u^2}u^2 + \frac{T_u^2}{K_u^2}\dot{u}^2 \right\} dt$$

のように設定する．ここで，T_r, K_r と T_θ, K_θ は，それぞれ閉ループ系における台車位置と角度の時間応答の速さ（どれくらいの時間である値に到達するか）を表している．例えば，台車を5秒間に50cm移動させるとき，周期 T_ℓ の振子の振れを3°以内に抑えることが妥当と考えられるときは，$T_r = 5$, $K_r = 0.5$ と $T_\theta = (1/4)T_\ell$, $K_\theta = (5/180)\pi$ と与える．つぎに，T_u, K_u は駆動系の時間応答の速さを考慮して選ぶ†．

制御目的を達成する積分動作を加えた状態フィードバック

$$u = -Fx - F_I x_I \quad \text{ただし，} \quad x_I = \int_0^t (r(\tau) - r^*)\,d\tau$$

を求めるには，上の評価関数を最小にするように状態フィードバック

$$\dot{u} = -\begin{bmatrix} K & K_I \end{bmatrix} x_{E3}$$

を求め，次式から F と F_I を定めればよい．

$$\begin{bmatrix} F & F_I \end{bmatrix} = \begin{bmatrix} K & K_I \end{bmatrix} S^{-1}$$

以上の計算を，MATLABで行うためには

```
%pend.m
global M m ell g th0
M=1; m=0.1; ell=0.25; g=9.8; th0=0; r=0.5;
E=[M+m m*ell;m*ell (4/3)*m*ell^2];
A21=-E\[0 0;0 -m*ell*g]; A=[zeros(2) eye(2);A21 zeros(2)]
B2=E\[1;0]; B=[zeros(2,1);B2]
CM=[1 0 0 0;0 1 0 0]; CS=[1 0]; C=CS*CM;
AE=[A B;zeros(1,5)]; BE=[zeros(4,1); 1]; CE=eye(5);
Tcart=0.1; Kr=0.5;
Tpend=(1/4)*(2*pi*sqrt(4/3*ell/g)); Kth=5/180*pi;
Tamp=0.1; Kamp=5;
```

---

† もちろん，これらは重み係数の初期値であり，実際には調整を伴うことはいうまでもない．

14.2 非線形システムに対する線形制御の適用

```
q1=1/Kr; q2=1/Kth; q3=Tcart/Kr; q4=Tpend/Kth; q5=1/Kamp;
QE=diag([q1 q2 q3 q4 q5].^2); RE=(Tamp/Kamp)^2;
[FE,pAE]=opt(AE,BE,CE,QE,RE)
FE=FE/[A B;C 0]; F=FE(:,1:4); FI=FE(:,5);
ACL=[A-B*F -B*FI;C 0];
BCL=[w; -r];
CCL=[CM zeros(2,1);-F -FI];
DCL=[zeros(2,1);0];
sys=ss(ACL,BCL,CCL,DCL);
step(sys)
```

を与えればよい。   ◇

演習 14.4　演習14.3のように，振子を軸支した台車を傾斜角 $\alpha = (5/180)\pi$ 〔rad〕の台上に置く場合，例題14.4と同様の設計を行え。

例題 14.5　例題14.4で設計した積分動作を加えた状態フィードバックを，非線形ダイナミクスを表す非線形状態方程式と結合して，閉ループ系の時間応答をシミュレーションせよ。

【解答】　まず，非線形状態方程式を，つぎの S-function で記述する。

```
%spend.m
function [sys,x0]=spend(t,state,input,flag)
global M m ell g th0
if abs(flag)==1
  u  =input(1);
  r  =state(1); th =state(2); dr =state(3); dth=state(4);
  Mp=[M+m m*ell*cos(th); m*ell*cos(th) (4/3)*m*ell^2];
  Cp=[0 -m*ell*dth*sin(th);0 0];
  Gp=[0; -m*ell*g*sin(th)];
  sys=[dr;dth;Mp\(-Cp*[dr;dth]-Gp+[u;0])];
elseif flag==3,
  sys=state(1:2);
elseif flag==0
  sys=[4;0;2;1;0;0];
  x0=[0;th0;0;0];
else
```

```
    sys=[];
end
```

つぎに，Simulink 上で，図 **14.4** のようにこの S-function ブロックと**例題 14.4** で設計した積分動作を加えた状態フィードバックを接続して，シミュレーションを行う．

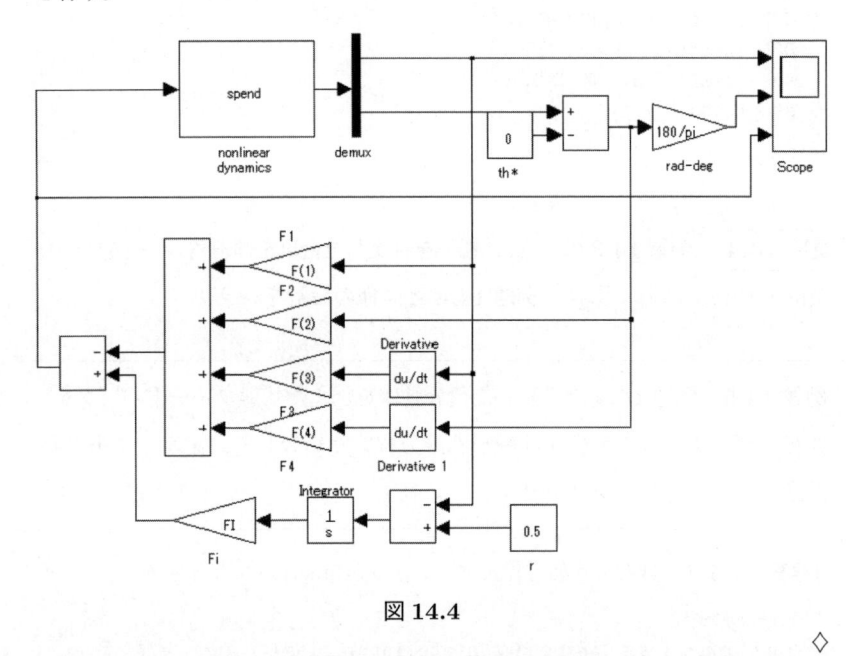

図 **14.4**

◇

演習 14.5 演習 14.4 で設計した積分動作を加えた状態フィードバックを，非線形ダイナミクスを表す非線形状態方程式と結合して，閉ループ系の時間応答をシミュレーションせよ．

15 最小実現問題

【本章のねらい】
- 伝達関数行列に対応する状態空間表現（実現）を求める。
- 実現の可制御可観測な部分系を取り出して，与えられた伝達関数行列に対応する最小実現を求める。

15.1 実現問題

状態空間表現

$$\begin{cases} \dot{x}(t) = Ax(t) + Bu(t) \\ y(t) = Cx(t) + Du(t) \end{cases} \tag{15.1}$$

から伝達関数行列表現

$$\begin{cases} Y(s) = G(s)U(s) \\ G(s) = C(sI_n - A)^{-1}B + D \end{cases} \tag{15.2}$$

を求める計算を，つぎのドイルの記法を用いて表す。

$$\left[\begin{array}{c|c} A & B \\ \hline C & D \end{array}\right] = C(sI_n - A)^{-1}B + D \tag{15.3}$$

ここでは，逆に伝達関数行列表現 (15.2) から状態空間表現 (15.1) を求める問

題，すなわち**実現問題**を考える．すなわち

$$G(s) = \left[\begin{array}{c|c} A & B \\ \hline C & D \end{array}\right] \tag{15.4}$$

を満足する行列 A, B, C, D を求めたい．この状態空間表現は伝達関数行列表現の**実現**と呼ばれるが，一意には決まらず，座標変換と状態空間の次元数などに関して自由度がある．次式は座標変換によって伝達関数行列は不変であることを表している．

$$\left[\begin{array}{c|c} A & B \\ \hline C & D \end{array}\right] = \left[\begin{array}{c|c} TAT^{-1} & TB \\ \hline CT^{-1} & D \end{array}\right] \tag{15.5}$$

また，1入力1出力系の場合は，$G(s) = G^T(s)$ だから，次式が成り立つ．

$$\left[\begin{array}{c|c} A & B \\ \hline C & D \end{array}\right] = \left[\begin{array}{c|c} A^T & C^T \\ \hline B^T & D \end{array}\right] \tag{15.6}$$

以下では，まず1入力1出力系の場合を考える．1次系について，次式が成り立つ．

$$\frac{b}{s+a} + d = \left[\begin{array}{c|c} -a & b \\ \hline 1 & d \end{array}\right] = \left[\begin{array}{c|c} -a & 1 \\ \hline b & d \end{array}\right] \tag{15.7}$$

2次系について，次式が成り立つ．

$$\frac{b_1 s + b_2}{s^2 + a_1 s + a_2} + d$$

$$= \left[\begin{array}{cc|c} -a_1 & -a_2 & 1 \\ 1 & 0 & 0 \\ \hline b_1 & b_2 & d \end{array}\right] = \left[\begin{array}{cc|c} 0 & 1 & 0 \\ -a_2 & -a_1 & 1 \\ \hline b_2 & b_1 & d \end{array}\right] \tag{15.8}$$

$$= \left[\begin{array}{cc|c} -a_1 & 1 & b_1 \\ -a_2 & 0 & b_2 \\ \hline 1 & 0 & d \end{array}\right] = \left[\begin{array}{cc|c} 0 & -a_2 & b_2 \\ 1 & -a_1 & b_1 \\ \hline 0 & 1 & d \end{array}\right] \tag{15.9}$$

ここで，式 (15.8) の二つの実現は，$T = \begin{bmatrix} 0 & 1 \\ 1 & 0 \end{bmatrix}$ について式 (15.5) の関係にある．また，式 (15.9) は式 (15.8) を式 (15.6) の意味で転置したものである．

一般に，1入力1出力 n 次元線形システムの伝達関数がプロパーな[†]有理関数で与えられるとき，これに対応する状態空間表現の例をつぎに示す[††]．

$$G(s) = \frac{b_1 s^{n-1} + \cdots + b_n}{s^n + a_1 s^{n-1} + \cdots + a_n} + d$$

$$= \left[\begin{array}{cccc|c} -a_1 & \cdots & -a_{n-1} & -a_n & 1 \\ 1 & \cdots & 0 & 0 & 0 \\ \vdots & \ddots & \vdots & \vdots & 0 \\ 0 & \cdots & 1 & 0 & 0 \\ \hline b_1 & \cdots & b_{n-1} & b_n & d \end{array}\right] = \left[\begin{array}{cccc|c} 0 & 1 & \cdots & 0 & 0 \\ \vdots & \vdots & \ddots & \vdots & 0 \\ 0 & 0 & \cdots & 1 & 0 \\ -a_n & -a_{n-1} & \cdots & -a_1 & 1 \\ \hline b_n & b_{n-1} & \cdots & b_1 & d \end{array}\right]$$

$$= \left[\begin{array}{cccc|c} -a_1 & 1 & \cdots & 0 & b_1 \\ \vdots & \vdots & \ddots & \vdots & \vdots \\ -a_{n-1} & 0 & \cdots & 1 & b_{n-1} \\ -a_n & 0 & \cdots & 0 & b_n \\ \hline 1 & 0 & \cdots & 0 & 0 \end{array}\right] = \left[\begin{array}{cccc|c} 0 & \cdots & 0 & -a_n & b_n \\ 1 & \cdots & 0 & -a_{n-1} & b_{n-1} \\ \vdots & \ddots & \vdots & \vdots & \vdots \\ 0 & \cdots & 1 & -a_1 & b_1 \\ \hline 0 & \cdots & 0 & 1 & 0 \end{array}\right]$$

(15.10)

例題 15.1 むだ時間要素 $u(t) = v(t-L)$ の伝達関数は e^{-Ls} で与えられ，しばしば次式で近似される．

$$e^{-Ls} \simeq \frac{1 - 0.5Ls}{1 + 0.5Ls}$$

このとき，対応する状態空間表現の一つを求めよ．

[†] 分子多項式の次数が分母多項式の次数を超えない場合をいう．
[††] 『線形システム制御入門』8.1 節のファディーブの公式を用いて証明できる．

【解答】

$$\frac{1-0.5Ls}{1+0.5Ls} = \frac{2}{1+0.5Ls} - 1 = \left[\begin{array}{c|c} -\frac{2}{L} & \frac{2}{L} \\ \hline 2 & -1 \end{array}\right]$$

◇

演習 15.1 むだ時間伝達関数のつぎの近似式に対応する状態空間表現の一つを求めよ．

$$e^{-Ls} \simeq \frac{1 - \frac{1}{2}Ls + \frac{1}{12}L^2s^2}{1 + \frac{1}{2}Ls + \frac{1}{12}L^2s^2}$$

以上の 1 入力 1 出力系の実現を利用して，多入出力系の場合の実現の一つを求める方法を考える．

m 入力 p 出力系の伝達関数行列

$$G(s) = \begin{bmatrix} G_{11}(s) & \cdots & G_{1m}(s) \\ \vdots & \ddots & \vdots \\ G_{p1}(s) & \cdots & G_{pm}(s) \end{bmatrix} \quad (15.11)$$

の各要素の実現を

$$G_{ij}(s) = \left[\begin{array}{c|c} A_{ij} & B_{ij} \\ \hline C_{ij} & D_{ij} \end{array}\right] \quad (i=1,\cdots,p,\ j=1,\cdots,m) \quad (15.12)$$

とするとき，$G(s)$ の実現は

$$\begin{bmatrix} G_{11}(s) & \cdots & G_{1m}(s) \\ \vdots & \ddots & \vdots \\ G_{p1}(s) & \cdots & G_{pm}(s) \end{bmatrix} = \left[\begin{array}{ccc|c} A_1 & \cdots & 0 & B_1 \\ \vdots & \ddots & \vdots & \vdots \\ 0 & \cdots & A_p & B_p \\ \hline C_1 & \cdots & C_p & D \end{array}\right] \quad (15.13)$$

で与えられる．ここで

$$A_i = \begin{bmatrix} A_{i1} & \cdots & 0 \\ \vdots & \ddots & \vdots \\ 0 & \cdots & A_{im} \end{bmatrix} \quad (i=1,\cdots,p) \tag{15.14}$$

は，サイズ $(n_{i1}+\cdots+n_{im}) \times (n_{i1}+\cdots+n_{im})$ の行列であり

$$B_i = \begin{bmatrix} B_{i1} & \cdots & 0 \\ \vdots & \ddots & \vdots \\ 0 & \cdots & B_{im} \end{bmatrix} \quad (i=1,\cdots,p) \tag{15.15}$$

は，サイズ $(n_{i1}+\cdots+n_{im}) \times m$ の行列であり

$$C_i = \begin{bmatrix} 0 & \cdots & 0 \\ C_{i1} & \cdots & C_{im} \\ 0 & \cdots & 0 \end{bmatrix} \quad (i=1,\cdots,p) \tag{15.16}$$

は，サイズ $p \times (n_{i1}+\cdots+n_{im})$ の行列であり

$$D = \begin{bmatrix} D_{11} & \cdots & D_{1m} \\ \vdots & \ddots & \vdots \\ D_{p1} & \cdots & D_{pm} \end{bmatrix} \tag{15.17}$$

は，サイズ $p \times m$ の行列である．

ちなみに，m 入力 p 出力伝達関数行列

$$G(s) = \frac{1}{s^n + a_1 s^{n-1} + \cdots + a_n}(G_1 s^{n-1} + \cdots + G_n) + D \tag{15.18}$$

の可制御な実現の一つは

$$G(s) = \left[\begin{array}{cccc|c} -a_1 I_m & \cdots & -a_{n-1} I_m & -a_n I_m & I_m \\ I_m & \cdots & 0 & 0 & 0 \\ \vdots & \ddots & \vdots & \vdots & \vdots \\ 0 & \cdots & I_m & 0 & 0 \\ \hline G_1 & \cdots & G_{n-1} & G_n & D \end{array}\right] \tag{15.19}$$

$$= \left[\begin{array}{cccc|c} 0 & I_m & \cdots & 0 & 0 \\ \vdots & \vdots & \ddots & \vdots & \vdots \\ 0 & 0 & \cdots & I_m & 0 \\ -a_n I_m & -a_{n-1} I_m & \cdots & -a_1 I_m & I_m \\ \hline G_n & G_{n-1} & \cdots & G_1 & D \end{array}\right] \quad (15.20)$$

また，可観測な実現の一つは

$$G(s) = \left[\begin{array}{cccc|c} -a_1 I_p & I_p & \cdots & 0 & G_1 \\ \vdots & \vdots & \ddots & \vdots & \vdots \\ -a_{n-1} I_p & 0 & \cdots & I_p & G_{n-1} \\ -a_n I_p & 0 & \cdots & 0 & G_n \\ \hline I_p & 0 & \cdots & 0 & D \end{array}\right] \quad (15.21)$$

$$= \left[\begin{array}{cccc|c} 0 & \cdots & 0 & -a_n I_p & G_n \\ I_p & \cdots & 0 & -a_{n-1} I_p & G_{n-1} \\ \vdots & \ddots & \vdots & \vdots & \vdots \\ 0 & \cdots & I_p & -a_1 I_p & G_1 \\ \hline 0 & \cdots & 0 & I_p & D \end{array}\right] \quad (15.22)$$

で与えられる。

例題 15.2 つぎの 1 入力 2 出力伝達関数行列の実現を一つ求めよ．

$$G(s) = \left[\begin{array}{c} \dfrac{1}{s+1} \\ \dfrac{s+1}{s^2+3s+2} \end{array}\right]$$

【解答】

$$\frac{1}{s+1} = \left[\begin{array}{c|c} -1 & 1 \\ \hline 1 & 0 \end{array}\right]$$

$$\frac{s+1}{s^2+3s+2} = \left[\begin{array}{cc|c} -3 & -2 & 1 \\ 1 & 0 & 0 \\ \hline 1 & 1 & 0 \end{array}\right]$$

だから

$$G(s) = \left[\begin{array}{cccc|c} -1 & 0 & 0 & & 1 \\ 0 & -3 & -2 & & 1 \\ 0 & 1 & 0 & & 0 \\ \hline 1 & 0 & 0 & & 0 \\ 0 & 1 & 1 & & 0 \end{array}\right]$$

となる。 ◇

演習 15.2 つぎの 2 入力 1 出力伝達関数行列の実現を一つ求めよ。

$$G(s) = \left[\begin{array}{cc} \dfrac{s+2}{s^2+3s+2} & \dfrac{1}{s+2} \end{array}\right]$$

15.2 最小実現

　前節で求めた伝達関数行列の実現は，最小次元数を持つとは限らない。ここでは，最小次元数を持つ実現，すなわち**最小実現**を求める方法を考える。

　一般に，不可制御かつ不可観測な状態空間表現 (15.1) は，適当な座標変換により，つぎの**正準構造**を持つように変換できることが知られている。

$$\left[\begin{array}{c|c} TAT^{-1} & TB \\ \hline CT^{-1} & D \end{array}\right] = \left[\begin{array}{cccc|c} A_1 & 0 & X_{13} & 0 & B_1 \\ X_{21} & A_2 & X_{23} & X_{24} & B_2 \\ 0 & 0 & A_3 & 0 & 0 \\ 0 & 0 & X_{43} & A_4 & 0 \\ \hline C_1 & 0 & C_3 & 0 & 0 \end{array}\right] \quad (15.23)$$

ここで，正方行列 A_1, A_2, A_3, A_4 の次数は一意に定まり，(A_1, B_1) は可制御対，(A_1, C_1) は可観測対である。この正準構造のブロック線図を**図 15.1** に示す。

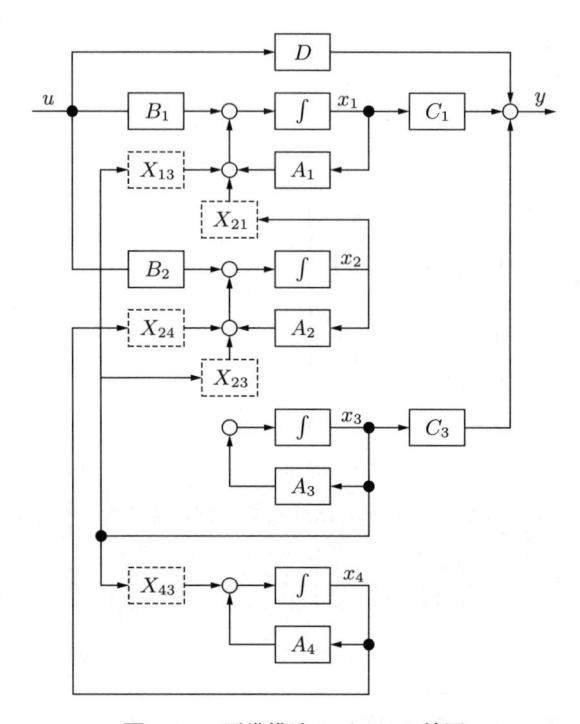

図 15.1 正準構造のブロック線図

さて，式 (15.23) が表す伝達関数行列を $G(s)$ とおくと，つぎが成り立つ．

$$\left[\begin{array}{c|c} A_1 & B_1 \\ \hline C_1 & 0 \end{array}\right] = G(s) \tag{15.24}$$

これが最小実現であることが知られている．すなわち，最小実現は可制御かつ可観測な部分系であり，入力から出力までの伝達特性を表している．

最小実現の計算は，まず，正準構造の可制御な部分系

$$\left[\begin{array}{cc|c} A_1 & 0 & B_1 \\ X_{21} & A_2 & B_2 \\ \hline C_1 & 0 & 0 \end{array}\right] = G(s) \tag{15.25}$$

を求め，この可観測な部分系として求めるか，または，正準構造の可観測な部分系

$$\left[\begin{array}{cc|c} A_1 & X_{13} & B_1 \\ 0 & A_3 & 0 \\ \hline C_1 & C_3 & 0 \end{array}\right] = G(s) \tag{15.26}$$

を求め，この可制御な部分系として求めればよい。したがって，可制御な部分系または可観測な部分系の計算が基礎となる。

一般に，つぎのように変換する直交行列 T が存在する[†]。

$$\left[\begin{array}{c|c} T^T A T & T^T B \\ \hline CT & D \end{array}\right] = \left[\begin{array}{ccccc|c} A_1 & X & \cdots & X & X & B_1 \\ B_2 & A_2 & \cdots & X & X & 0 \\ 0 & \ddots & \ddots & \vdots & \vdots & \vdots \\ \vdots & \ddots & B_{k-1} & A_{k-1} & X & 0 \\ 0 & \cdots & 0 & B_k & A_k & 0 \\ \hline X & X & \cdots & X & X & D \end{array}\right]$$

$$\tag{15.27}$$

ここで，$B_1, \cdots, B_{k-1}$ は横長の形状となり，行フルランク $m_1 \geqq \cdots \geqq m_{k-1}$ を持つ。また，B_k は横長で，行フルランク m_k を持つか零行列となるかのどちらかである。(A, B) は，前者の場合は可制御対，後者の場合は不可制御対である。

そのような直交行列 T と $m_1, \cdots, m_k$ を求める階段化アルゴリズムを実行する M ファイルの作成例をつぎに示す。

```
%staircase.m
function [T,m]=staircase(A,B,tol)
[n,r]=size(B);
j=0; s=0; T=eye(n); B1=B; A1=A;
while j<n
  j=j+1; [U1,S1,V1]=svd(B1);
  m(j)=rank(B1,tol);
  if (m(j)==n-s)|(m(j)==0),k=j; break, end
```

[†] 『線形システム制御入門』定理 3.4 を参照。

```
  W=[eye(s)           zeros(s,n-s);
     zeros(n-s,s) U1             ];
  T=T*W; A1=W'*A1*W;
  s=s+m(j); B1=A1(s+1:n,s-m(j)+1:s);
end
```

ここで，tol は，7 行目で有効階数 m(j) を決めるために適切に選ばれる零判定基準である．

同様に，つぎのように変換する直交行列 T が存在する．

$$\left[\begin{array}{c|c} T^TAT & T^TB \\ \hline CT & D \end{array}\right] = \left[\begin{array}{ccccc|c} A_1 & C_2 & \cdots & 0 & 0 & X \\ X & A_2 & \ddots & \vdots & \vdots & \vdots \\ \vdots & \vdots & \ddots & C_{k-1} & 0 & X \\ X & X & \cdots & A_{k-1} & C_k & X \\ X & X & \cdots & X & A_k & X \\ \hline C_1 & 0 & \cdots & 0 & 0 & D \end{array}\right] \quad (15.28)$$

ここで，$C_1, \cdots, C_{k-1}$ は縦長の形状となり，列フルランク $p_1 \geqq \cdots \geqq p_{k-1}$ を持つ．また，C_k は縦長で，列フルランク p_k を持つか零行列となるかのどちらかである．(A, C) は，前者の場合は可観測対，後者の場合は不可観測対である．

そのような直交行列を求める階段化アルゴリズムを実行する M ファイルの作成例をつぎに示す．

```
%staircase2.m
function [T,p]=staircase2(A,C,tol)
[T,p]=staircase(A',C',tol);
```

例題 15.3 例題 15.2 で得た実現の可制御かつ可観測な部分系を求め，最小実現を得よ．

【解答】 M ファイル

```
%min_realization.m
A=[-1 0 0;0 -3 -2; 0 1 0]; B=[1;1;0]; C=[1 0 0;0 1 1]; D=[0;0];
[T,m]=staircase(A,B,0.01);
AA=T'*A*T; BB=T'*B; CC=C*T; n=sum(m);
sys=ss(AA(1:n,1:n),BB(1:n,:),CC(:,1:n),D), tf(sys)
```

を実行して

$$T = \begin{bmatrix} -0.7071 & 0.5774 & -0.4082 \\ -0.7071 & -0.5774 & 0.4082 \\ 0 & 0.5774 & 0.8165 \end{bmatrix}, \ m_1 = 1, \ m_2 = 1, \ m_3 = 0$$

を得る。このとき

$$\left[\begin{array}{c|c} T^T AT & T^T B \\ \hline CT & D \end{array} \right] = \left[\begin{array}{ccc|c} -2.0000 & -0.0000 & 1.7321 & -1.4142 \\ -1.2247 & -1.0000 & 2.1213 & 0 \\ 0 & 0 & -1.0000 & 0 \\ \hline -0.7071 & 0.5774 & -0.4082 & 0 \\ -0.7071 & 0 & 1.2247 & 0 \end{array} \right]$$

となる。この可制御部分を取り出すと

$$G(s) = \left[\begin{array}{cc|c} -2.0000 & -0.0000 & -1.4142 \\ -1.2247 & -1.0000 & 0 \\ \hline -0.7071 & 0.5774 & 0 \\ -0.7071 & 0 & 0 \end{array} \right]$$

となり，しかもこれは可観測であるので最小実現である。　　　♢

演習 15.3　演習 15.2 で得た実現の可制御かつ可観測な部分系を求め，最小実現を得よ。

演習問題の解答

2章

【演習 2.1】 $\dot{x}(t) = v(t)$ なので

$$V(s) = sX(s)$$

となる。よって，次式となる。

$$\frac{V(s)}{F(s)} = \frac{1}{Ms + c_0}$$

【演習 2.2】 自由運動となる初期時刻を t_0 とすると，この系は

$$M\dot{v}(t) + c_0 v(t) = 0, \quad v(t_0) = v_0$$

と記述できる。これを解くと

$$v(t) = e^{-(c_0/M)(t-t_0)} v_0$$

となる。よって，物体が進む距離はこれを積分して

$$\int_{t=t_0}^{\infty} v(t) dt = \left[\frac{-M}{c_0} e^{-(c_0/M)(t-t_0)} \right]_{t_0}^{\infty} v_0 = \frac{M}{c_0} v_0$$

となる。これが x_r に一致すればよいので，v_0 は

$$v_0 = \frac{c_0}{M} x_r$$

とすればよい。

一定の力 f_0 を加えている間の物体の運動方程式は

$$M\dot{v}(t) + c_0 v(t) = f_0$$

となる。$v(0)$ の値にかかわらず，定常状態では $\dot{v}(t) = 0$ となるので，速度は

$$v(t) = \frac{f_0}{c_0}$$

に落ち着く。よって

$$f_0 = c_0 v_0 = \frac{c_0^2}{M} x_r$$

とすればよい。

【演習 2.3】 C-R_2-R_3 の接点 b の電位を e_C とおく。接点 b に関するキルヒホッフの法則から

$$C\frac{d}{dt}(e_o(t) - e_C(t)) + \frac{e_o(t) - e_C(t)}{R_3} - \frac{e_C(t)}{R_2} = 0$$

が成り立ち，R_1-R_2 の接点 a に関するキルヒホッフの法則から

$$\frac{e_i(t)}{R_1} + \frac{e_C(t)}{R_2} = 0$$

が成り立つ。各変数の初期値を 0 として，これらをラプラス変換すると

$$E_o(s) = \frac{R_3 + R_2 + R_3 R_2 Cs}{R_2(1 + R_3 Cs)} E_C(s)$$

$$E_i(s) = -\frac{R_1}{R_2} E_C(s) \tag{A.1}$$

を得る。これらを辺々割って $E_C(s)$ を消去すると，求める伝達関数

$$\frac{E_o(s)}{E_i(s)} = -\frac{R_3 + R_2 + R_3 R_2 Cs}{R_1(1 + R_3 Cs)}$$

が得られる。

【演習 2.4】 C-$R/2$-C の接点 a の電位を e_a，R-$2C$-R の接点 b の電位を e_b とおく。これらの接点でキルヒホッフの法則が成立することから

$$C\frac{d}{dt}(e_i(t) - e_a(t)) + C\frac{d}{dt}(e_0(t) - e_a(t)) + \frac{0 - e_a(t)}{R/2} = 0$$

$$\frac{e_i(t) - e_b(t)}{R} + \frac{e_o(t) - e_b(t)}{R} + 2C\frac{d}{dt}(0 - e_b(t)) = 0$$

が得られる。また，出力端付近の R-C の接点でのキルヒホッフの法則から

$$C\frac{d}{dt}(e_a(t) - e_o(t)) + \frac{e_b(t) - e_o(t)}{R} = 0$$

が得られる。各変数の初期値を 0 として，これらをラプラス変換して整理すると

$$E_a(s) = \frac{RCs}{2(RCs + 1)}(E_i(s) + E_o(s))$$

$$E_b(s) = \frac{1}{2(RCs + 1)}(E_i(s) + E_o(s))$$

$$RCsE_a(s) + E_b(s) = (1 + RCs)E_o(s)$$

が得られる．上の第1式と第2式を第3式に代入して整理すると，求める伝達関数が

$$\frac{E_o(s)}{E_i(s)} = \frac{(RCs)^2 + 1}{(RCs)^2 + 4RCs + 1}$$

と得られる．

【演習 2.5】 (b_1, b_2) のブロックおよび (a_1, a_2) のブロックの加え合わせ点を最左端まで移動すると，**解答図 2.1** に示すように等価変換される．よって，全体の伝達関数は次式となる．

$$\frac{b_2 s^2 + b_1 s + b_0}{s^3 + a_2 s^2 + a_1 s + a_0}$$

すなわち，**例題 2.7** とまったく同じものとなる．

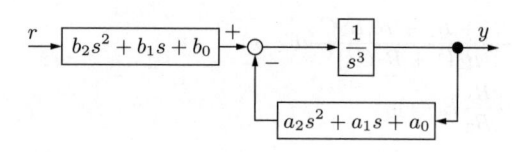

解答図 2.1

【演習 2.6】 変数間の関係を求めると

$$y = P(s)u + d$$
$$u = (1 + P(s)Q(s))r - Q(s)y \tag{A.2}$$

となるので，u を上式に代入して

$$y = P(s)(1 + P(s)Q(s))r - P(s)Q(s)y + d$$

を得る．これを y について整理すると

$$(1 + P(s)Q(s))y = P(s)(1 + P(s)Q(s))r + d$$

となる．よって

$$y = P(s)r + \frac{1}{1 + P(s)Q(s)}d$$

すなわち，

$$G_{yr}(s) = P(s), \quad G_{yd}(s) = \frac{1}{1 + P(s)Q(s)}$$

を得る．これより，$Q(s) \to \infty$ のとき式 (2.5) が成立する．

3章

【演習 3.1】 問 (1) のゲインを変化させたときのステップ応答を**解答図 3.1** (a) に，問 (2) の時定数を変化させたときの応答を (b) に示す．

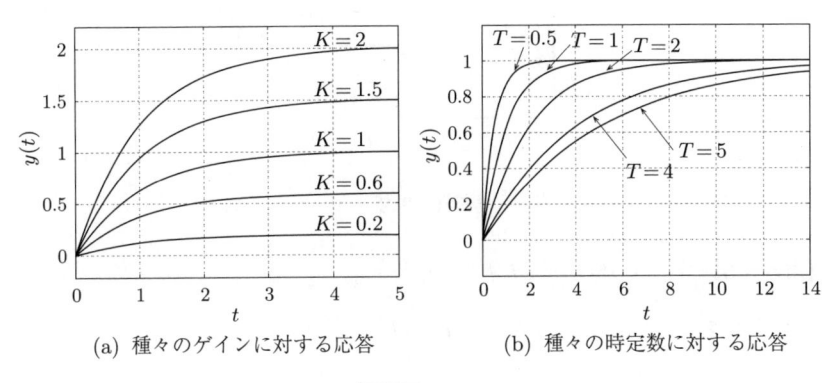

(a) 種々のゲインに対する応答 　　(b) 種々の時定数に対する応答

解答図 **3.1**

【演習 3.2】

$$y(t) = K(1 - e^{-t/T})$$

において，$t \to \infty$ のとき第 2 項は $e^{-t/T} \to 0$ となり，$y(t) \to K$ を得る．さらに $y(t)$ を時間微分して

$$\dot{y}(t) = \frac{K}{T} e^{-t/T}$$

となるので，初期時刻で $\dot{y}(0) = K/T$ を得る．

【演習 3.3】 $\lim_{t \to \infty} y(t) = 2$ より $K = 2$，$\dot{y}(0) = 1$ より $K/T = 1$．よって，$T = 2$ となり，求める伝達関数は次式となる．

$$G(s) = \frac{2}{2s + 1}$$

【演習 3.4】 r から y までの伝達関数 $G_{yr}(s)$ は

$$G_{yr}(s) = \frac{P(s)K(s)}{1 + P(s)K(s)} = \frac{K_0}{s + 2 + K_0} = \frac{\dfrac{K_0}{K_0 + 2}}{\dfrac{1}{K_0 + 2}s + 1}$$

となる。よって時定数は $T = 1/(K_0 + 2)$, ゲインは $K_0/(K_0 + 2)$ となる。種々の K_0 に対する応答を**解答図 3.2** に示す。

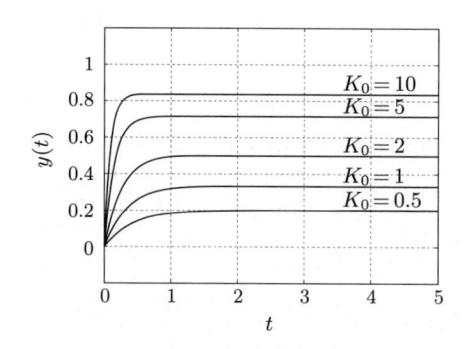

解答図 3.2

【演習 3.5】 二つの極を $a \pm b\,j$ とおくと

$$s^2 + 2\zeta\omega_n + \omega_n^2 = s^2 - 2as + (a^2 + b^2)$$

なので

$$\zeta = -a/\sqrt{a^2 + b^2}, \quad \omega_n = \sqrt{a^2 + b^2}$$

となる。よって (1) では $\zeta = \sqrt{2}/2$ および $\omega_n = \sqrt{2}$, (2) では $\zeta = \sqrt{5}/5$ および $\omega_n = \sqrt{5}$, (3) では $\zeta = 2\sqrt{5}/5$ および $\omega_n = \sqrt{5}$, (4) では $\zeta = \sqrt{2}/2$ および $\omega_n = 2\sqrt{2}$ となる。

各システムのステップ応答を**解答図 3.3** に示す。

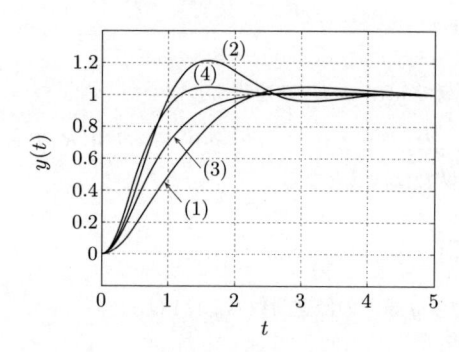

解答図 3.3

【演習 3.6】 各 a に対する応答を解答図 3.4 に実線で示す。また，1 次系 $1/(10s+1)$ の応答を破線で，2 次系 $4/(s^2+s+4)$ の応答を一点鎖線で同時に示す。

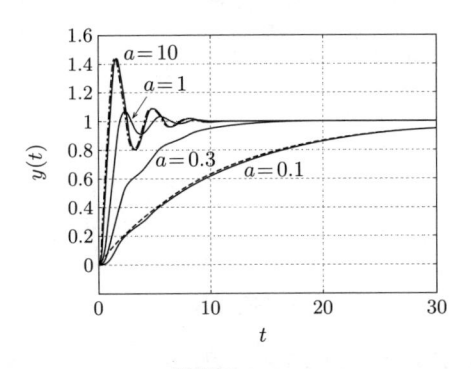

解答図 3.4

【演習 3.7】

$$\dot{y}(t) = (a-1)e^{-t} + \frac{2-a}{2}e^{-t/2}$$

となる。初期速度は

$$\dot{y}(0) = \frac{a}{2} > 0$$

と正である。しかし，$a > 2$ のときには

$$(a-1)e^{-t_0} + \frac{2-a}{2}e^{-t_0/2} = 0$$

を満たす時刻 $t_0 > 0$ が存在し，この時刻以降は $e^{-t/2}$ の項が支配的となり

$$\dot{y}(t) = (a-1)e^{-t} + \frac{2-a}{2}e^{-t/2} < 0 \qquad (\forall t > t_0)$$

が成り立つ。速度が正から負に変化し，かつ $t \to \infty$ のとき $\dot{y}(t) \to 0$, $y(t) \to 1$ なので，オーバーシュートが生じることがわかる。

【演習 3.8】 $G_3(s)$ は $1/(s+1)$ と $1/(0.1s+1)$ を直列結合した系であるが，$1/(0.1s+1)$ の応答は $1/(s+1)$ に比べて格段に速いので，ほぼ $G_1(s) = 1/(s+1)$ の応答で近似できると予想される。一方，$G_4(s)$ は極と零点が近くに存在するので，$(s+0.95)/(s+1)$ は 1 と近似でき，$G_2(s) = 1/(0.1s+1)$ の応答に近いと考えられる。実際の応答を解答図 3.5 に示す。

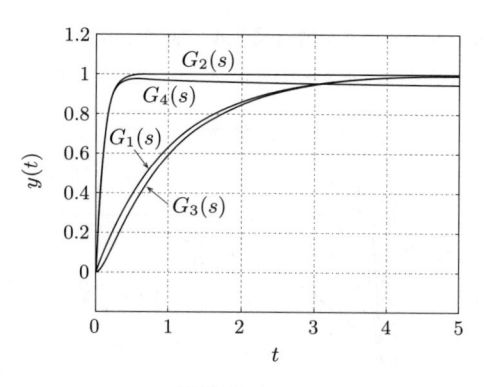

解答図 3.5

【演習 3.9】 (1) $s^6+s^5+2s^4+4s^3+2s^2+2s+1$ に対してラウス表を作成する。

s^6	1	2	2	1
s^5	1	4	2	0
s^4	-2	0	1	
s^3	4	5/2	0	
s^2	5/4	1		
s	$-7/10$	0		
s^0	1			

よって，ラウス数列は $\{1,1,-2,4,5/4,-7/10,1\}$ となり，符号が 4 回反転するので，不安定極が四つあると判別される．実際，数値計算では極は $\{0.357 \pm 1.42j, 0.078 \pm 0.797j, -1.32, -0.55\}$ と求められる．なお，安定か否かの判別だけであれば，s^4 の行の最初の数字 -2 を求めた段階で不安定と判別できるので，それ以降の計算は省略してもよい．

(2) $s^5+4s^4+4s^3+12s^2+3s+10$ に対してラウス表を作成する。

s^5	1	4	3
s^4	4	12	10
s^3	1	1/2	0
s^2	10	10	0
s	$-1/2$	0	
s^0	10		

よって，ラウス数列は $\{1,4,1,10,-1/2,10\}$ となり，符号が 2 回反転するので，不安定極が二つあると判別される．実際，数値計算では極は $\{-3.78, -0.268 \pm 1.38j, 0.156 \pm 1.14j\}$ と求められ，判別結果が正しいことが確認できる．

【演習 3.10】 系の伝達関数は

$$G_{yr}(s) = \frac{K}{s^3 + 5s^2 + 10s + K}$$

となる。例題と同様に $q := s+1$ と定義すると，分母多項式は

$$s^3 + 5s^2 + 10s + K \tag{A.3}$$
$$= (q-1)^3 + 5(q-1)^2 + 10(q-1) + K \tag{A.4}$$
$$= q^3 + 2q^2 + 3q + (K-6) \tag{A.5}$$

となる。これに対応するラウス表は

q^3	1	3
q^2	2	$K-6$
q	$(12-K)/2$	
q^0	$K-6$	

と得られ，$12 > K > 6$ のとき変数 q に対して根の実部が負となる。このとき，変数 s に対して根の実部が -1 未満となり題意を満たす。

【演習 3.11】 (1) 行列 H は

$$H = \begin{pmatrix} a_3 & a_1 & 0 & 0 \\ a_4 & a_2 & a_0 & 0 \\ 0 & a_3 & a_1 & 0 \\ 0 & a_4 & a_2 & a_0 \end{pmatrix}$$

となる。小行列式は

$$H_1 = a_3, \ H_2 = a_3 a_2 - a_4 a_1, \ H_3 = a_1(a_3 a_2 - a_4 a_1) - a_3^2 a_0, \ H_4 = a_0 H_3$$

となる。簡易判別法では各係数が正かつ $H_3 > 0$ が安定条件である。よって

$$a_i > 0 \ (i = 0, 1, 2, 3, 4), \qquad a_1(a_3 a_2 - a_4 a_1) - a_3^2 a_0 > 0$$

のとき安定であり，それ以外のときは不安定と判別できる。

(2) 行列 H は

$$H = \begin{pmatrix} 1 & 1 & 0 \\ 1 & 1 & 0 \\ 0 & 1 & 1 \end{pmatrix}$$

であり，小行列式を計算すると

$$H_1 = 1, \quad H_2 = 0, \quad H_3 = 0$$

となりシステムは不安定である。簡易判別法でも $H_2 = 0$ より同じ結論となる。実際，システムの極を求めると $\{-1, \pm j\}$ であり，判別結果が正しいことが確認できる。

4章

【演習 4.1】 (1) d から y までの伝達関数 $G_{yd}(s)$ を計算すると

$$G_{yd}(s) = \frac{P(s)}{1 + P(s)K(s)} = \frac{2}{s^2 + 4s + 2K(s)}$$

となる。出力の定常値は $G_{yd}(0)$ となるので，$K(s) = 1, 2, 4, 8$ の各場合に対してそれぞれ $1, 0.5, 0.25, 0.125$ となる。解答図 4.1 にその応答を示す。

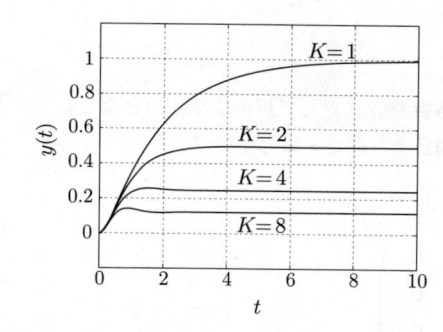

解答図 4.1

(2) 解答図 4.2 (a) に元の制御対象に対する目標値応答（$r(t) = 1$，$d(t) = 0$ に対する応答）を，(b) に制御対象が $P(s) = 1/(s^2 + 3s)$ に変動した後の応答を示す。

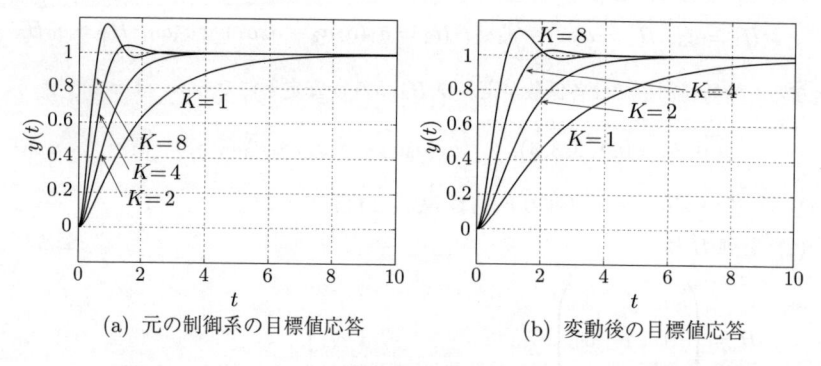

(a) 元の制御系の目標値応答　　(b) 変動後の目標値応答

解答図 4.2

ともに定常偏差がないだけでなく，両者はほぼ同様の応答を示していることが確認できる。

【演習 4.2】 (1) r から y までの伝達関数は

$$G_{yr}(s) = \frac{1}{s^2 + 2s + 1}$$

と求められるので，$y(t)$ の定常値は

$$\lim_{t \to \infty} y(t) = G_{yr}(0) = 1$$

となる。**解答図 4.3** に制御対象変動前の応答を実線で，変動後の応答を破線で示す。定常偏差がないことは変わらないが，ゲインが 2 倍になったため応答は速くなっている。少しオーバーシュートも現れている。

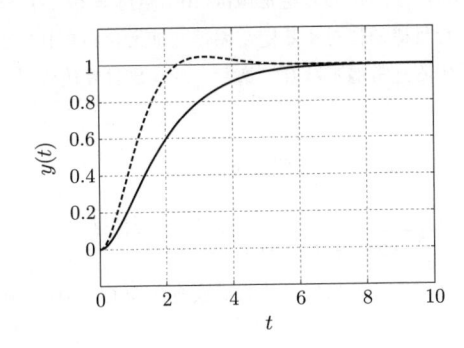

解答図 4.3

(2) d から y までの伝達関数は

$$G_{yd}(s) = \frac{s}{s^2 + 2s + 1}$$

と求められるので，ステップ外乱に対する出力の定常値は $G_{yd}(0) = 0$ となる。線形システムなので，目標値応答と外乱応答を足し合わせて，$y(t)$ の定常値は

$$\lim_{t \to \infty} y(t) = G_{yr}(0) + G_{yd}(0) = 1$$

となる。すなわち，外乱の存在下でも目標値に定常偏差なく追従する。

【演習 4.3】 r から y への伝達関数は

$$G_{yr}(s) = \frac{K_1 K_2}{2s^2 - s + K_2}$$

となるので，どのように $\{K_1, K_2\}$ を選んでも不安定となり，目標値追従はできない。

【演習 4.4】 $K_1 = 2/3$, $K_2 = 3$ のとき，r から追従誤差 e までの伝達関数 $G_{er}(s)$ は

$$G_{er}(s) = 1 - G_{yr}(s) = \frac{s}{s+1}$$

となる。目標値はランプ入力 $r(s) = 1/s^2$ なので，次式を得る。

$$\lim_{t \to \infty} e(t) = \lim_{s \to 0} s G_{er}(s) r(s) = \lim_{s \to 0} \frac{1}{s+1} = 1$$

【演習 4.5】 外乱が制御対象の出力端に加わるときは

$$G_{yd}(s) = \frac{1}{1 + P(s)K(s)} = \frac{s^2 + s}{s^2 + s + 2}$$

となるので，ステップ外乱に対応する出力の定常値は $\lim_{t \to \infty} y(t) = G_{yd}(0) = 0$。よって，これを例題ですでに求めた目標値に対する定常偏差と加え合わせればよい。結果として，ステップ目標値に対する定常偏差は 0 であり，ランプ目標値に対する定常偏差は 1/2 となる。

【演習 4.6】 r から追従誤差 e までの伝達関数を計算すると

$$G_{er}(s) = \frac{s^3 + (2 - K_1)s^2 + (K_2 - 3K_1)s + (K_2 - 2K_1)}{s^3 + 2s^2 + K_2 s + K_2}$$

となる。ステップ目標値に追従するためには，これが安定かつ $G_{er}(0) = 0$ であればよい。安定条件は分母多項式 $s^3 + 2s^2 + K_2 s + K_2$ にラウスの安定判別法を用いて

$$K_2 > 0, \quad 2K_2 - K_2 = K_2 > 0$$

よって

$$K_2 > 0$$

となる。$G_{er}(0) = 0$ より

$$K_2 - 2K_1 = 0$$

となる。この両方の条件を満たすものとして，例えば

$$K_2 = 1, \quad K_1 = 0.5$$

が一つの解である。一方，ランプ目標値に追従するためには，安定条件 $K_2 > 0$ に加えて

$$\lim_{t\to\infty} e(t) = \lim_{s\to 0} s G_{er}(s) \frac{1}{s^2} = 0$$

を満たす必要がある．上式は

$$K_2 - 2K_1 = 0, \quad K_2 - 3K_1 = 0$$

となるが，安定条件とともに上式を満たす解 $\{K_1, K_2\}$ は存在しない．

【演習 4.7】 性質 (1) より，出発点は実極 $-1, -2, -3, -4$ であり，零点はないのですべて無限大に発散する．性質 (2) より，漸近線は $n - m = 4$ 本で，その角度は $45°, 135°, 225°, 315°$ であり，その実軸との交点は $(-1-2-3-4)/4 = -2.5$ となる．性質 (3) より，根軌跡は実軸上では $(-4, -3)$ と $(-2, -1)$ の区間に存在する．性質 (4) より，実軸との分岐点は

$$\frac{d}{ds}\frac{1}{G(s)} = 4s^3 + 30s^2 + 70s + 50 = 0$$

の 3 根 ($\{-1.38, -2.5, -3.62\}$) のうち，性質 (3) を満たす $\{-1.38, -3.62\}$ とわかる．よって，根軌跡の概略は**解答図 4.4** に示すようになる．

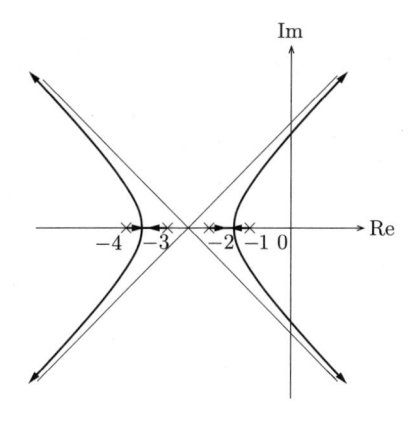

解答図 4.4

【演習 4.8】 制御系の極は

$$(s+1)(s+2) + K(s+3) = 0$$

の根である．ここで，新たな変数を $q := s + 3$ と定義すると，上式は

$$(q-2)(q-1) + Kq = q^2 + (K-3)q + 2 = 0$$

と書ける．上記の 2 次方程式の判別式が負のとき，すなわち

$$(K-3)^2 - 8 = K^2 - 6K + 1 < 0$$

のとき，この 2 次方程式は複素共役根を持つ．それを $\alpha, \bar{\alpha}$ とすると，根と係数の関係から，K に関係なく

$$|\alpha| = \sqrt{2}$$

となる．すなわち，K が変化するとき根は原点を中心とする半径 $\sqrt{2}$ の円上を動く．元の変数 s では $-3+0j$ を中心とする半径 $\sqrt{2}$ の円上を動く．なお，判別式が負となる K の範囲は

$$3 - 2\sqrt{2} < K < 3 + 2\sqrt{2}$$

である．K が上式を満たさない範囲では実根，すなわち制御系の極は実軸上を動く．

【演習 4.9】 r から y までの伝達関数 $G_{yr}(s)$ を求めると

$$G_{yr}(s) = \frac{2s + K}{s^3 + 2s^2 + 2s + K}$$

となるので，極は $s^3 + 2s^2 + 2s + K = 0$ の根である．よって

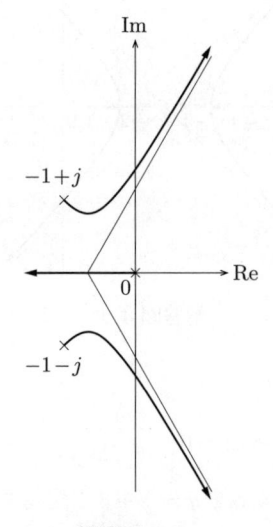

解答図 4.5

$$D(s) = s^3 + 2s^2 + 2s, \quad N(s) = 1$$

とおけば，$D(s) + KN(s) = 0$ の根軌跡を描くことに帰着される．

性質 (1) より，出発点は $D(s) = 0$ の根 $0, -1 \pm j$ であり，$N(s) = 0$ の根はないのですべて無限大に発散する．性質 (2) より，漸近線は $n - m = 3$ 本で，その角度は $60°, 180°, 300°$ であり，その実軸との交点は $(0 + (-1+j) + (-1-j))/3 = -2/3$ となる．性質 (3) より，根軌跡は実軸上では $(-\infty, 0)$ の区間に存在する．性質 (5) より，複素極 $-1 + j$ から根軌跡が出発する角度は $-45°$，複素極 $-1 - j$ から根軌跡が出発する角度は $45°$ となる．根軌跡を**解答図 4.5** に示す．

5 章

【演習 5.1】 振幅 $|G(j\omega)|$ および位相 $\angle G(j\omega)$ を $\omega = 1, 5, 10$ について求めると，それぞれ

$$0.98,\ 0.707,\ 0.447, \qquad -11.3°,\ -45°,\ -63°$$

となった．出力応答例を**解答図 5.1** に示す．破線が入力 $u(t)$，実線が出力 $y(t)$ である．各 $\sin \omega t$ に対して振幅，位相の遅れともに上記の値に一致することが確認できる．

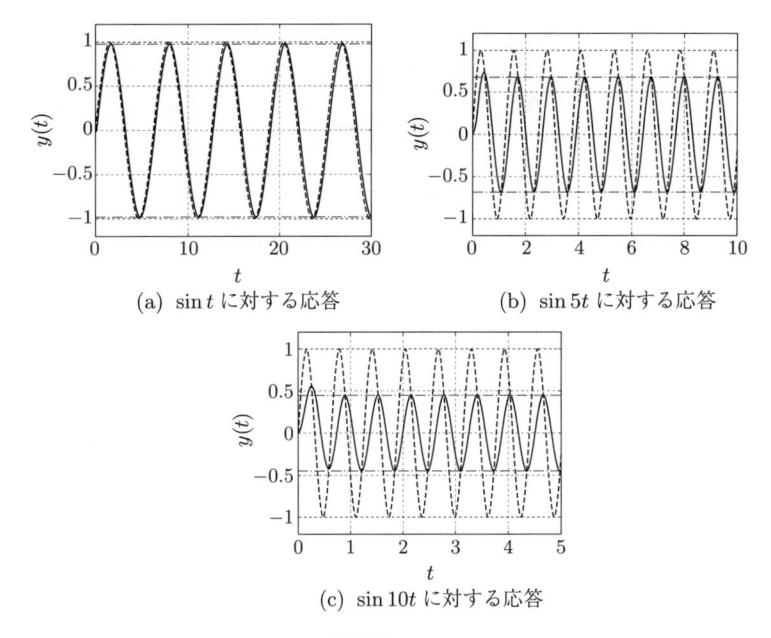

(a) $\sin t$ に対する応答

(b) $\sin 5t$ に対する応答

(c) $\sin 10t$ に対する応答

解答図 5.1

【演習 5.2】 $r(s) = 1/s$, $d(s) = 1/(s^2+1)$ であることに注意して $y(s)$ を求めると

$$y(s) = \frac{P(s)K(s)}{1+P(s)K(s)}r(s) + \frac{P(s)}{1+P(s)K(s)}d(s)$$

$$= \frac{3s+1}{s^3+s^2+4s+2} \cdot \frac{1}{s} + \frac{(3s+1)(s^2+1)}{s^3+s^2+4s+2} \cdot \frac{1}{s^2+1}$$

となる。ラウスの安定判別法により $s^3+s^2+4s+2=0$ の根はすべて安定と判別できる。また，第 2 項は (s^2+1) が極零相殺で消える。よって，最終値定理より次式が得られる。

$$\lim_{t \to \infty} y(t) = \lim_{s \to 0} sy(s) = \frac{1}{2}$$

【演習 5.3】 (1), (2) をそれぞれ解答図 5.2 (a), (b) に示す。

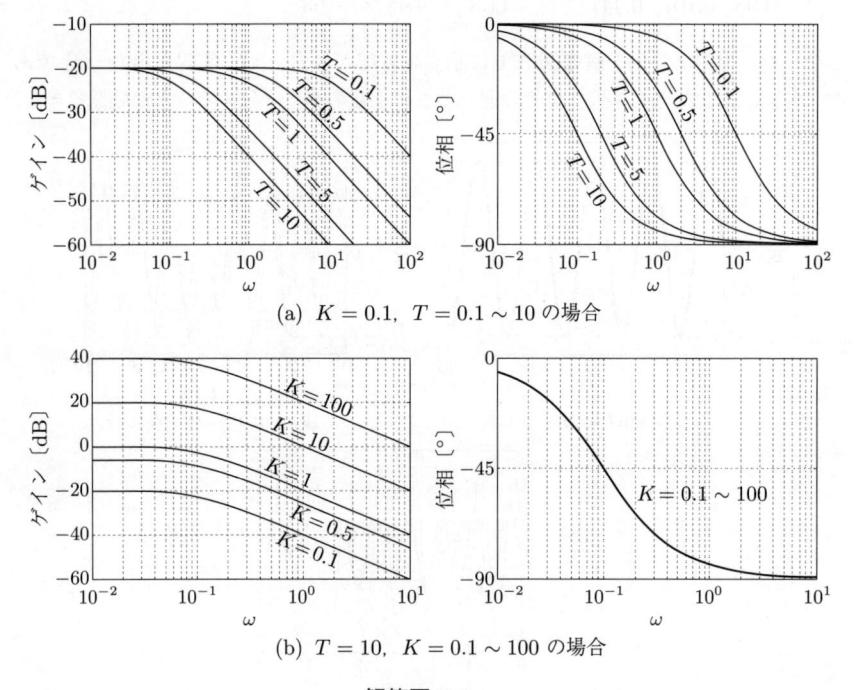

(a) $K = 0.1$, $T = 0.1 \sim 10$ の場合

(b) $T = 10$, $K = 0.1 \sim 100$ の場合

解答図 5.2

【演習 5.4】　(1), (2) をそれぞれ**解答図 5.3**, **解答図 5.4** に示す。

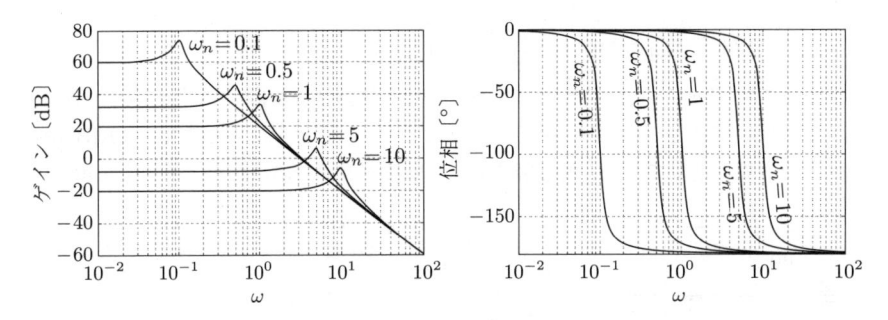

解答図 5.3

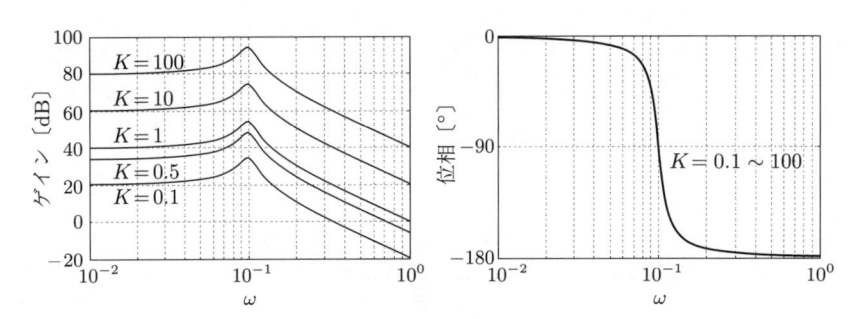

解答図 5.4

【演習 5.5】　**解答図 5.5** に示す。

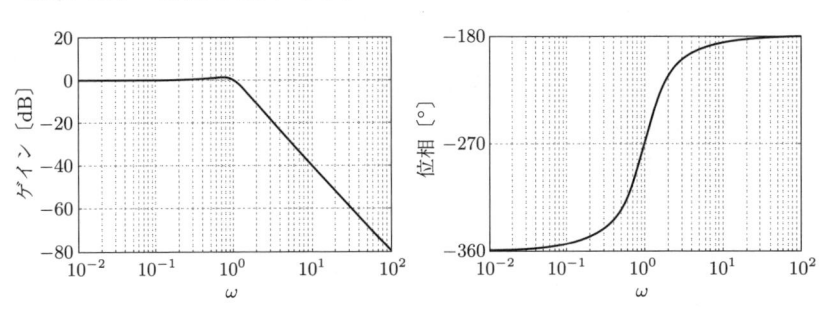

解答図 5.5

【演習 5.6】 (1) 周波数伝達関数は

$$G_1(j\omega) = \frac{1}{(j\omega - 1)(j\omega + 1)} = \frac{-1}{\omega^2 + 1}$$

となる。これは ω にかかわらず負の実数なので，位相はつねに $-180°$ である。また，ゲインについては $\omega \ll 1$ で $0\,\mathrm{dB}$，$\omega \gg 1$ で $-1/\omega^2$ と近似できるので $-40\,\mathrm{dB/dec}$ の傾きの直線で近似できる。解答図 5.6 (a) に数値計算で求めたボード線図を示す。

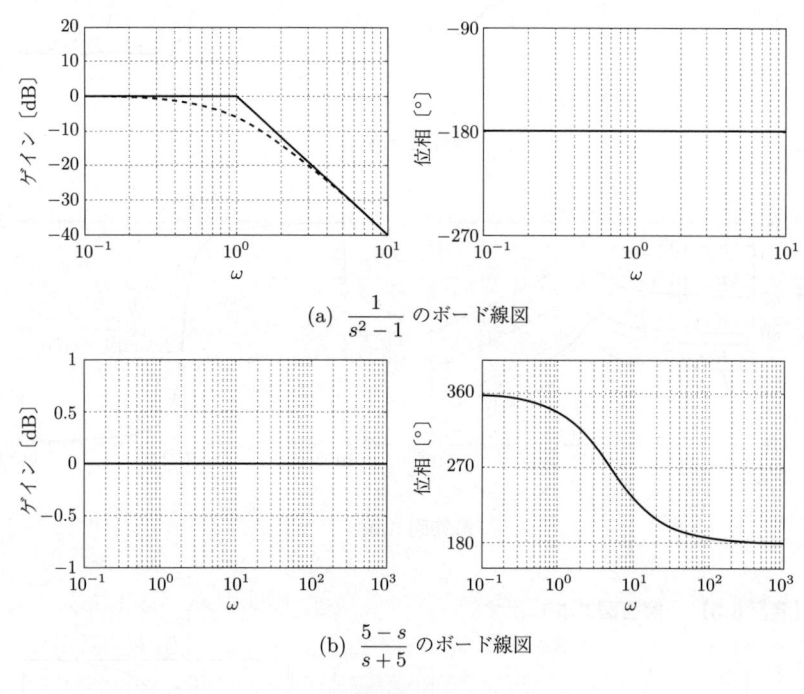

(a) $\dfrac{1}{s^2 - 1}$ のボード線図

(b) $\dfrac{5 - s}{s + 5}$ のボード線図

解答図 5.6

(2) 周波数伝達関数は

$$G_2(j\omega) = \frac{5 - j\omega}{5 + j\omega}$$

となる。分子と分母は共役な複素数となっているので，$|5 - j\omega| = |5 + j\omega|$ がつねに成り立ち，$G_2(j\omega)$ のゲインは ω にかかわらず $0\,\mathrm{dB}$ である。位相については，共役複素数の偏角は大きさが同じで逆符号となるので

$$\angle G_2(j\omega) = -2\angle(5 + j\omega)$$

となる。すなわち，1 次遅れ系を直列結合した場合と同じ位相遅れとなる。解答図 5.6

(b) に数値計算で求めたボード線図を示す。

【演習 5.7】 (1) つぎのように分解する。

$$\frac{5s}{(s+1)(s+5)} = s \cdot \frac{1}{s+1} \cdot \frac{5}{s+5}$$

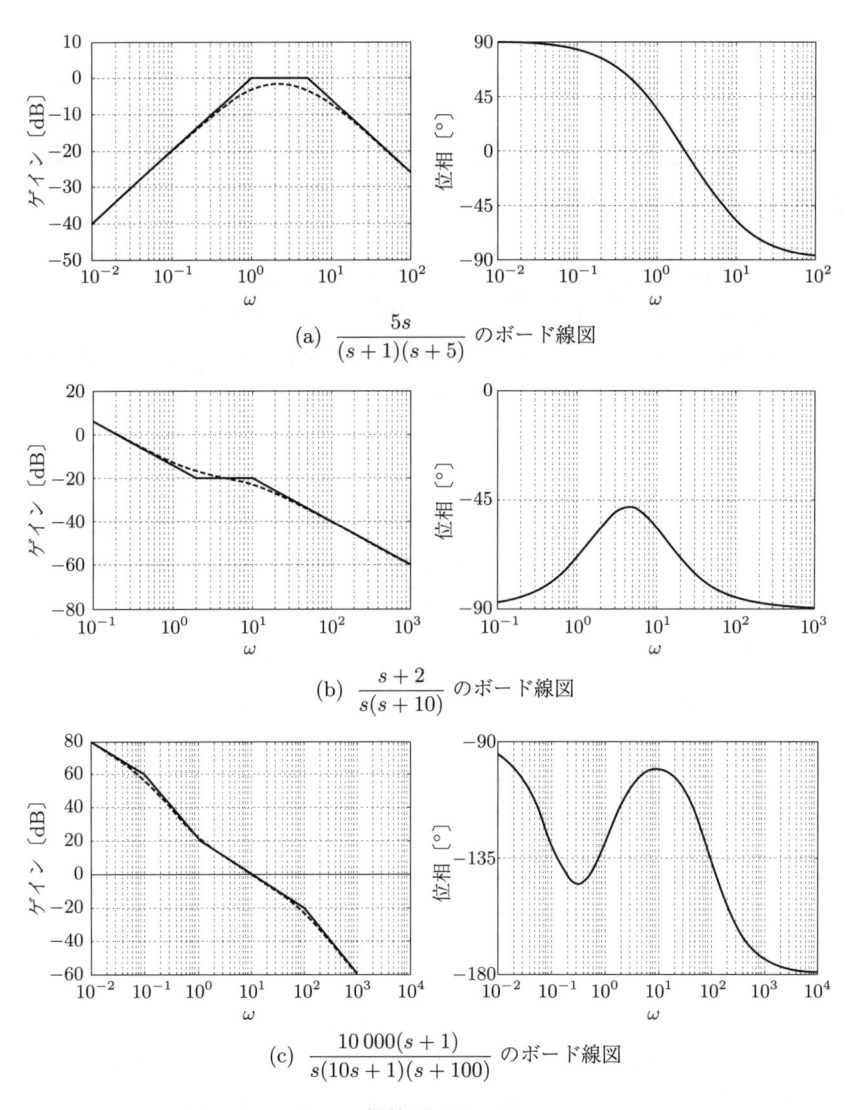

(a) $\dfrac{5s}{(s+1)(s+5)}$ のボード線図

(b) $\dfrac{s+2}{s(s+10)}$ のボード線図

(c) $\dfrac{10\,000(s+1)}{s(10s+1)(s+100)}$ のボード線図

解答図 5.7

それぞれ微分，折れ点周波数 $\omega = 1, 5$ の 1 次遅れ系なので，これらのゲイン線図，位相線図をボード線図上で加え合わせればよい。**解答図 5.7** (a) に数値計算で求めた結果を示す。

(2) つぎのように分解する。

$$\frac{s+2}{s(s+10)} = \frac{1}{10} \cdot \frac{s+2}{s} \cdot \frac{10}{s+10}$$

$(s+2)/s$ は**例題 5.6** (2) と同じで，$\omega = 2$ 以下で $-20\,\text{dB/dec}$ の直線，それ以上の周波数で $0\,\text{dB}$ の直線である。一方，$10/(s+10)$ は折れ点周波数が $\omega = 10$ の 1 次遅れ系である。$1/10$ はゲインが $-20\,\text{dB}$ で一定である。これらを加え合わせればよい。**解答図 5.7** (b) にボード線図を示す。

(3) つぎのように分解する。

$$\frac{10000(s+1)}{s(10s+1)(s+100)} = 100 \cdot \frac{s+1}{s} \cdot \frac{1}{10s+1} \cdot \frac{100}{s+100}$$

100 は $40\,\text{dB}$ で一定のゲイン，$(s+1)/s$ は $\omega = 1$ 以下で $-20\,\text{dB/dec}$ の直線，それ以上の周波数で $0\,\text{dB}$ の直線である。$1/(10s+1)$ と $100/(s+100)$ はそれぞれ折れ点周波数が $\omega = 0.1, 100$ の 1 次遅れ系となる。これらの特性をボード線図上で加え合わせればよい。**解答図 5.7** (c) にボード線図を示す。

【演習 5.8】 (a) ω_2 でゲイン $0\,\text{dB}$ となる積分特性は ω_2/s。これを全体から差し引くと，ω_2 より高周波数域ではゲイン $0\,\text{dB}$ で一定である。低周波数域では，ω_1 で上に折れ曲がり，ω_2 で下に折れ曲がる。よって，ゲイン K を未知として

$$K\frac{s+\omega_1}{s+\omega_2}$$

の形となる。高周波数域でゲイン 1 ($0\,\text{dB}$) なので $K = 1$ と定まる。したがって，全体としてはこれらの積で次式となる。

$$\frac{\omega_2(s+\omega_1)}{s(s+\omega_2)}$$

上式に，例えば $(s-a_0)/(s+a_0)$ などの全域通過特性（ゲインがつねに 1 となる特性）を有する伝達関数を乗じたものも解となる。

(b) ω_2 でゲイン $0\,\text{dB}$ となる積分特性は ω_2/s。これを全体から差し引くと，ω_1 から ω_3 の間はゲインが $0\,\text{dB}$ となる。また，ω_1 以下の周波数帯域では傾き $20\,\text{dB/dec}$ の直線となり，ω_3 以上の周波数帯域では傾き $-20\,\text{dB/dec}$ の直線となる。ω_2 より高域の特性は，折れ点周波数が ω_3 の 1 次遅れ系，すなわち $\omega_3/(s+\omega_3)$ によって表せる。ω_2 より低域の特性は，**例題 5.6** (1) と同じであり，$s/(s+\omega_1)$ と表せる。よっ

て，全体としてはこれらの積として，次式で表せる．

$$\frac{\omega_2 \omega_3}{(s+\omega_1)(s+\omega_3)}, \quad \omega_1 < \omega_2 < \omega_3$$

【演習 5.9】 閉ループ系の伝達関数は $L(s)/(1+L(s))$ である．$|L(j\omega)| \gg 1$ の低周波数域では $1 + L(j\omega) \approx L(j\omega)$ と近似できるので，この閉ループ系の伝達関数のゲインは 1（0 dB）となる．逆に $|L(j\omega)| \ll 1$ の高周波数域では，閉ループ伝達関数は開ループ伝達関数とほぼ同じとなる．よって解答図 5.8 に示すようなゲイン特性として近似できる．

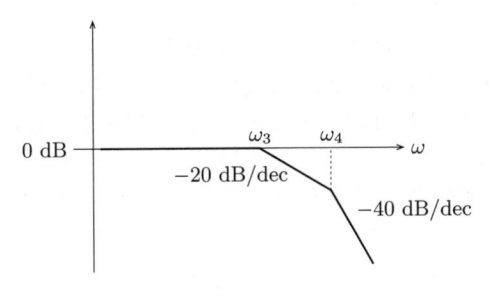

解答図 5.8

【演習 5.10】 解答図 5.9 に計算結果を示す．開ループゲインを実線で，閉ループゲインを破線で示す．確かに前問の解が良い近似となっていることが確認できる．

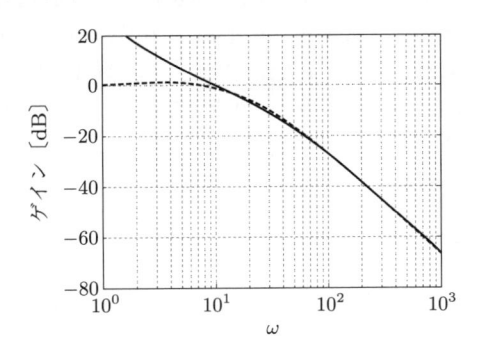

解答図 5.9

6章

【演習 6.1】 制御系が内部安定であるとは,四つの伝達関数

$$G_{ur}(s) = \frac{K(s)}{1+P(s)K(s)} = \frac{D_P(s)N_K(s)}{D_P(s)D_K(s)+N_P(s)N_K(s)}$$

$$G_{yr}(s) = \frac{P(s)K(s)}{1+P(s)K(s)} = \frac{N_P(s)N_K(s)}{D_P(s)D_K(s)+N_P(s)N_K(s)}$$

$$G_{ud}(s) = \frac{-P(s)K(s)}{1+P(s)K(s)} = \frac{N_P(s)N_K(s)}{D_P(s)D_K(s)+N_P(s)N_K(s)}$$

$$G_{yd}(s) = \frac{P(s)}{1+P(s)K(s)} = \frac{N_P(s)D_K(s)}{D_P(s)D_K(s)+N_P(s)N_K(s)}$$

がすべて安定であることと等価であることに注意する。

もし,$\phi(s) = D_P(s)D_K(s) + N_P(s)N_K(s) = 0$ のすべての根の実部が負であるならば,上式の四つの伝達関数はすべて安定となり,制御系が内部安定となることは明らかである。

逆に,制御系が内部安定であるときには,$\phi(s_0) = 0$ を満たす実部が非負の根 $s = s_0$ が存在し得ないことを,以下に背理法で示そう。もし,そのような s_0 が存在するにもかかわらず,上式の四つの伝達関数がすべて安定であると仮定すると,その各分子がすべて $(s - s_0)$ で割り切れなければならない。すなわち

$$D_P(s_0)N_K(s_0) = 0, \quad N_P(s_0)N_K(s_0) = 0, \quad N_P(s_0)D_K(s_0) = 0$$

が成り立つ。もし $D_P(s_0) = 0$ ならば,$P(s)$ の分子・分母の既約性より $N_P(s_0) \neq 0$ となる。このとき,上の右2式より,$N_K(s_0) = 0$ かつ $D_K(s_0) = 0$ が成立することが必要である。しかし,これは $K(s)$ の分子・分母の既約性に反する。よって,$D_P(s_0) \neq 0$ が成立する。逆に $N_K(s_0) = 0$ とすると,$K(s)$ の分子・分母の既約性より $D_K(s_0) \neq 0$ となる。よって,上の右式より $N_P(s_0) = 0$ を得る。また,$\phi(s_0) = 0$ が成り立つことに注意すると

$$D_P(s_0)D_K(s_0) = \phi(s_0) - N_P(s_0)N_K(s_0) = 0$$

を得るので,$D_P(s) = 0$ が成立することが必要となる。しかし,これは $P(s)$ の分子・分母の既約性に矛盾する。よって,$N_K(s_0) \neq 0$ でなければならない。以上の議論より,$D_P(s_0) \neq 0$ かつ $N_K(s_0) \neq 0$ を得るが,これは $D_P(s_0)N_K(s_0) = 0$ に矛盾する。すなわち,制御系が内部安定であるときには,$\phi(s_0) = 0$ を満たす実部が非負の根 $s = s_0$ が存在し得ないことが示せた。以上で証明が終了する。

【演習 6.2】 特性多項式は

$$\phi(s) = s^2(s-3)(s+12) + 16(3s+4)(s-3) = (s-3)(s+4)^3$$

となる。よって，極零相殺した $(s-3)$ の因子を含み，内部安定でない。

$$G_{yd}(s) = \frac{(3s+4)(s+12)}{(s-3)(s+4)^3}$$

のみが不安定である。

【演習 6.3】 特性多項式は次式となる。

$$\phi(s) = (s+1)^2 + K_0(s-1) = s^2 + (2+K_0)s + (1-K_0)$$

$\phi(s) = 0$ の根のすべての実部が負であるための必要十分条件は

$$2 + K_0 > 0 \quad かつ \quad 1 - K_0 > 0$$

であった。よって，$1 > K > -2$ のときは内部安定で，さもなければ不安定である。

【演習 6.4】 解答図 6.1 に示すナイキスト線図が得られる。ナイキスト軌跡は点 $(-1, 0)$ を時計回りに 1 回まわるので $N = 1$ となる。一方，開ループ伝達関数 $L(s)$ に不安定極はないので $\Pi = 0$。よって，閉ループ系の不安定極の数は $Z = N + \Pi = 1$ となり，制御系は不安定と判別できる。

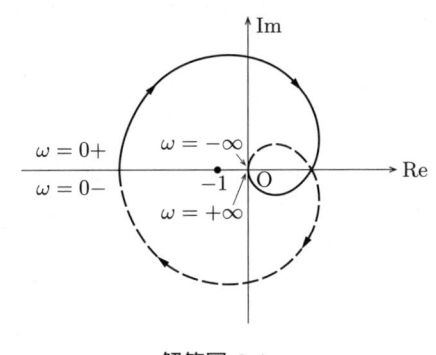

解答図 6.1

【演習 6.5】 $K_0 = 3$ のとき，ナイキスト軌跡は図 6.7 と同じ形で 3 倍の大きさとなり，実軸と交差する点は $(-1.5, 0)$ となる。すなわち，点 $(-1, 0)$ は図 6.6 (a) の実線と破線で囲まれた小さな領域内に存在する。ナイキスト軌跡は点 $(-1, 0)$ を時計

回りに 2 回まわり，$N=2$ である．$L(s)$ には実部が正の極が存在しないので $\Pi=0$ となる．よって，閉ループ系の不安定極の数は $Z=N+\Pi=2$ となり，制御系は不安定と判別できる．

【演習 6.6】 $K_0=1$ のとき，ナイキスト軌跡は図 **6.8** と同じ形で 1/4 倍の大きさとなり，実軸と交差する点は $(-0.5,0)$ となる．ナイキスト軌跡は点 $(-1,0)$ を時計回りに 1 回まわり，$N=1$ である．実部が正である $L(s)$ の極の数は $\Pi=1$ であったので，閉ループ系の不安定極の数は $Z=N+\Pi=2$ となり，制御系は不安定と判別できる（実際，このときには特性多項式は $\phi(s)=(s-1)^2$ となり，+1 に重極を有することが確認できる）．

$K_0=2$ のときはナイキスト軌跡が点 $(-1,0)$ 上を通過するので，安定限界となる（ちなみに，このときの制御系の極は $\pm\sqrt{2}j$）．

【演習 6.7】 $K_0=1$ のとき，ナイキスト軌跡は図 **6.9** と同じ形で 1/4 倍の大きさとなり，実軸と交差する点は $(-0.5,0)$ となる．ナイキスト軌跡は点 $(-1,0)$ を実質的にまわらず，$N=0$ である．$L(s)$ 極の実部が正の極の数は $\Pi=0$ であったので，閉ループ系の不安定極の数は $Z=N+\Pi=0$ となり，制御系は安定と判別できる．

$K_0=2$ のときはナイキスト軌跡が点 $(-1,0)$ 上を通過するので，安定限界となる．

【演習 6.8】 $K_0=0.5$ のとき，ベクトル軌跡は図 **6.11** (a) と同じ形で 1/2 の大きさとなる．よって，ベクトル軌跡が点 $(-1,0)$ 上を通過し，安定限界となる．

$K_0=0.2$ のとき，ベクトル軌跡は図 **6.11** (a) と同じ形で 1/5 倍の大きさとなり，実軸と交差する点は $(-0.4,0)$ となる．点 $(-1,0)$ を右に見るので不安定と判別できる．

【演習 6.9】 ボード線図を $\omega=0.1\sim100\,\mathrm{rad/s}$ の範囲で描くと，**解答図 6.2** を得る．これより，ゲイン交差周波数はおよそ $\omega_{\mathrm{gc}}=1.2\,\mathrm{rad/s}$ で，そのときの位相余裕 PM はおよそ $50°$．また，位相交差周波数は約 $\omega_{\mathrm{pc}}=9.3\,\mathrm{rad/s}$ で，ゲイン余裕 GM は 2.6 ($\approx 8.3\,\mathrm{dB}$) と読み取れる．

ちなみに，むだ時間 $T_d=(\mathrm{PM}*\pi)/(180*\omega_{\mathrm{gc}})\approx 0.7\,\mathrm{s}$ が存在すると，この位相余裕は失われ，不安定となる．

演習問題の解答　235

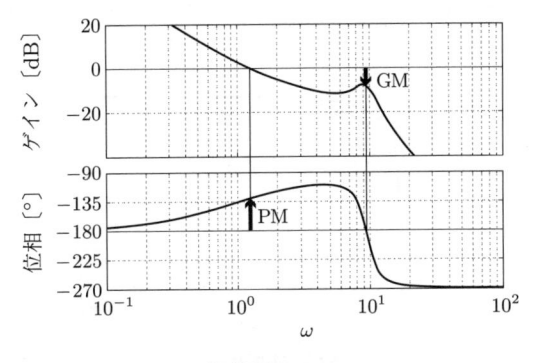

解答図 6.2

7章

【演習 7.1】　PI 補償および P 補償の場合の開ループ系 $P(s)K(s)$ のボード線図を**解答図 7.1** にそれぞれ実線，破線で示す。P 補償ではゲイン交差周波数が $w_{\mathrm{gc}} = 1.73\,\mathrm{rad/s}$ で，位相余裕が PM$= 60°$ であるのに対して，PI 補償ではゲイン交差周波数は $w_{\mathrm{gc}} = 1.78\,\mathrm{rad/s}$ でほぼ同じであるが，位相余裕は PM$= 43°$ であった。I 補償が加わっているため，位相が遅れ，制御系の安定余裕が少なくなっている。なお，この例のときにはいずれの場合も位相が $180°$ より遅れることはないので，ゲイン余裕はともに無限大となる。

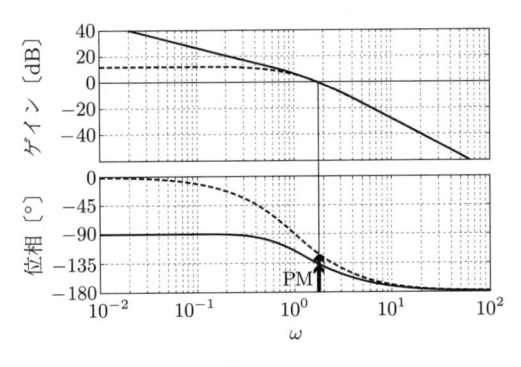

解答図 7.1

【演習 7.2】　$P_1(s)$ および $P_2(s)$ の場合の応答を，それぞれ一点鎖線と実線で**解答図 7.2** に示す。また，参考までに，**例題 7.2** の $P(s) = 1/(s+1)^2$ のときの応答を点

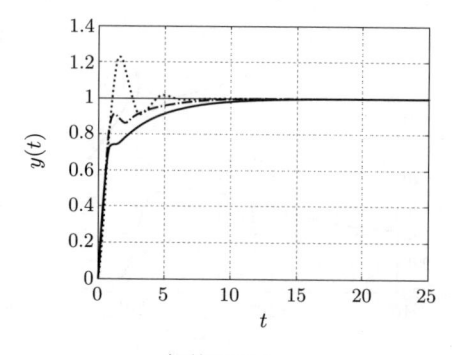

解答図 **7.2**

線で示しておく．いずれも定常偏差なくステップ目標値に追従していることが確認できる．

【演習 7.3】 $P(s)K_1(s)$, $P(s)K_2(s)$ のボード線図をそれぞれ実線，破線で**解答図 7.3** に示す．

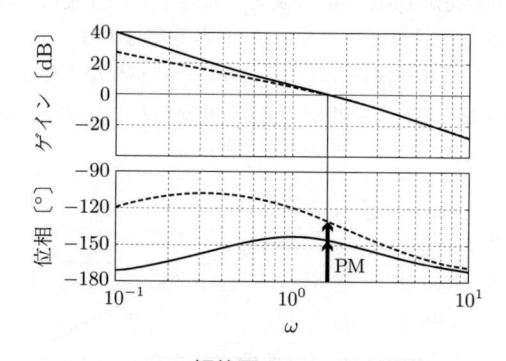

解答図 **7.3**

$K_1(s)$ を用いた場合にはゲイン交差周波数 $\omega = 1.57\,\mathrm{rad/s}$ で PM= $34°$ であり，$K_2(s)$ を用いた場合にはゲイン交差周波数 $\omega = 1.62\,\mathrm{rad/s}$ で PM= $50°$ となる．ゲイン余裕はともに無限大であるが，ゲインを大きくしていくと応答が振動的になる．

閉ループ極を求めると，$K_1(s)$ の場合 $\{-0.681 \pm 1.63j, -0.639\}$, $K_2(s)$ の場合 $\{-0.974 \pm 1.72j, -0.051\}$ となる．$K_2(s)$ の位相余裕は大きいが，$K_2(s)$ の零点 $s = -0.05$ に近い極が現れている．

【演習 7.4】 $P(s)K_1(s)$, $P(s)K_2(s)$ のボード線図を，それぞれ実線と破線で**解答図 7.4** に示す．各系のステップ応答を同様に**解答図 7.5** に示す．

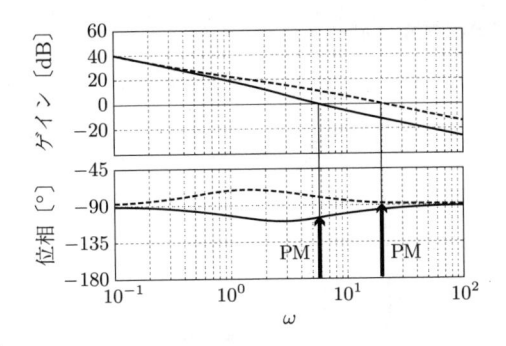

解答図 **7.4**

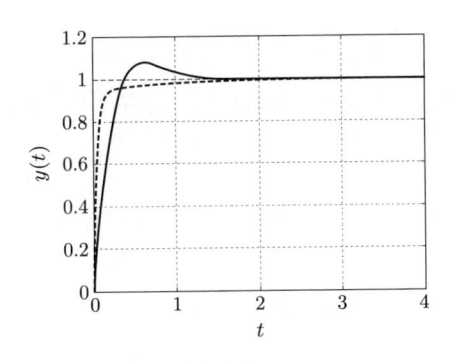

解答図 **7.5**

$P(s)K_1(s)$ の場合は，ゲイン交差周波数が $\omega_{\mathrm{gc}}=5.75\,\mathrm{rad/s}$ で位相余裕 PM $=74.4°$ となり，目標値応答はオーバーシュート気味となる。一方，$P(s)K_2(s)$ の場合は，ゲイン交差周波数が $\omega_{\mathrm{gc}}=20\,\mathrm{rad/s}$ で位相余裕 PM $=93°$ となり，目標値応答は過剰ダンピング気味となることが確認できる。

【演習 7.5】 PD 補償を $K(s)=as+b$ とすると，特性多項式は

$$\phi(s)=s^2+(a-p_0)s+b$$

となる。よって，$a>p_0$，$b>0$ と選べば安定化できる。一方，PI 補償を $K(s)=(cs+d)/s$ とすると，特性多項式は

$$\phi(s)=s^3-p_0s^2+cs+d$$

となり，(c,d) の選び方にかかわらず，s^2 の係数が負または 0 なので，安定化は不可能である。

【演習 7.6】 解答図 7.6 に示す。

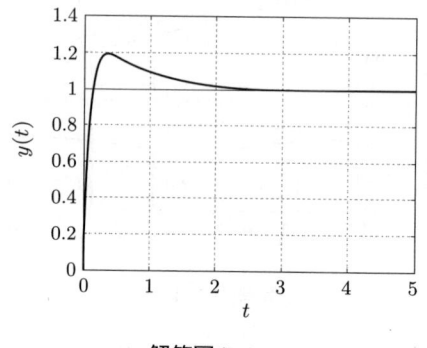

解答図 7.6

【演習 7.7】 P 補償を $K(s) = c$ とすると，制御系の特性多項式は

$$\phi(s) = s^2 - s + (c-2)$$

となるため，ゲイン c をどのように選んでも，s の係数が負なので安定化不可能である。また，PI 補償を $K(s) = (cs + d)/s$ とすると，特性多項式は

$$\phi(s) = s^3 - s^2 + (c-2)s + d$$

となり，(c, d) の選び方にかかわらず，s^2 の係数が負なので，安定化は不可能である。

【演習 7.8】 PI 補償（$K_2(s) = (s+1)/s$）のボード線図を解答図 7.7 に描く。また，破線で位相遅れ補償（$10(s+1)/(10s+1)$）のボード線図も描く。これより，両者は高周波数域ではほぼ同じ特性であることが確認できる。低周波数域（$\omega < 0.1\,\mathrm{rad/s}$）

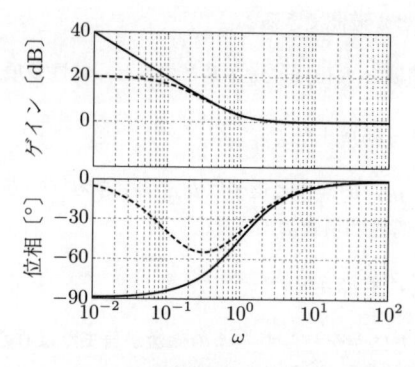

解答図 7.7

においては，PI 補償では積分特性のままであるのに対し，位相遅れ補償ではゲイン特性がフラットになり，位相遅れも PI 補償に比較すれば少ないという程度の差異である．例題において $\beta \to \infty$ の極限をとったものが，この PI 補償となっている．

【演習 7.9】 $\beta = 2, 5, 20, 50$ の場合のボード線図を，それぞれ実線，破線，点線，一点鎖線で**解答図 7.8** に描く．β が小さいとき位相遅れは小さいが，低域でのゲインも β の大きさに応じた分しか大きくできない．β を大きくするにつれ，低周波数域でのゲインが徐々に大きくなり，PI 補償に漸近する様子が表れている．

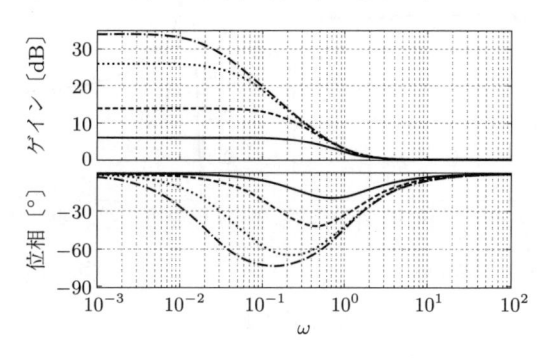

解答図 7.8

【演習 7.10】 各補償器を用いたときの開ループ系のボード線図を**解答図 7.9** に示す．実線が $K_2(s)$，破線が $K_3(s)$ に対応する．ゲイン交差周波数 ω_{gc} はほとんど変化せず $\omega_{\text{gc}} = 0.79\,\text{rad/s}$ であり，位相余裕は $K_2(s)$ のとき $48°$，$K_3(s)$ のとき $45°$ であった．

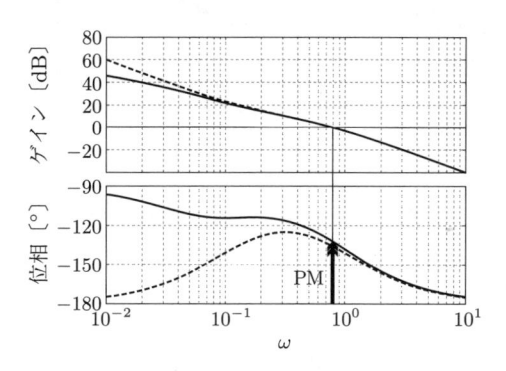

解答図 7.9

目標値応答および外乱応答を**解答図 7.10** (a), (b) に示す。実線が $K_2(s)$，一点鎖線が $K_3(s)$ に対応している。例題の $K_1(s)$ の場合と比較すると，目標値応答に関しては，$K_2(s)$ により位相余裕が若干改善されたため，オーバーシュートも少し改善された。一方，外乱応答を見ると，$K_2(s)$ の場合には定常偏差が 0.5 と大きくなるが，$K_3(s)$ の場合には定常偏差が 0 となる。

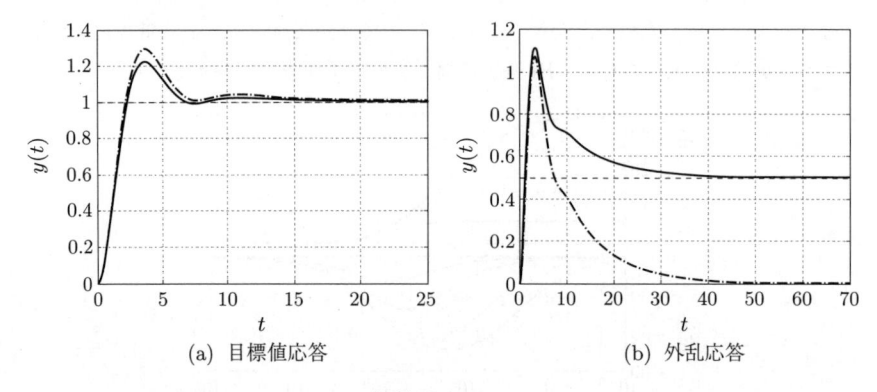

(a) 目標値応答 (b) 外乱応答

解答図 7.10

【演習 7.11】 各 $\alpha = 0, 0.05, 0.2, 0.5$ の場合のボード線図をそれぞれ実線，破線，点線，一点鎖線で**解答図 7.11** に描く。α を小さくするにつれて，PD 補償に漸近することがわかる。

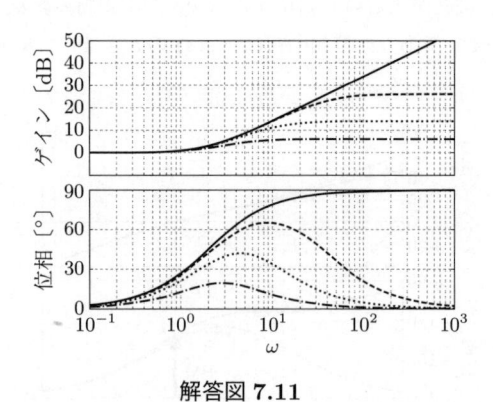

解答図 7.11

【演習 7.12】 目標値応答を**解答図 7.12** に実線で示す。参考までに，例題の PI-PD 補償のときの応答を破線で示す。I-PD 補償ではオーバーシュートがなくなっているものの，ゆっくりとした立ち上がりで即応性が悪い。目標値近傍に到達するまでに 2

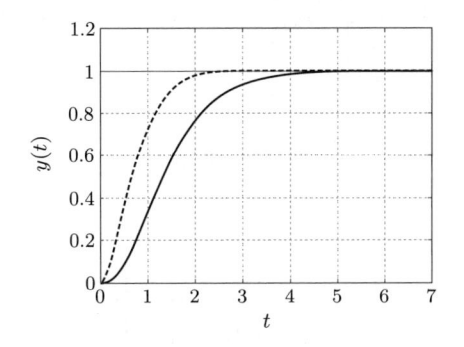

解答図 **7.12**

倍以上の時間を要していることが読み取れる。

【演習 7.13】　図 7.20 の制御系を用いる。$P(s)$, $K(s)$ は例題 7.15 と同じものを用い，目標値応答を

$$F(s) = \frac{1}{(\tau s + 1)^2}, \quad \tau = 0.1$$

と選べば，例題 7.16 の解とまったく同じ図 7.21 の実線に示す応答が得られる。

【演習 7.14】　図 7.20 の制御系を用いる。フィードバック補償として，例えば

$$K(s) = \frac{19s + 8}{s + 7}$$

と選ぶと，閉ループ系の特性多項式は

$$\phi(s) = s(s-1)(s+7) + 19s + 8 = (s+2)^3$$

となり，安定化できる。目標値に完全追従するためには，制御系の r から y までの伝達関数を $G_{yr}(s) = 1$ とすればよい。すなわち，$F(s) = 1$ と選べばよい。なお，このときフィードフォワード補償の一つは

$$\frac{F(s)}{P(s)} = s^2 - s$$

となり，2 階微分（s^2）や 1 階微分（s）の操作を必要とするが，$\dot{r}(t)$, $\ddot{r}(t)$ が利用できるので，これは実現可能である。

8 章

【演習 8.1】　$\omega = \dot{\theta}$ とおくと，$\dot{\theta} = \omega$, $\dot{\omega} = -(3g)/(4\ell)\theta$。したがって，つぎの状態方程式を得る。

$$\begin{bmatrix} \dot{\theta} \\ \dot{\omega} \end{bmatrix} = \begin{bmatrix} 0 & 1 \\ -\dfrac{3g}{4\ell} & 0 \end{bmatrix} \begin{bmatrix} \theta \\ \omega \end{bmatrix}$$

【演習 8.2】 $v_1 = \dot{x}_1$, $v_2 = \dot{x}_2$ とおくと, $\dot{x}_1 = v_1$, $\dot{v}_1 = -(x_1 - x_2) + u$, $\dot{x}_2 = v_2$, $\dot{v}_2 = -(x_2 - x_1)$。したがって, 状態方程式

$$\begin{bmatrix} \dot{x}_1 \\ \dot{v}_1 \\ \dot{x}_2 \\ \dot{v}_2 \end{bmatrix} = \begin{bmatrix} 0 & 1 & 0 & 0 \\ -1 & 0 & 1 & 0 \\ 0 & 0 & 0 & 1 \\ 1 & 0 & -1 & 0 \end{bmatrix} \begin{bmatrix} x_1 \\ v_1 \\ x_2 \\ v_2 \end{bmatrix} + \begin{bmatrix} 0 \\ 1 \\ 0 \\ 0 \end{bmatrix} u$$

または

$$\begin{bmatrix} \dot{x}_1 \\ \dot{x}_2 \\ \dot{v}_1 \\ \dot{v}_2 \end{bmatrix} = \begin{bmatrix} 0 & 0 & 1 & 0 \\ 0 & 0 & 0 & 1 \\ -1 & 1 & 0 & 0 \\ 1 & -1 & 0 & 0 \end{bmatrix} \begin{bmatrix} x_1 \\ x_2 \\ v_1 \\ v_2 \end{bmatrix} + \begin{bmatrix} 0 \\ 0 \\ 1 \\ 0 \end{bmatrix} u$$

を得る。

【演習 8.3】 一定のトルク τ^* のもとで一定の角速度 ω^* を得ている。これらは運動方程式 $J\dot{\omega} = -D\omega + \tau$ を満足するので, $0 = -D\omega^* + \tau^*$。これを運動方程式から辺々引き算して, つぎの 1 次系としての状態空間表現を得る。

$$\begin{cases} \underbrace{\dfrac{d}{dt}(\omega - \omega^*)}_{\dot{x}} = \underbrace{-\dfrac{D}{J}}_{a}\underbrace{(\omega - \omega^*)}_{x} + \underbrace{\dfrac{1}{J}}_{b}\underbrace{(\tau - \tau^*)}_{u} \\ \underbrace{\omega - \omega^*}_{y} = \underbrace{1}_{c}\underbrace{(\omega - \omega^*)}_{x} \end{cases}$$

【演習 8.4】 $x_1 = y$, $x_2 = \dot{y}$ とおくと, $\dot{x}_1 = x_2$, $\dot{x}_2 = -a_1 x_2 - a_2 x_1 + u$。したがって, 状態空間表現

$$\begin{cases} \begin{bmatrix} \dot{x}_1 \\ \dot{x}_2 \end{bmatrix} = \begin{bmatrix} 0 & 1 \\ -a_2 & -a_1 \end{bmatrix} \begin{bmatrix} x_1 \\ x_2 \end{bmatrix} + \begin{bmatrix} 0 \\ 1 \end{bmatrix} u \\ y = \begin{bmatrix} 1 & 0 \end{bmatrix} \begin{bmatrix} x_1 \\ x_2 \end{bmatrix} \end{cases}$$

または

$$\begin{cases} \begin{bmatrix} \dot{x}_2 \\ \dot{x}_1 \end{bmatrix} = \begin{bmatrix} -a_1 & -a_2 \\ 1 & 0 \end{bmatrix} \begin{bmatrix} x_2 \\ x_1 \end{bmatrix} + \begin{bmatrix} 1 \\ 0 \end{bmatrix} u \\ y = \begin{bmatrix} 0 & 1 \end{bmatrix} \begin{bmatrix} x_2 \\ x_1 \end{bmatrix} \end{cases}$$

を得る.

【演習 8.5】 $\dot{x} = u$, $y = x + u$ より,解答図 8.1 に示すブロック線図を得る.

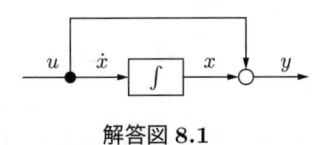

解答図 8.1

【演習 8.6】 $\dot{x}_1 = x_2$, $\dot{x}_2 = -2\zeta\omega_n x_2 + \omega_n^2 u$, $y = c_2 x_2$ より,解答図 8.2 に示すブロック線図を得る.

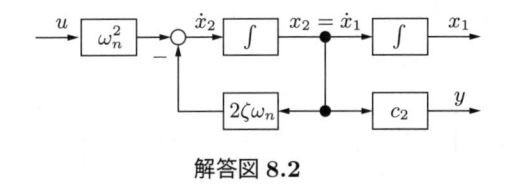

解答図 8.2

【演習 8.7】 $\dot{v}_1 = -(x_1 - x_2) + u$, $\dot{v}_2 = -(x_2 - x_1)$ より,解答図 8.3 に示すブロック線図を得る.

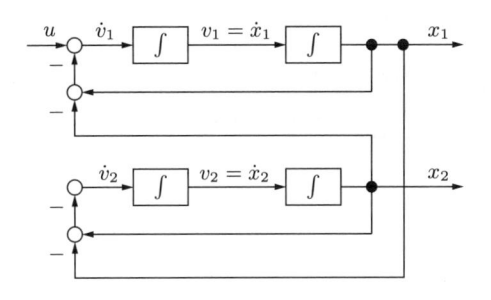

解答図 8.3

【演習 8.8】 状態空間表現に

$$\left[\begin{array}{c} x_1 \\ x_2 \end{array}\right] = \left[\begin{array}{cc} 1 & 0 \\ -\zeta\omega_n & \omega_n\sqrt{1-\zeta^2} \end{array}\right] \left[\begin{array}{c} x_1' \\ x_2' \end{array}\right]$$

を代入して

$$\begin{cases} \left[\begin{array}{cc} 1 & 0 \\ -\zeta\omega_n & \omega_n\sqrt{1-\zeta^2} \end{array}\right] \left[\begin{array}{c} \dot{x}_1' \\ \dot{x}_2' \end{array}\right] \\ \quad = \left[\begin{array}{cc} 0 & 1 \\ -\omega_n^2 & -2\zeta\omega_n \end{array}\right] \left[\begin{array}{cc} 1 & 0 \\ -\zeta\omega_n & \omega_n\sqrt{1-\zeta^2} \end{array}\right] \left[\begin{array}{c} x_1' \\ x_2' \end{array}\right] + \left[\begin{array}{c} 0 \\ \omega_n^2 \end{array}\right] u \\ y = \left[\begin{array}{cc} 1 & 0 \end{array}\right] \left[\begin{array}{cc} 1 & 0 \\ -\zeta\omega_n & \omega_n\sqrt{1-\zeta^2} \end{array}\right] \left[\begin{array}{c} x_1' \\ x_2' \end{array}\right] \end{cases}$$

となる。この状態方程式の左から

$$\left[\begin{array}{cc} 1 & 0 \\ -\zeta\omega_n & \omega_n\sqrt{1-\zeta^2} \end{array}\right]^{-1} = \frac{1}{\omega_n\sqrt{1-\zeta^2}} \left[\begin{array}{cc} \omega_n\sqrt{1-\zeta^2} & 0 \\ \zeta\omega_n & 1 \end{array}\right]$$

をかけて,つぎの状態空間表現を得る。

$$\begin{cases} \left[\begin{array}{c} \dot{x}_1' \\ \dot{x}_2' \end{array}\right] = \left[\begin{array}{cc} -\zeta\omega_n & \omega_n\sqrt{1-\zeta^2} \\ -\omega_n\sqrt{1-\zeta^2} & -\zeta\omega_n \end{array}\right] \left[\begin{array}{c} x_1' \\ x_2' \end{array}\right] + \left[\begin{array}{c} 0 \\ \dfrac{\omega_n}{\sqrt{1-\zeta^2}} \end{array}\right] u \\ y = \left[\begin{array}{cc} 1 & 0 \end{array}\right] \left[\begin{array}{c} x_1' \\ x_2' \end{array}\right] \end{cases}$$

【演習 8.9】

$$\underbrace{\left[\begin{array}{cc} 1 & 0 \end{array}\right]}_{C'} \underbrace{\left[\begin{array}{cc} t_{11} & t_{12} \\ t_{21} & t_{22} \end{array}\right]}_{T} = \underbrace{\left[\begin{array}{cc} c_1 & c_2 \end{array}\right]}_{C} \quad (T \text{ は正則})$$

を満足させればよいので,例えば $t_{11} = c_1 \ (\neq 0)$,$t_{12} = c_2$,$t_{21} = 0$,$t_{22} = 1$ と選べばよい。

【演習 8.10】

$$\begin{cases} \begin{bmatrix} \dot{x}_1(t) \\ \dot{x}_2(t) \\ \dot{x}_{L1}(t) \\ \dot{x}_{L2}(t) \end{bmatrix} = \begin{bmatrix} 0 & 1 & 0 & 0 \\ 0 & 0 & 0 & -\dfrac{12}{L} \\ 0 & 0 & 0 & 1 \\ 0 & 0 & -\dfrac{12}{L^2} & -\dfrac{6}{L} \end{bmatrix} \begin{bmatrix} x_1(t) \\ x_2(t) \\ x_{L1}(t) \\ x_{L2}(t) \end{bmatrix} + \begin{bmatrix} 0 \\ 1 \\ 0 \\ 1 \end{bmatrix} u_L(t) \\ y(t) = \begin{bmatrix} 1 & 0 & 0 & 0 \end{bmatrix} \begin{bmatrix} x_1(t) \\ x_2(t) \\ x_{L1}(t) \\ x_{L2}(t) \end{bmatrix} \end{cases}$$

9 章

【演習 9.1】 (1) 漸近安定であるための条件は $1-f<0$。したがって，$f>1$。
(2) 漸近安定であるための条件は $-1-2f<0$。したがって，$f>-1/2$。

【演習 9.2】 (1) 式 (9.7) を用いて，時間応答は次式となる。

$$\begin{bmatrix} x_1(t) \\ x_2(t) \end{bmatrix} = \exp\left(\begin{bmatrix} -1 & 0 \\ 0 & 0 \end{bmatrix} t \right) \begin{bmatrix} x_1(0) \\ x_2(0) \end{bmatrix}$$
$$= \begin{bmatrix} e^{-t} & 0 \\ 0 & 1 \end{bmatrix} \begin{bmatrix} x_1(0) \\ x_2(0) \end{bmatrix} = \begin{bmatrix} e^{-t} x_1(0) \\ x_2(0) \end{bmatrix}$$

これより，つぎが成り立つ。

$$例えば \begin{bmatrix} x_1(0) \\ x_2(0) \end{bmatrix} = \begin{bmatrix} 0 \\ 1 \end{bmatrix} に対して \begin{bmatrix} x_1(t) \\ x_2(t) \end{bmatrix} \not\to \begin{bmatrix} 0 \\ 0 \end{bmatrix} \quad (t \to \infty)$$

したがって，漸近安定でない。
(2) 式 (9.8) を用いて，時間応答は次式となる。

$$\begin{bmatrix} x_1(t) \\ x_2(t) \end{bmatrix} = \exp\left(\begin{bmatrix} -1 & 1 \\ -1 & -1 \end{bmatrix} t \right) \begin{bmatrix} x_1(0) \\ x_2(0) \end{bmatrix}$$
$$= e^{-t} \begin{bmatrix} \cos t & \sin t \\ -\sin t & \cos t \end{bmatrix} \begin{bmatrix} x_1(0) \\ x_2(0) \end{bmatrix}$$
$$= \begin{bmatrix} e^{-t}(x_1(0)\cos t + x_2(0)\sin t) \\ e^{-t}(-x_1(0)\sin t + x_2(0)\cos t) \end{bmatrix}$$

これより，つぎが成り立つ．

$$\text{任意の} \begin{bmatrix} x_1(0) \\ x_2(0) \end{bmatrix} \neq \begin{bmatrix} 0 \\ 0 \end{bmatrix} \text{に対して} \begin{bmatrix} x_1(t) \\ x_2(t) \end{bmatrix} \to \begin{bmatrix} 0 \\ 0 \end{bmatrix} \quad (t \to \infty)$$

したがって，漸近安定である．

(3) 式 (9.9) を用いて，時間応答は次式となる．

$$\begin{bmatrix} x_1(t) \\ x_2(t) \end{bmatrix} = \exp\left(\begin{bmatrix} 0 & 1 \\ 0 & 0 \end{bmatrix} t\right) \begin{bmatrix} x_1(0) \\ x_2(0) \end{bmatrix}$$

$$= \begin{bmatrix} 1 & t \\ 0 & 1 \end{bmatrix} \begin{bmatrix} x_1(0) \\ x_2(0) \end{bmatrix} = \begin{bmatrix} x_1(0) + tx_2(0) \\ x_2(0) \end{bmatrix}$$

これより，つぎが成り立つ．

$$\text{例えば} \begin{bmatrix} x_1(0) \\ x_2(0) \end{bmatrix} = \begin{bmatrix} 0 \\ 1 \end{bmatrix} \text{に対して} \begin{bmatrix} x_1(t) \\ x_2(t) \end{bmatrix} \not\to \begin{bmatrix} 0 \\ 0 \end{bmatrix} \quad (t \to \infty)$$

したがって，漸近安定でない．

【演習 9.3】 例題 9.2 について：

(1) $\det(\lambda I_2 - A) = (\lambda + 1)(\lambda + 2) = 0$ より，行列 A の固有値は $-1, -2$。二つとも実数で負だから漸近安定である．

(2) $\det(\lambda I_2 - A) = (\lambda - 1)^2 + 1 = \lambda^2 - 2\lambda + 2 = 0$ より，行列 A の固有値は $1 \pm j$。実部が正だから漸近安定ではない．

(3) $\det(\lambda I_2 - A) = (\lambda + 1)^2 = 0$ より，行列 A の固有値は $-1, -1$。二つとも実数で負だから漸近安定である．

演習 9.2 について：

(1) $\det(\lambda I_2 - A) = (\lambda + 1)\lambda = 0$ より，行列 A の固有値は $-1, 0$。零固有値を持つので漸近安定はでない．

(2) $\det(\lambda I_2 - A) = (\lambda + 1)^2 + 1 = \lambda^2 + 2\lambda + 2 = 0$ より，行列 A の固有値は $-1 \pm j$。実部が負だから漸近安定である．

(3) $\det(\lambda I_2 - A) = \lambda^2 = 0$ より，行列 A の固有値は二つとも 0。零固有値を持つので漸近安定でない．

【演習 9.4】 (1) $x(t) = \int_0^t e^{-(t-\tau)} d\tau = e^{-t}[e^\tau]_0^t = e^{-t}(e^t - 1) = 1 - e^{-t}$

(2) $x(t) = \int_0^t e^{-0.5(t-\tau)} d\tau = e^{-0.5t} \int_0^t e^{0.5\tau} d\tau = e^{-0.5t}[2e^{0.5\tau}]_0^t$
$= 2e^{-0.5t}(e^{0.5t} - 1) = 2(1 - e^{-0.5t})$

【演習 9.5】 定常ゲインは 1 である．したがって，横線 $1 - 1/e$ を図示すればよい．step_resp1.m に続けてつぎを追加する．

```
%step_resp1.m
hold on                              %重ね書きの準備
plot([0 5],(1-exp(-1))*[1 1])        %レベル 1-1/e=0.632 の表示
[T,K]=ginput(1)
```

【演習 9.6】 step_resp2.m に続けてつぎを追加する．

```
%step_resp2.m
[Tp,p0]=ginput(1); p0=p0-1;
wn=sqrt(log(p0)^2+pi^2)/Tp
zeta=abs(log(p0))/sqrt(log(p0)^2+pi^2)
```

【演習 9.7】 sin_resp.m に続けてつぎを追加する．

```
%sin_resp.m
x0=1; u=zeros(1,length(t)); y1=lsim(sys,u,t,x0);  %零入力応答の計算
x0=0; u=sin(10*t); y2=lsim(sys,u,t,x0);           %零状態応答の計算
hold on, plot(t,y1,'g',t,y2,'r')
```

【演習 9.8】

```
%bode_diag2.m
A=[0 1;-1 -0.02]; B=[0;1]; C=[1 0]; sys=ss(A,B,C,0);
w={1e-1,1e1}; bode(sys,w), grid
```

【演習 9.9】 初期値に B 行列を設定すればよい．

```
%impulse_resp.m
A=[0 1;-1 -0.02]; B=[0;1]; C=[1 0]; sys=ss(A,B,C,0);
t=0:0.1:10; initial(sys,B,t), grid
```

10 章

【演習 10.1】 $T = 1$, $K = 1$, $T' = 1/10$, $K' = 1$ より，次式を得る．

$$f = \frac{1}{1}\left(\frac{1}{1/0.1} - \frac{1}{1}\right) = 9, \quad g = \frac{1}{1}\frac{1}{0.1} = 10$$

【演習 10.2】 例えば，つぎの M ファイルを実行すればよい．

```
%sf1.m
T1=1; K1=1; a1=-1/T1; b1=K1/T1; sys1=ss(a1,b1,1,0);
t=0:0.1:5; step(sys1,t); [T2,K2]=ginput(1)
```

```
f=T1/K1*(1/T2-1/T1); g=T1/K1*K2/T2;
a2=a1-b1*f; b2=b1*g; sys2=ss(a2,b2,1,0);
hold on, step(sys2,t)
```

【演習 10.3】 例えば，つぎの M ファイルを実行すればよい。

```
%sf2.m
w1=1; z1=0.01; A1=[0 1;-w1^2 -2*z1*w1]; B1=[0;w1^2]; C=[1 0];
sys1=ss(A1,B1,C,0);
t=0:0.05:10; step(sys1,t); [Tp,p0]=ginput(1); p0=p0-1;
w2=sqrt(log(p0)^2+pi^2)/Tp, z2=abs(log(p0))/sqrt(log(p0)^2+pi^2)
Kp=(w2^2-w1^2)/w1^2, Kd=(2/w1^2)*(z2*w2-z1*w1)
F=[Kp Kd]; G=w2^2/w1^2;
A2=A1-B1*F; B2=B1*G; sys2=ss(A2,B2,C,0);
hold on, step(sys2,t)
```

【演習 10.4】 行列 $A - BF$ の特性多項式は次式である。

$$\det(\lambda I_2 - A + BF) = (\lambda - (-1))^2 = \lambda^2 + \underbrace{2}_{a_1'}\lambda + \underbrace{1}_{a_2'}$$

(1) A 行列の特性多項式は

$$\det(\lambda I_2 - A) = \det\begin{bmatrix} \lambda & -1 \\ 0 & \lambda+1 \end{bmatrix} = \lambda(\lambda+1) = \lambda^2 + \underbrace{1}_{a_1}\lambda + \underbrace{0}_{a_2}$$

となる。したがって，ゲイン行列 F はつぎのように計算される。

$$F = \begin{bmatrix} 1-0 & 2-1 \end{bmatrix} \begin{bmatrix} 1 & 1 \\ 1 & 0 \end{bmatrix}^{-1} \begin{bmatrix} 0 & 1 \\ 1 & -1 \end{bmatrix}^{-1} = \begin{bmatrix} 1 & 1 \end{bmatrix}$$

(2) A 行列の特性多項式は

$$\det(\lambda I_2 - A) = \det\begin{bmatrix} \lambda & -1 \\ 1 & \lambda \end{bmatrix} = \lambda^2 + 1 = \lambda^2 + \underbrace{0}_{a_1}\lambda + \underbrace{1}_{a_2}$$

となる。したがって，ゲイン行列 F は，つぎのように計算される。

$$F = \begin{bmatrix} 1-1 & 2-0 \end{bmatrix} \begin{bmatrix} 0 & 1 \\ 1 & 0 \end{bmatrix}^{-1} \begin{bmatrix} 0 & 1 \\ 1 & 0 \end{bmatrix}^{-1} = \begin{bmatrix} 0 & 2 \end{bmatrix}$$

【演習 10.5】 例えば，つぎの M ファイルを実行すればよい．

```
%sf_minputs.m
A=[0 0;0 -1]; B=[1 1;1 -1]; r1=-2; r2=-3;
disp('(1)'), X1=[1 1;1 -1];
V1=[((A-r1*eye(2))\B)*X1(:,1) ((A-r2*eye(2))\B)*X1(:,2)];
F1=X1/V1, AF1=A-B*F1, ev1=eig(AF1)
disp('(2)'), X2=[1 1;1 2];
V2=[((A-r1*eye(2))\B)*X2(:,1) ((A-r2*eye(2))\B)*X2(:,2)];
F2=X2/V2, AF2=A-B*F2, ev2=eig(AF2)
```

【演習 10.6】 (1) 可制御性行列は

$$\begin{bmatrix} B & AB & A^2B \end{bmatrix} = \begin{bmatrix} 0 & 1 & -1 \\ 1 & -1 & 1 \\ 0 & 0 & 0 \end{bmatrix}$$

である．この階数は 2 で，システムの次数 3 より小さい．したがって，この 3 次系は不可制御である．

(2) 可制御性行列は

$$\begin{bmatrix} B & AB & A^2B \end{bmatrix} = \begin{bmatrix} 0 & 0 & 1 & -1 & -1 & 1 \\ 1 & -1 & -1 & 1 & 0 & 0 \\ 0 & 1 & 0 & 2 & 0 & 4 \end{bmatrix}$$

である．この階数は 3 で，システムの次数 3 と等しい．したがって，この 3 次系は可制御である．

【演習 10.7】 M ファイル controllability_check.m のデータ A および B の定義を，(1), (2) でそれぞれつぎのように書き換える．

```
A=[0 1 0;0 -1 1;0 0 -1]; B=[0;1;0];
```

```
A=[0 1 0;-1 -1 0;0 0 2]; B=[0 0;1 -1;0 1];
```

【演習 10.8】 (1) A 行列の固有値は $\lambda_1 = 0$, $\lambda_2 = \lambda_3 = -1$．$\lambda_1$ のみ不安定固有値である．

$$\mathrm{rank} \begin{bmatrix} B & A - \lambda_1 I_3 \end{bmatrix} = \mathrm{rank} \begin{bmatrix} 0 & 0 & 1 & 0 \\ 1 & 0 & -1 & 1 \\ 0 & 0 & 0 & -1 \end{bmatrix} = 3$$

したがって，この 3 次系は可安定である．

(2) A 行列の固有値は $\lambda_1, \lambda_2 = (-1 \pm j\sqrt{3})/2$, $\lambda_3 = 2$。λ_3 のみ不安定固有値である。

$$\mathrm{rank}\begin{bmatrix} B & A - \lambda_3 I_3 \end{bmatrix} = \mathrm{rank}\begin{bmatrix} 0 & 0 & -2 & 1 & 0 \\ 1 & -1 & 0 & -2 & 1 \\ 0 & 1 & 0 & 0 & -2 \end{bmatrix} = 3$$

したがって，この 3 次系は可安定である．

【演習 10.9】 M ファイル stabilizability_check.m のデータ A および B の定義を，(1), (2) でそれぞれつぎのように書き換える．

```
A=[0 1 0;0 -1 1;0 0 -1]; B=[0;1;0];
```

```
A=[0 1 0;-1 -1 0;0 0 2]; B=[0 0;1 -1;0 1];
```

11 章

【演習 11.1】 行列 A の特性多項式は

$$\det(\lambda I_2 - A) = \det\begin{bmatrix} \lambda & -1 \\ 0 & \lambda \end{bmatrix} = \lambda^2 + \underbrace{0}_{a_1}\lambda + \underbrace{0}_{a_2}$$

であり，行列 $A - HC$ の特性多項式は

$$\det(\lambda I_2 - A + HC) = (\lambda - (-2))^2 = \lambda^2 + \underbrace{4}_{a_1'}\lambda + \underbrace{4}_{a_2'}$$

である．これらから，オブザーバゲイン H は，つぎのように計算される．

$$H^T = \begin{bmatrix} 4-0 & 4-0 \end{bmatrix} \begin{bmatrix} 0 & 1 \\ 1 & 0 \end{bmatrix}^{-1} \begin{bmatrix} 1 & 0 \\ 1 & 1 \end{bmatrix}^{-1} = \begin{bmatrix} 0 & 4 \end{bmatrix}$$

したがって，求める状態オブザーバ $\dot{\hat{x}} = (A - HC)\hat{x} + Hy + Bu$ は次式となる．

$$\begin{bmatrix} \dot{\hat{x}}_1 \\ \dot{\hat{x}}_2 \end{bmatrix} = \begin{bmatrix} 0 & 1 \\ -4 & -4 \end{bmatrix} \begin{bmatrix} \hat{x}_1 \\ \hat{x}_2 \end{bmatrix} + \begin{bmatrix} 0 \\ 4 \end{bmatrix} y + \begin{bmatrix} 0 \\ 1 \end{bmatrix} u$$

【演習 11.2】

```
%obs_err2.m
A=[0 1;0 0]; C=[1 1]; H=[0;4];
sys1=ss(A,[],eye(2),[]); x0=[1;0.5];
sys2=ss(A-H*C,[],eye(2),[]); xh0=[0;0];
```

```
t=0:0.1:5; x=initial(sys1,x0,t); e=initial(sys2,xh0-x0,t); xh=x+e;
figure(2),subplot(121),plot(t,x(:,1),t,xh(:,1)),
   axis([0 5 0 4]),grid
figure(2),subplot(122),plot(t,x(:,2),t,xh(:,2)),
   axis([0 5 0 2]),grid
```

【演習 11.3】

```
%observer_based_controller.m
a=-1; b=1; c=1; f=4; sys=ss(a-b*f,[],c,[]);
h1=9; A1=[a-b*f -b*f;0 a-h1*c]; sys1=ss(A1,[],[1 0],[]);
h2=2; A2=[a-b*f -b*f;0 a-h2*c]; sys2=ss(A2,[],[1 0],[]);
t=0:0.1:3; x0=1; xh0=0; X0=[x0; xh0-x0];
y=initial(sys,x0,t); y1=initial(sys1,X0,t); y2=initial(sys2,X0,t);
figure(3),plot(t,y,t,y1,t,y2),grid
legend('h=0','h=9','h=2')
```

【演習 11.4】 (1) A 行列の固有値は $\lambda_1 = \lambda_2 = 0$。

$$\operatorname{rank} \begin{bmatrix} C \\ A - \lambda_i I_2 \end{bmatrix} = \operatorname{rank} \begin{bmatrix} 1 & 0 \\ 0 & 1 \\ 0 & 0 \end{bmatrix} = 2 \quad (i = 1, 2)$$

したがって,この 2 次系は可観測である。

(2) A 行列の固有値は $\lambda_1 = \lambda_2 = 0$。

$$\operatorname{rank} \begin{bmatrix} C \\ A - \lambda_i I_2 \end{bmatrix} = \operatorname{rank} \begin{bmatrix} 0 & 1 \\ 0 & 1 \\ 0 & 0 \end{bmatrix} = 1 \quad (i = 1, 2)$$

したがって,この 2 次系は可観測ではない。

(3) A 行列の固有値は $\lambda_1 = 0$, $\lambda_2 = -1$。

$$\operatorname{rank} \begin{bmatrix} C \\ A - \lambda_1 I_2 \end{bmatrix} = \operatorname{rank} \begin{bmatrix} 1 & 1 \\ 0 & 1 \\ 0 & -1 \end{bmatrix} = 2$$

$$\operatorname{rank} \begin{bmatrix} C \\ A - \lambda_2 I_2 \end{bmatrix} = \operatorname{rank} \begin{bmatrix} 1 & 1 \\ -1 & 1 \\ 0 & 0 \end{bmatrix} = 1$$

したがって,この 2 次系は可観測ではない。

【演習 11.5】 $A_{21} = A_{22} = 0$, $B_2 = 1$ だから，**例題 11.5** の恒等関数オブザーバは次式となる．

$$\begin{cases} \dot{\hat{x}}(t) = \underbrace{-L}_{A_{22}-L} \hat{x}(t) + \underbrace{-L^2}_{A_{21}+(A_{22}-L)L} y(t) + \underbrace{1}_{B_2} u(t) \\ z(t) = \begin{bmatrix} 0 \\ 1 \end{bmatrix} \hat{x}(t) + \begin{bmatrix} 1 \\ L \end{bmatrix} y(t) \end{cases}$$

ただし，$L = 2$ である．また，恒等関数オブザーバの出力 $\hat{x}$ が状態 $x(t)$ を追跡していく様子は，つぎの M ファイルを用いてシミュレーションできる．

```
%obs_err3.m
A=[0 1;0 0]; B=[0;1]; C=[1 0];
A21=0; A22=0; B2=1; L=2; U=[-L 1];
AH=A22-L; BH=A21-(A22-L)*L; CH=[0;1]; DH=[1;L]; JH=B2;
sys1=ss(A,[],eye(2),[]); x0=[1;0.5];
sys2=ss(AH,[],1,[]); xh0=0;
t=0:0.1:5;
x=initial(sys1,x0,t)'; y=C*x;
e=initial(sys2,xh0-U*x0,t)'; xh=U*x+e; z=CH*xh+DH*y;
figure(4),subplot(121),plot(t,x(1,:),t,z(1,:)),
  axis([0 5 0 4]),grid
figure(4),subplot(122),plot(t,x(2,:),t,z(2,:)),
  axis([0 5 0 2]),grid
```

【演習 11.6】 $A_{21} = A_{22} = 0$, $B_2 = 1$, $K_1 = -1$, $K_2 = -2$ だから，**例題 11.6** の関数オブザーバは，次式となる．

$$\begin{cases} \dot{\hat{x}}(t) = \lambda \hat{x}(t) + \underbrace{2\lambda^2}_{K_2(A_{21}+\lambda L)} y(t) \underbrace{-2}_{K_2 B_2} u(t) \\ z(t) = \hat{x}(t) \underbrace{-(1-2\lambda)}_{K_1+K_2 L} u(t) \end{cases}$$

ただし，$\lambda = -2$, $L = -\lambda$．また，関数オブザーバの出力 $z(t)$ が状態フィードバック $u(t)$ を追跡していく様子は，つぎの M ファイルを用いてシミュレーションできる．

```
%obs_err4.m
A=[0 1;0 0]; B=[0;1]; C=[1 0]; F=[1 2];
A21=0; A22=0; B2=1; K1=-1; K2=-2;
lambda=-1; L=A22-lambda; U=K2*[-L 1];
AH=lambda; BH=K2*(A21+lambda*L); JH=K2*B2; CH=1; DH=K1+K2*L;
```

```
AA=[A-B*F B*CH;0 0 AH]; CC=[-F 0];
sys1=ss(A-B*F,[],-F,[]); x0=[1;0.5];
sys2=ss(AA,[],CC,[]); xh0=0; X0=[x0; xh0-U*x0];
t=0:0.1:5; u1=initial(sys1,x0,t); u2=initial(sys2,X0,t);
figure(5),plot(t,u1,t,u2),axis([0 5 -2 2]),grid
legend('sf','obc')
```

12章

【演習 12.1】 (1) $f = -1 + \sqrt{2}$, (2) $f = -1 + \sqrt{3}$, (3) $f = -1 + \sqrt{11}$。
MATLAB によるシミュレーションはつぎのように行えばよい。

```
%lqr1.m
T=1; K=1; a=-1/T; b=K/T; c=1; t=0:0.1:5; x0=1;
s0=ss(a,[],c,[]); y0=initial(s0,x0,t);
f1=1+sqrt(2);   s1=ss(a-b*f1,[],c,[]); y1=initial(s1,x0,t);
f2=1+sqrt(3);   s2=ss(a-b*f2,[],c,[]); y2=initial(s2,x0,t);
f3=1+sqrt(11);  s3=ss(a-b*f3,[],c,[]); y3=initial(s3,x0,t);
u1=-f1*y1; u2=-f2*y2; u3=-f3*y3;
figure(1),subplot(121),plot(t,y0,t,y1,t,y2,t,y3),grid,title('y')
figure(1),subplot(122),plot(t,u1,t,u2,t,u3),grid,title('u')
```

【演習 12.2】 (1) リッカチ方程式

$$\begin{bmatrix} \pi_1 & \pi_3 \\ \pi_3 & \pi_2 \end{bmatrix} \begin{bmatrix} 0 & 1 \\ 0 & -1 \end{bmatrix} + \begin{bmatrix} 0 & 0 \\ 1 & -1 \end{bmatrix} \begin{bmatrix} \pi_1 & \pi_3 \\ \pi_3 & \pi_2 \end{bmatrix} - \begin{bmatrix} \pi_1 & \pi_3 \\ \pi_3 & \pi_2 \end{bmatrix}$$

$$\times \begin{bmatrix} 0 \\ 1 \end{bmatrix} \begin{bmatrix} 0 & 1 \end{bmatrix} \begin{bmatrix} \pi_1 & \pi_3 \\ \pi_3 & \pi_2 \end{bmatrix} + \begin{bmatrix} 1 \\ 0 \end{bmatrix} \begin{bmatrix} 1 & 0 \end{bmatrix} = \begin{bmatrix} 0 & 0 \\ 0 & 0 \end{bmatrix}$$

を要素ごとに整理して

$$\begin{cases} -\pi_3^2 + 1 = 0 \\ \pi_1 - \pi_3 - \pi_2 \pi_3 = 0 \\ 2(\pi_3 - \pi_2) - \pi_2^2 = 0 \end{cases}$$

を得る。$\pi_1 > 0$, $\pi_1 \pi_2 - \pi_3^2 > 0$ を満たす解は,$\pi_1 = \sqrt{3}$, $\pi_2 = -1 + \sqrt{3}$, $\pi_3 = 1$。
したがって,次式を得る。

$$F = \begin{bmatrix} 0 & 1 \end{bmatrix} \begin{bmatrix} \pi_1 & \pi_3 \\ \pi_3 & \pi_2 \end{bmatrix} = \begin{bmatrix} \pi_3 & \pi_2 \end{bmatrix} = \begin{bmatrix} 1 & -1+\sqrt{3} \end{bmatrix}$$

(2) リッカチ方程式

$$\begin{bmatrix} \pi_1 & \pi_3 \\ \pi_3 & \pi_2 \end{bmatrix} \begin{bmatrix} 0 & 1 \\ -1 & 0 \end{bmatrix} + \begin{bmatrix} 0 & -1 \\ 1 & 0 \end{bmatrix} \begin{bmatrix} \pi_1 & \pi_3 \\ \pi_3 & \pi_2 \end{bmatrix} - \begin{bmatrix} \pi_1 & \pi_3 \\ \pi_3 & \pi_2 \end{bmatrix}$$

$$\times \begin{bmatrix} 0 \\ 1 \end{bmatrix} \begin{bmatrix} 0 & 1 \end{bmatrix} \begin{bmatrix} \pi_1 & \pi_3 \\ \pi_3 & \pi_2 \end{bmatrix} + \begin{bmatrix} 1 \\ 0 \end{bmatrix} \begin{bmatrix} 1 & 0 \end{bmatrix} = \begin{bmatrix} 0 & 0 \\ 0 & 0 \end{bmatrix}$$

を要素ごとに整理して

$$\begin{cases} -2\pi_3 - \pi_3^2 + 1 = 0 \\ \pi_1 - \pi_2 - \pi_2\pi_3 = 0 \\ 2\pi_3 - \pi_2^2 = 0 \end{cases}$$

を得る。$\pi_1 > 0$, $\pi_1\pi_2 - \pi_3^2 > 0$ を満たす解は,$\pi_1 = \sqrt{-4 + 2\sqrt{2}}$, $\pi_2 = \sqrt{-2 + \sqrt{2}}$, $\pi_3 = -1 + \sqrt{2}$。したがって,次式を得る。

$$F = \begin{bmatrix} 0 & 1 \end{bmatrix} \begin{bmatrix} \pi_1 & \pi_3 \\ \pi_3 & \pi_2 \end{bmatrix} = \begin{bmatrix} \pi_3 & \pi_2 \end{bmatrix} = \begin{bmatrix} -1 + \sqrt{2} & \sqrt{-2 + \sqrt{2}} \end{bmatrix}$$

【演習 12.3】 リッカチ方程式

$$\begin{bmatrix} \pi_1 & \pi_3 \\ \pi_3 & \pi_2 \end{bmatrix} \begin{bmatrix} 0 & 1 \\ -\omega_n^2 & -2\zeta\omega_n \end{bmatrix} + \begin{bmatrix} 0 & -\omega_n^2 \\ 1 & -2\zeta\omega_n \end{bmatrix} \begin{bmatrix} \pi_1 & \pi_3 \\ \pi_3 & \pi_2 \end{bmatrix} - \begin{bmatrix} \pi_1 & \pi_3 \\ \pi_3 & \pi_2 \end{bmatrix}$$

$$\times \begin{bmatrix} 0 \\ \omega_n^2 \end{bmatrix} r^{-2} \begin{bmatrix} 0 & \omega_n^2 \end{bmatrix} \begin{bmatrix} \pi_1 & \pi_3 \\ \pi_3 & \pi_2 \end{bmatrix} + \begin{bmatrix} 1 \\ 0 \end{bmatrix} q^2 \begin{bmatrix} 1 & 0 \end{bmatrix} = \begin{bmatrix} 0 & 0 \\ 0 & 0 \end{bmatrix}$$

を要素ごとに整理して

$$\begin{cases} -2\omega_n^2\pi_3 - r^{-2}\omega_n^4\pi_3^2 + q^2 = 0 \\ \pi_1 - 2\zeta\omega_n\pi_3 - \omega_n^2\pi_2 - r^{-2}\omega_n^4\pi_2\pi_3 = 0 \\ 2\pi_3 - 4\zeta\omega_n\pi_2 - r^{-2}\omega_n^4\pi_2^2 = 0 \end{cases}$$

を得る。$\pi_1 > 0$, $\pi_1\pi_2 - \pi_3^2 > 0$ を満たすものを選ぶと

$$\begin{cases} \pi_1 = r^2\omega_n^{-1}\left(-2\zeta + \sqrt{1 + r^{-2}q^2}\sqrt{4\zeta^2 - 2 + 2\sqrt{1 + r^{-2}q^2}}\right) \\ \pi_2 = r^2\omega_n^{-3}\left(-2\zeta + \sqrt{4\zeta^2 - 2 + 2\sqrt{1 + r^{-2}q^2}}\right) \\ \pi_3 = r^2\omega_n^{-2}\left(-1 + \sqrt{1 + r^{-2}q^2}\right) \end{cases}$$

を得る。これらを用いて，f_1 と f_2 の表現式が**例題 12.3** と同様にして得られる。

【演習 12.4】

```
%lqr2.m
A=[0 1;0 -1]; B=[0;1]; C=[1 0]; Q=1; R=1;
[F,p]=opt(A,B,C,Q,R);
sys=ss(A-B*F,[],eye(2),[]); x0=[1;0];
t=0:0.1:10; x=initial(sys,x0,t)'; y=C*x; u=-F*x;
figure(2),subplot(121),plot(t,y),grid,title('y')
figure(2),subplot(122),plot(t,u),grid,title('u')
```

(2) の場合，A=[0 1;-1 0] と書き換える。

【演習 12.5】

```
%lqr3.m
A=[0 1 0;0 0 0;0 0 -1]; B=[0 0;1 -1;0 1]; C=[1 0 0;0 0 1];
[F,p]=opt(A,B,C,1,1)
```

【演習 12.6】

```
%lqr4.m
A=[0 0 1 0;0 0 0 1;-1 1 0 0;1 -1 0 0]; B=[0;0;1;0]; C=[0 1 0 0];
[F,p]=opt(A,B,C,1,1)
```

【演習 12.7】 CARE: $-(1/r^2)b^2\Pi^2 + 2a\Pi + q^2 = 0$ に，$a=-1, b=1, q=1, r=1$ を代入して，$\Pi^2 + 2\Pi - 1 = 0$。$\Pi > 0$ より $\Pi = -1 + \sqrt{2}$。したがって，状態フィードバックゲインは，$f = (1/r^2)b\Pi = -1 + \sqrt{2}$。FARE: $-(1/\rho^2)c^2\Gamma^2 + 2a\Gamma + \sigma^2 = 0$ に，$a=-1, c=1, \sigma=1, \rho=0.2$ を代入して，$25\Gamma^2 + 2\Gamma - 1 = 0$。$\Gamma > 0$ より $\Gamma = 1/25(-1+\sqrt{26})$。したがって，オブザーバゲインは $h = (1/\rho^2)c\Gamma = -1+\sqrt{26}$。以上から，オブザーバベースト・コントローラが，つぎのように得られる。

$$\begin{cases} \dot{\hat{x}}(t) = (a-hc-bf)\hat{x}(t) + hy(t) = (1-\sqrt{2}-\sqrt{26})\hat{x}(t) + (-1+\sqrt{26})y \\ u(t) = -f\hat{x}(t) = -(-1+\sqrt{2})\hat{x}(t) \end{cases}$$

【演習 12.8】

```
%lqr5.m
[AK,BK,CK,pK,pcare,pfare]=optobc(-1,1,1,1,1,1,1,0.2^2)
```

13章

【演習 13.1】 行末の数字は,演習 13.2, 13.3 の解答で示される行番号を表す。

```
%lqi1.m
A=0; B=1; C=1; S=[A B;C 0];                              %1
F=2; FI=1; Fr=[F 1]*(S\[0;1])/2;                         %2
AA=[A-B*F -B*FI;C 0]; CC=[C 0;-F -FI]; DD=[0 0;0 Fr];    %3
t=0:0.1:10; u=ones(2,length(t)); X0=[0;0]; r=1;          %4
%----
w=0 BB1=[w 0;0 -r]; BB2=[w Fr;0 -r];                     %5
sys1=ss(AA,BB1,CC,0);   y1=lsim(sys1,u,t,X0);            %6
sys2=ss(AA,BB2,CC,DD);  y2=lsim(sys2,u,t,X0);            %7
figure(1),subplot(121),plot(t,y1(:,1),t,y2(:,1)),        %8
axis([0 10 0 2]),grid,title('y under disturbance')       %9
figure(1),subplot(122),plot(t,y1(:,2),t,y2(:,2)),        %10
axis([0 10 -2 2]),grid,title('u under disturbance')      %11
%----
w=1 BB1=[w 0;0 -r]; BB2=[w Fr;0 -r];                     %12
sys1=ss(AA,BB1,CC,0);   y1=lsim(sys1,u,t,X0);            %13
sys2=ss(AA,BB2,CC,DD);  y2=lsim(sys2,u,t,X0);            %14
figure(2),subplot(121),plot(t,y1(:,1),t,y2(:,1)),        %15
axis([0 10 0 2]),grid,title('y')                         %16
figure(2),subplot(122),plot(t,y1(:,2),t,y2(:,2)),        %17
axis([0 10 -2 2]),grid,title('u')                        %18
```

【演習 13.2】

```
%lqi2.m
A=[0 1;0 0]; B=[0;1]; C=[1 0]; S=[A B;C 0];
F=[3 3]; FI=1; Fr=[F 1]*(S\[0;0;1])/2;
AA=[A-B*F -B*FI;C 0]; CC=[C 0;-F -FI]; DD=[0 0;0 Fr];
t=0:0.1:20; u=ones(2,length(t)); X0=[0;0;0]; r=1;
%----
w=[0;0]; BB1=[w [0;0];0 -r]; BB2=[w [0;Fr];0 -r];
 (Mファイル lqi1.m の 6~11 行目)
%----
w=[0;1]; BB1=[w [0;0];0 -r]; BB2=[w [0;Fr];0 -r];
 (Mファイル lqi1.m の 13~18 行目)
```

【演習 13.3】 偏差系

$$\underbrace{\frac{d}{dt}\begin{bmatrix} x_1(t) - x_\infty \\ x_2(t) - x_\infty \\ u - u_\infty \end{bmatrix}}_{\dot{x}_E} = \underbrace{\begin{bmatrix} 0 & 1 & 0 \\ 0 & 0 & 1 \\ 0 & 0 & 0 \end{bmatrix}}_{A_E} \underbrace{\begin{bmatrix} x_1(t) - x_\infty \\ x_2(t) - x_\infty \\ u - u_\infty \end{bmatrix}}_{x_E} + \underbrace{\begin{bmatrix} 0 \\ 0 \\ 1 \end{bmatrix}}_{B_E} \dot{u}$$

ただし

$$\begin{bmatrix} x_{1\infty} \\ x_{2\infty} \\ u_\infty \end{bmatrix} = \begin{bmatrix} 0 & 1 & 0 \\ 0 & 0 & 1 \\ 1 & 0 & 0 \end{bmatrix}^{-1} \begin{bmatrix} 0 \\ -w \\ r \end{bmatrix} = \begin{bmatrix} r \\ 0 \\ -w \end{bmatrix}$$

に対して，MATLAB による計算は，つぎのように行えばよい．

```
%lqi3.m
A=[0 1;0 0]; B=[0;1]; C=[1 0]; S=[A B;C 0];
AE3=[A B;zeros(1,3)]; BE3=[zeros(2,1); 1]; CE3=eye(3);
M1=1; T1=1; M2=1; T2=0.5;
q1=1/M1; q2=T1/M1; q3=1/M2; r1=T2/M2;
QE3=diag([q1 q2 q3].^2); RE3=r1^2;
[KE3,pE3]=opt(AE3,BE3,CE3,QE3,RE3)
FE3=KE3/S; F=FE3(1,1:2); FI=FE3(1,3); Fr=[F 1]*(S\[0;0;1])/2;
AA=[A-B*F -B*FI;C 0]; CC=[C 0;-F -FI]; DD=[0 0;0 Fr];
t=0:0.1:20; u=ones(2,length(t)); X0=[0;0;0]; r=1;
%----
w=[0;0]; BB1=[w [0;0];0 -r]; BB2=[w [0;Fr];0 -r];
 (M ファイル lqi1.m の 6〜11 行目)
%----
w=[0;1]; BB1=[w [0;0];0 -r]; BB2=[w [0;Fr];0 -r];
 (M ファイル lqi1.m の 13〜18 行目)
```

14 章

【演習 14.1】 Simulink を用いて，**解答図 14.1** のブロック線図を作成する．上半分が非線形状態方程式を，下半分が平衡状態 $\theta^* = \pi$ まわりの線形状態方程式を表している．角度を得る積分器の初期値は，非線形の場合は $\theta(0)$ を，線形の場合は $\theta(0) - \pi$ を与えることに注意する．すなわち，(1) では，非線形の場合は $\theta(0) = (3/180)\pi$ を，線形の場合は $\theta(0) - \pi = (-177/180)\pi$ を与える．また，(2) では，非線形の場合は $\theta(0) = (177/180)\pi$ を，線形の場合は $\theta(0) - \pi = (-3/180)\pi$ を与える．

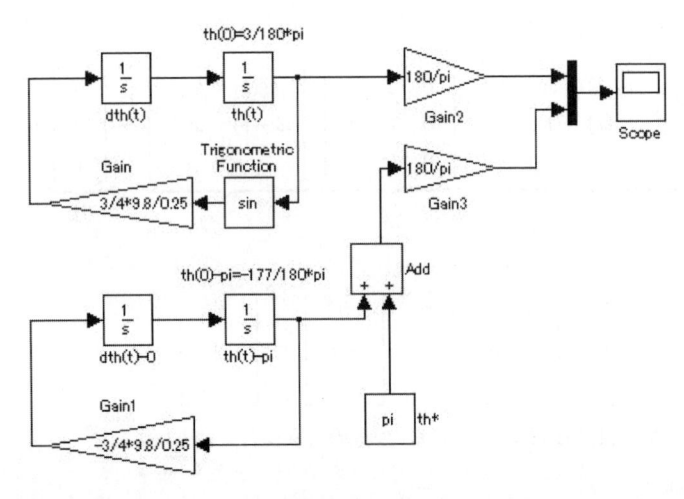

解答図 14.1

【演習 14.2】 非線形運動方程式を求める計算を MAXIMA を用いて行うためには，コマンド

```
/*pend2*/
dr:'diff(r(t),t); ddr:'diff(r(t),t,2);
dth:'diff(th(t),t); ddth:'diff(th(t),t,2);
x0:r(t)*cos(alpha); y0:r(t)*sin(alpha);
T0:(1/2)*M*(diff(x0,t)^2+diff(y0,t)^2);
V0:M*g*y0;
x1:x0+ell*sin(th(t)); y1:y0+ell*cos(th(t));
J1:(1/3)*m*ell^2;
T1:(1/2)*m*(diff(x1,t)^2+diff(y1,t)^2)+(1/2)*J1*dth^2;
V1:m*g*y1;
L:T0+T1-V0-V1;
LE1:diff(diff(L,dr),t)-diff(L,r(t))=F,trigreduce,ratsimp;
LE2:diff(diff(L,dth),t)-diff(L,th(t))=0,trigreduce,ratsimp;
sol:solve([LE1,LE2],[ddr,ddth]);
```

を与えればよい．この結果から，非線形運動方程式

$$\underbrace{\begin{bmatrix} M+m & m\ell\cos(\theta+\alpha) \\ m\ell\cos(\theta+\alpha) & \dfrac{4}{3}m\ell^2 \end{bmatrix}}_{M(\theta)} \underbrace{\begin{bmatrix} \ddot{r} \\ \ddot{\theta} \end{bmatrix}}_{\ddot{\xi}_1} + \underbrace{\begin{bmatrix} 0 & -m\ell\dot{\theta}\sin(\theta+\alpha) \\ 0 & 0 \end{bmatrix}}_{C(\theta)} \underbrace{\begin{bmatrix} \dot{r} \\ \dot{\theta} \end{bmatrix}}_{\dot{\xi}_1}$$

$$+ \underbrace{\left[\begin{array}{c} 0 \\ -m\ell g \sin\theta \end{array}\right]}_{G(\theta)} = \underbrace{\left[\begin{array}{c} F - (M+m)g\sin\alpha \\ 0 \end{array}\right]}_{\zeta}$$

が得られる.これより,平衡状態は

$$\xi^* = \left[\begin{array}{c} 0 \\ \theta^* \\ 0 \\ 0 \end{array}\right] (\theta^* = 0, \pi), \quad \zeta^* = \left[\begin{array}{c} F^* \\ 0 \end{array}\right] (F^* = (M+m)g\sin\alpha)$$

のように求められる.$\theta^* = 0, \pi$ のときの線形状態方程式は,次式となる.

$$\underbrace{\frac{d}{dt}\left[\begin{array}{c} r \\ \theta - \theta^* \\ \dot{r} \\ \dot{\theta} \end{array}\right]}_{\dot{x}} = \underbrace{\left[\begin{array}{cccc} 0 & 0 & 1 & 0 \\ 0 & 0 & 0 & 1 \\ 0 & -\dfrac{6mg\cos\alpha}{8M+(5-3\cos 2\alpha)m} & 0 & 0 \\ 0 & \pm\dfrac{6(M+m)g}{(8M+(5-3\cos 2\alpha)m)\ell} & 0 & 0 \end{array}\right]}_{A} \underbrace{\left[\begin{array}{c} r \\ \theta - \theta^* \\ \dot{r} \\ \dot{\theta} \end{array}\right]}_{x}$$

$$+ \underbrace{\left[\begin{array}{c} 0 \\ 0 \\ \dfrac{8}{8M+(5-3\cos 2\alpha)m} \\ \mp\dfrac{6\cos\alpha}{(8M+(5-3\cos 2\alpha)m)\ell} \end{array}\right]}_{B} \underbrace{(F - F^*)}_{u}$$

【演習 14.3】

```
%pend_controllability.m
M=1; m=0.1; ell=0.25; g=9.8;
E=[M+m m*ell;m*ell (4/3)*m*ell^2];
A21=-E\[0 0;0 -m*ell*g]; A=[zeros(2) eye(2);A21 zeros(2)]
B2=E\[1;0]; B=[zeros(2,1);B2]
r=eig(A)
n=size(A,1);
for i=1:n, w(i)=rank([B A-r(i)*eye(n)],0.01)==n; end
controllability=[r,w']
```

【演習 14.4】 つぎを実行し，あとは**例題 14.4** と同様に行えばよい．

```
%pend2.m
global M m ell g th0 alpha
M=1; m=0.1; ell=0.25; g=9.8; th0=0; alpha=5/180*pi; r=0.5;
E=[M+m m*ell*cos(alpha);m*ell*cos(alpha) (4/3)*m*ell^2];
A21=-E\[0 0;0 -m*ell*g]; A=[zeros(2) eye(2);A21 zeros(2)];
B2=E\[1;0]; B=[zeros(2,1);B2]
w2=E\[-(M+m)*g*sin(alpha);0]; w=[zeros(2,1);w2]
```

【演習 14.5】 まず，非線形ダイナミクスを，つぎの S-function で記述する．

```
%spend2.m
function [sys,x0]=spend2(t,state,input,flag)
global M m ell g th0 alpha
if abs(flag)==1
  u=input(1);
  r=state(1); th=state(2); dr=state(3); dth=state(4);
  Mp=[M+m m*ell*cos(th+alpha); m*ell*cos(th+alpha) (4/3)*m*ell^2];
  Cp=[0 -m*ell*dth*sin(th+alpha);0 0];
  Gp=[0; -m*ell*g*sin(th)];
  sys=[dr;dth;Mp\(-Cp*[dr;dth]-Gp+[u-(M+m)*g*sin(alpha);0])];
elseif flag==3
  sys=state(1:2);
elseif flag==0
  sys=[4;0;2;1;0;0]; x0=[0;th0;0;0];
else
  sys=[];
end
```

Simulink 上に，この S-function ブロックと，**演習 14.4** で設計した積分動作を加えた状態フィードバックを記述して，シミュレーションを行う．詳細は割愛する．

15 章

【演習 15.1】

$$\frac{1-\frac{1}{2}Ls+\frac{1}{12}L^2s^2}{1+\frac{1}{2}Ls+\frac{1}{12}L^2s^2} = \frac{-\frac{12}{L}s}{s^2+\frac{6}{L}Ls+\frac{12}{L^2}}+1$$

から，実現の一つは $\left[\begin{array}{cc|c} 0 & 1 & 0 \\ -\frac{12}{L^2} & -\frac{6}{L} & 1 \\ \hline 0 & -\frac{12}{L} & 1 \end{array}\right]$ である．

【演習 15.2】 $\dfrac{s+2}{s^2+3s+2} = \left[\begin{array}{cc|c} -3 & -2 & 1 \\ 1 & 0 & 0 \\ \hline 1 & 2 & 0 \end{array}\right]$, $\dfrac{1}{s+2} = \left[\begin{array}{c|c} -2 & 1 \\ \hline 1 & 0 \end{array}\right]$ だから

$$G(s) = \left[\begin{array}{ccc|cc} -3 & -2 & 0 & 1 & 0 \\ 1 & 0 & 0 & 0 & 0 \\ 0 & 0 & -2 & 0 & 1 \\ \hline 1 & 2 & 1 & 0 & 0 \end{array}\right]$$ を得る.

【演習 15.3】　M ファイル

```
%min_realization2.m
A=[-3 -2 0;1 0 0; 0 0 -2]; B=[1 0;0 0;0 1]; C=[1 2 1]; D=[0 0];
[T,m]=staircase2(A,C,0.01);
AA=T'*A*T; BB=T'*B; CC=C*T; n=sum(m);
sys=ss(AA(1:n,1:n),BB(1:n,:),CC(:,1:n),D), tf(sys)
```

を実行して

$$T = \left[\begin{array}{ccc} -0.4082 & -0.1826 & -0.8944 \\ -0.8165 & -0.3651 & 0.4472 \\ -0.4082 & 0.9129 & 0.0000 \end{array}\right], \; m_1=1, \; m_2=1, \; m_3=0$$

を得る. このとき

$$\left[\begin{array}{c|c} T^T A T & T^T B \\ \hline CT & D \end{array}\right] = \left[\begin{array}{ccc|cc} -1.1667 & 0.3727 & -0.0000 & -0.4082 & -0.4082 \\ 0.3727 & -1.8333 & -0.0000 & -0.1826 & 0.9129 \\ -2.7386 & -1.2247 & -2.0000 & -0.8944 & 0.0000 \\ \hline -2.4495 & 0 & -0.0000 & 0 & 0 \end{array}\right]$$

となる. この可観測部分を取り出すと

$$G(s) = \left[\begin{array}{cc|cc} -1.1667 & 0.3727 & -0.4082 & -0.4082 \\ 0.3727 & -1.8333 & -0.1826 & 0.9129 \\ \hline -2.4495 & 0 & 0 & 0 \end{array}\right]$$

となり, しかもこれは可制御であるので最小実現である.

―― 著者略歴 ――

杉江　俊治（すぎえ　としはる）
- 1978 年　京都大学大学院修士課程修了（精密工学専攻）
- 1978 年　日本電信電話公社勤務
- 1984 年　京都大学大学院博士後期課程研究指導認定退学（精密工学専攻）
- 1984 年　大阪府立大学助手
- 1985 年　工学博士（京都大学）
- 1988 年　京都大学助教授
- 1997 年　京都大学教授
　　　　　現在に至る

梶原　宏之（かじわら　ひろゆき）
- 1975 年　九州工業大学工学部電子工学科卒業
- 1977 年　東京工業大学大学院修士課程修了（システム科学専攻）
- 1977 年　東京工業大学助手
- 1982 年　岡山大学講師
- 1984 年　岡山大学助教授
- 1985 年　工学博士（東京工業大学）
- 1990 年　九州工業大学助教授
- 1999 年　九州大学大学院教授
　　　　　現在に至る

システム制御工学演習
Exercises in System Control Engineering
　　　　　　　　　　© Toshiharu Sugie, Hiroyuki Kajiwara 2014

2014 年 9 月 1 日　初版第 1 刷発行

検印省略		
	著　者	杉　江　俊　治
		梶　原　宏　之
	発 行 者	株式会社　コロナ社
	代 表 者	牛来真也
	印 刷 所	三美印刷株式会社

112–0011　東京都文京区千石 4–46–10

発行所　株式会社　コロナ社
CORONA PUBLISHING CO., LTD.
Tokyo Japan
振替 00140-8-14844・電話(03)3941-3131(代)
ホームページ http://www.coronasha.co.jp

ISBN 978-4-339-03306-9　（新宅）　（製本：愛千製本所）　G
Printed in Japan

本書のコピー，スキャン，デジタル化等の無断複製・転載は著作権法上での例外を除き禁じられております。購入者以外の第三者による本書の電子データ化及び電子書籍化は，いかなる場合も認めておりません。

落丁・乱丁本はお取替えいたします